心理学前沿译丛

打造学习型大脑

理论、方法与实践

—第五版—

戴维·苏泽◎著
David A. Sousa
郭蔚欣◎译

前　言

本书发行至第5版正昭示着越来越多的教育工作者已经关注到认知神经科学研究中关于大脑及其发展的惊人新知。从第1版到现在，这本书的强大生命力也印证了这一点。大多数老师都意识到他们实质上是“大脑改造者”，他们对大脑的学习机制了解得越多，就越能够成功地帮助学生成就卓越。

在本书第4版问世后，一个学术发展的巨大飞跃——一门被称作教育神经科学的新学科正式诞生了。这个学科主要探究那些来自神经科学、教育学及心理学领域的研究发现能给教学带来什么样的启示，以及是否可以应用于教学实务。这种跨学科研究能确保那些教学实务建议有科学研究证据的支持。

根据现有的对大脑学习历程的更深入了解，第5版也同步做了一些与之对应的修改。这些修改主要有：

更深入地诠释了一些与大脑有关的事实；

增加了思维倾向的内容；

解释了大脑思维过程如何随学生年龄的增长而变化；

更新了与记忆系统相关的内容，尤其体现在情绪记忆的部分；

增加了渐进放手模式的内容；

增加了大脑训练项目的内容；

更新了科技如何影响大脑的相关内容；

增加了学习阅读技能的相关内容；

增加了大脑学习数学的相关内容；

增加了关于如何将艺术整合到科学中的内容；

增加了部分内容来诠释科技如何影响学生的思考；

增加了部分内容来诠释让学生了解其大脑学习机制的重要性；

增加了与翻转课堂模式相关的内容；

增加了一些实践角的内容；

增修了参考文献引用内容，绝大多数内容对于那些希望能够直接了解相关研究的人非常实用。

能够为教学做些事情，我感到非常激动。诚然，这个社会从未如此对学校充满渴求。同时，我们也前所未有地了解了学生的学习，以及为他们的成功学习可以做些什么。这本书为教育工作者打开了一扇通往教育神经科学的大门，他们将从这里看到开发学生更多潜能的希望。

戴维·A. 苏泽

关于作者

戴维·A. 苏泽，教育学博士，国际知名的教育神经科学顾问，曾为教育工作者及学生家长编纂并出版了16本与大脑研究相关的书籍，对于提高教与学做出了极大贡献。他曾于数百个学区为超过20万名教育工作者开展关于大脑研究和教育科学的工作坊，受众年龄层从学前期到九年级不等。他也常常参加多地的国际研讨会，并到教育机构进行演讲。苏泽拥有马萨诸塞州布里奇沃特州立学院的化学学士学位、哈佛大学的教育学硕士学位及美国罗格斯大学的博士学位。他的教学经验涵盖多个年龄层，曾于高中任教科学课程及担任各年级的科学课导师，同时也是学科主管、新泽西州各学校科学课程的地区总监。除此以外，他还是美国新泽西州西东大学教育学的兼任教授及罗格斯大学的客座讲师。苏泽曾修编多部科学书籍，在知名教育学杂志上发表了大量有关职员发展、教育科学及大脑科学研究的文章，并且获得了多个奖项，同时由于他对教育学、职员发展等各领域的研究贡献而获得了多个荣誉博士学位。美国全国广播公司和全国公共广播电台对他在大脑科学研究上的贡献进行了报道。

Contents

目　录

Introduction | 简　介

从精子和卵子的结合开始，你将从一个受精卵一分为二，然后二分为四，然后四分为八，并以此规律一直复制分裂。这其中将出现一个重要的细胞，它所复制分裂的后代将分化进而形成人类的大脑。而这个微小的存在，将会使整个地球为之惊奇。

——刘易斯·托马斯(Lewis Thomas)

人类大脑是一个奇妙的结构体——一个有着无限可能和神奇故事的结合体。大脑甚至可以不需要外界信息的输入即可以自行运作，而且在获取外界经验后常常进行着自我形塑和改造。它是如何从人类的心智中获取经验的？又是如何在记忆系统中进行存储和提取的？尽管在这个过程中，大脑所花费的能量甚至不足以点亮一个灯泡，但是它的能力是这个世界上较为强大的。

数千年来，人们不断尝试研究这个神奇的结构体——大脑是如何实现其惊人的技艺的。它成长的速度有多快？环境因素对它的成长造成了什么样的影响？它是如何学习语言的？又是如何学习阅读的？大脑智慧到底是什么？

数个世纪以来，单单是大脑是如何学习的，就已深深地吸引了老师们。如今，社会已迈入 21 世纪，随着对大脑非凡能力的深入了解，人类的教育和学习有望得到大幅度的进步。对大脑认识的其中一个重要突破是我们已经可以使用先进的医疗仪器对大脑进行探索，尤其是我们可以对活生生的，甚至正在进行学习过程的大脑进行探索。

透视大脑

几年前，大脑功能活体探索新技术的进步速度比科学家们预测的还要快，而我们对大脑的了解越多，就越惊叹于它的神奇。几乎每隔不到一周的时间，就可以从出版界或电视上看到关于大脑研究的新发现，因而我们几乎每个人都可能曾经听说过大脑成像技术，或亲自体验过脑部扫描。脑部扫描这个议题将贯穿全书，因此下面先简略列出那些能帮助我们更好地理解大脑结构和功能的扫描仪器。

大脑成像技术主要分为两类：探测大脑结构的脑成像技术与探测大脑功能的脑成像技术。计算机轴向断层扫描（computerized axial tomography，CAT）和磁共振成像（magnetic resonance imaging，MRI）是两种非常有用的诊断工具，可以在计算机上形成大脑内部结构的图像。例如，它们可以探测出大脑内部的肿瘤、畸形部位或由脑出血造成的脑损伤。

不同的探测技术有不同的功能，但都有同一个目的：了解大脑是如何运作的。下列是五种用于分隔和确认大脑不同层次功能运作过程的扫描技术：脑电图（electroencephalogram，EEG）、脑磁图（magnetoencephalography，MEG）、正电子发射断层扫描（positron emission tomography，PET）、功能性磁共振成像（functional magnetic resonance imaging，fMRI）、功能性磁共振波谱（functional magnetic resonance spectroscopy，fMRS）。

脑电图(EEG)与脑磁图(MEG)。这两种技术可以有效侦测出大脑活动发生的速度。当大脑发生心理活动时，它们可对大脑活动时所产生的电磁活动进行测量。在使用EEG时，可将19到128个不等的电极根据需要贴于头皮，并在传导凝胶的作用下将脑电信号记录在计算机上；而在使用MEG时，约有100个电信号活动追踪器分布于头部各处，用于记录大脑内的电磁活动。EEG和MEG可以以毫秒(为千分之一秒)为单位来记录大脑的活动变化情况。当神经元对一个特定活动进行反馈时，它们会被活化，而且它们的电磁活动也会被追踪，且不受其他未被活化的神经元的干扰。这种神经反馈被称为事件相关电位(event-related potential，ERP)。我们通过ERP可以了解大脑进行数学运算或阅读时所需要的时间长度。EEG和MEG不会使被试暴露于辐射中，因此是非常安全的。

正电子发射断层扫描(PET)。作为一种用于探测大脑功能的技术，PET将放射性物质注入被试的大脑，这些物质在大脑中循环流动。大脑活动较为活跃的区域会累积更多的放射性物质，PET通过使用一个套在被试头部的环形探测器来探测这种放射性物质累积的变化。以环形探测器为剖面，计算机将大脑各区域血流中的放射性物质浓度记录于图像上，大脑活动较活跃的部分以红色或黄色显示，而较不活跃的部分则以蓝色或绿色显示。PET有两大缺点，一是对被试使用的注射行为是侵入性行为，二是注入物是放射性物质。鉴于放射性的高风险，这种技术一般是不会被应用于健康儿童身上的。

功能性磁共振成像(fMRI)。这种技术不需要侵入被试的身体，也无须使用放射性物质，它的低伤害性使它很快就取代了PET。这种技术可以准确地标记出大脑中活动活跃或较不活跃的区域。它的原理是，大脑的任何部位在进行活动时都会产生氧气，而氧气的运送需要血红蛋白的配合，血红蛋白中所含的铁是具有磁性的。fMRI通过测量和比较进出大脑细胞的含氧血红蛋白的数量和缺氧血红蛋白的数量了解大脑活动，计算机可确认并且用颜色标记大脑中不断获取含氧血液的区域，通常可精确到1厘米。

功能性磁共振波谱(fMRS)。fMRS所用的器材与fMRI相同，但是使用不同的计算机程序来记录进行思考时大脑的化学变化。与fMRI相似，fMRS不仅可以精确地标记出活跃的区域，而且可以确认该大脑活动变化的主要化学物质。fMRS对特定化学物质变化(如乳酸，在执行语言功能时反馈到大脑的一种物质)的测绘，已经应用于对大脑语言功能的研究。

研究者同时还对一种被称为"神经递质"的大脑化学物质进行了更多的研究，这种物质来往于大脑神经细胞之间，并传导或抑制神经信号。大脑特定区域的神经递质的浓度变化可以影响我们的情绪及行为，增强或减弱我们的警觉性，还可以影响我们的学习能力。

为了确认大脑功能和其部位的对应关系，神经外科医生还运用微型电极刺激单一神经细胞，并记录这些细胞的反应。除了通过这些技术得到的信息外，越来越多的不同种类大脑损伤的个案研究也为我们提供了更多新的研究资料，让我们得以窥探更多关于大脑如何发展、改变、学习与记忆以及从损伤中恢复的秘密。探测大脑功能的技术见表0.1。

表 0.1 探测大脑功能的技术

技术名称	所测项目	运作过程
脑电图(EEG)与脑磁图(MEG)	大脑进行心理活动时所发生的电磁活动	使用 EEG 时，在被试头皮上的特定位置贴上电极并连接至计算机，记录大脑内的电磁活动。EEG 和 MEG 可以以毫秒为单位来记录大脑的活动变化情况。当神经元对一个特定活动进行反馈时，它们会被活化，而且它们的电磁活动也会被追踪，且不受其他未被活化的神经元的干扰。这种神经反馈被称为事件相关电位(ERP)。
正电子发射断层扫描(PET)	大脑活动时，各区域的放射性物质的数量	使用 PET 时，被试的大脑会被注入一些放射性物质，这些物质在大脑中循环流动。大脑活动较活跃的区域会累积更多的放射性物质，这些物质可通过一个环形探测器测量。以环形探测器为剖面，计算机将大脑各区域血流中的放射性物质浓度记录于图像上，大脑活动较活跃的部分以红色或黄色显示，而较不活跃的部分则以蓝色或绿色显示。
功能性磁共振成像(fMRI)	大脑细胞中含氧血红蛋白的数量	大脑运作过程中活跃的区域需要较多氧气，这些氧气需由血红蛋白运输。fMRI 技术运用一个大型磁体来比较进出大脑细胞的含氧血红蛋白的数量和缺氧血红蛋白的数量，计算机可确认并且用颜色标记大脑中不断获取含氧血液的区域，通常可精确到 1 厘米。
功能性磁共振波谱(fMRS)	大脑活动时，特定化学物质的数量	fMRS 所用的器材与 fMRI 相同，但是使用不同的计算机程序来记录进行思考时大脑的化学变化。fMRS 不仅可以精确地标记出活跃的区域，而且可以确认该大脑活动变化的主要化学物质。

应用于教育

从这些研究中，我们发现了它们对于教育专业的价值。老师每天带着他们的教案和教学经验走进教室，期望他们的教学对学生有用，而且教授的知识是容易理解和记住的。这种期望实现的程度取决于老师对课程设计和教学技能的认识。老师其实每天都在试图改变人类的大脑，他们对大脑如何学习了解得越多，对大脑的改造便会越成功。

老师其实每天都在试图改变人类的大脑，他们对大脑如何学习了解得越多，对大脑的改造便会越成功。

近几年，越来越多的教育工作者意识到神经科学发现了许多大脑功能的秘密，而且其中一些发现已被应用于课堂教学。教育工作者对于学习生物学及环境与大脑发展之间的关系越来越感兴趣。而教师培训机构也不断将大脑研究纳入他们的课程当中；各种专业发展项目也将更多的时间和精力投入这一个领域；越来越多的与大脑相关的书籍陆续出版，与大脑相关的教学单元相继诞生，各主流教育学组织所发行的期刊也加入这个领域。这些都是非常好的预兆。我相信，对于大脑研究的关注将提升我们在教育学上的表现，让我们能够成功帮助学生更好地学习。

大脑研究让我们不断对人类的大脑功能有更深入的了解，这些研究发现将被应用于实务上，因此教育工作者需要对此保持谨慎的态度。一些持批评态度的人认为，关于大脑的研究成果此时尚不应该被应用于学校教育。他们中的一部分认为将之应用于教育还为时尚早；而另一部分则认为这只是在制造一些“神经学神话”般的说法，未必是经过证实的，而且教育工作者可能无法分辨这些说法到底是科学事实，还是只是炒作，因为他们所受的专业训练可能还不够。我们很能理解这些担忧，但教育工作者需要继续学习教学所需的知识，并决定哪些可以被应用于教育实务，而这些担忧不应该成为教育工作者发展的绊脚石。

一些重大发现如下：

①人类大脑通过学习和信息输入得到持续重塑。这个被称为“神经可塑性”的过程将贯穿我们的一生，在生命早期，这种重塑尤其快速。因此，这些年轻大脑在家庭生活和早期学校生活的经验有助于塑造大脑内的神经回路，这种塑造将决定它们今后在校园和生活中的学习能力。

②大脑中的神经元能够反复再生，并且逐步增强其学习和记忆的能力，这一点震惊了整个科学界。

③大脑可同时进行多项任务这一点备受质疑。

④发现了更多关于大脑如何采集口头语言信息的奥秘。

⑤通过发展那些有科学证据基础的计算机程序，儿童的阅读问题可以得到显著改善。

⑥认识了情绪如何影响我们的学习、记忆及提取。

⑦运动有助于改善情绪，增加大脑质量，以及增强认知功能。

⑧对青少年大脑的成长和发展的追踪研究有助于了解那些难以预测的青少年行为。

⑨对大脑工作的昼夜循环的更深入了解有助于解释为何教学活动在一天当中的某些时段会开展得比较困难。

⑩了解了睡眠剥夺和压力对学习和记忆的影响。

⑪确认了智力和创造力为两种不同的能力，并且两者都可以通过环境和教育得到改善。

⑫强调了校园社会环境和文化氛围对教育和学习的影响程度。

⑬增进了对于大脑工作记忆的理解。

⑭对于艺术对大脑发展的作用有了更多的认识。

⑮认识到无处不在的科技正改造着学生的大脑。

一些大脑研究者对于那些批评并不认同，他们认为教育工作者对于神经科学的兴趣是越发浓厚的。好几所本土和国外大学已经设立了专门的研究中心，用来考察神经科学的研究发现如何影响教育实务。由此，教育理论和实务如同很多医疗模型一样，将得到更多的研究证据支持。事实上，在过去的二十年中，被应用于学校教学实务的神经科学知识体系已得到了发展，并且成为一门独立的学科。它被认为是与心智、大脑和教育相关的学科，或者可以说是教育神经科学。这个领域所探究的主要着眼于我们对于人类大脑的认识如何影响我们的教学、课程以及老师每天所做的评估决策。这些应用并不是现成的方案或者策略，老师通常都会以戒备的心态来看待这些。相比之下，教育神经科学的目标更像是去思考这些研究和决策是否应该对教育实务有所影响。

当然，包括大脑研究在内，并不会有一剂万能药能让教育和学习的过程更加完美。从实验室内得到研究发现到将这些发现用于改善教学，这是一个长期的跨越过程。对于教育工作者而言，这些确实是激动人心的时刻。但我们必须保证不能被过度的激动遮蔽了理智。

为何说本书有助于提升教学

在本书中，我尝试介绍一些可应用于教育实务的、充分可信的研究发现(其中包括神经科学、行为学以及认知科学)，这几乎是一个前所未有的主意。马德琳·亨特于1960年代末介绍过一些概念，是关于老师采用何种学科知识了解学习、改善传统教学模式以及教学技术的。在加州大学洛杉矶分校，她的计划被称为“教学理论付诸实践计划”(instructional theory into practice)。熟悉这个计划的读者将会从本书中发现一些亨特的成绩，尤其是学习迁移和应用实践领域。我很荣幸，在长达9年的时间内，可以定期和她一起工作，而且我确信她是一股强大的推动力，能让教育工作者了解持续提升知识水平的重要性，以及增加对以研究为基础的策略和学习科学发展方面的关注。

本书将解答这样一些问题，举例如下：

①在学习过程中，哪一个时段是学生记忆的黄金时间?

②科技可以在何种程度上影响我们的大脑?

③如何帮助学生更好地理解和掌握课堂上教授的内容?

④为何专注力如此重要?为何专注力难以维持?

⑤如何有效地进行运动技能的教学?

⑥幽默感和音乐如何在教学过程中帮助学生?

⑦如何让学生体会他们所学知识的意义?

⑧为何知识的迁移会成为学习中的一个重要原则?如果我们不注意，它可能会毁掉我们的课程，这是如何发生的?

⑨怎样的教学策略最能吸引现代的学生?

⑩在每天的教学和课程设计上，还有哪些应该反思的重要问题?

各章节主要内容

第一章，关于大脑的基本事实。我们将在本书进行大量关于大脑的讨论，首先应该对大脑的解剖结构有一些了解。本章将讨论人类大脑的一些主要结构和功能；探索年轻的大脑如何生长和发展，关注早年学习生活中那些重要的学习时机；解释为何现在学生的大脑已和数年前的不一样，尤其是他们希望从学校生活经验中得到什么。

第二章，大脑的信息加工。要以一个简单的模型来描述大脑学习的复杂过程并不是一件容易的事。这个模型是本章的重点部分，它将概括出认知科学研究者所坚信的大脑采集、处理信息的关键步骤。与前几版相比，这次的版本将对这个模型的一些组成部分进行更丰富、更详细的阐述，使内容与时俱进。这个模型同时还是一个帮助你确认自己的学习偏好形态的工具。

第三章，记忆、存储与学习。老师总是希望学生能够永远记住他们在课堂上所学的内容，但并非总能如愿。本章将着重介绍大脑记忆系统的几种不同形式，以及它们是如何运行的。这个记忆系统能够影响大脑对信息的保存，因此，本章也将讨论这种影响如何使我们的课程设计更利于记忆，同时增加一些与商业化大脑训练项目相关的注意事项。

第四章，学习迁移的力量。学习迁移是我们目前对大脑学习了解最少的部分，然而它却是比较重要的。现时教学中的一大目标是让学生能够把学到的知识应用到解决未来生活问题中。本章将考察学习迁移的本质和它的力量，并且探讨如何用过去所学的知识促进现在及今后的学习。

第五章，大脑的组织与学习。本章将探索大脑的各个区域如何分工至特定的任务。我们可以从最新的研究发现中了解如何学习说话、阅读以及数学技能，并且了解这些研究发现在教学、课程及学校架构上的应用。

第六章，大脑与艺术。尽管已经有强有力的证据证明艺术可以促进认知能力的发展，但它也处于被弃用的风险当中，因为这样可以有更多的时间用于准备那些强制性的高难度测验。公众对于继续维持艺术教育的支持有增无减。艺术本身如何作用于大脑内神经网络的成长？如何增进学习掌握其他学科所需的技能？艺术又该如何融入科学技术教育工程？本章将对此介绍一些实证研究。

第七章，思考能力与学习。我们让学生对发挥最大能力进行更高层次的思考了吗？本章将讨论人类思考能力的一些特性和各个维度；针对布鲁姆分类法修订版，指出它与相关研究在更高阶思考能力议题上的持续兼容性，并且解释这个分类法与一些学习的困境、复杂性及智力之间至关重要的关系。

第八章，融会贯通。我们应该如何将这些重要的研究发现应用在日常实践中呢？本章将重点说明如何将本书中所提到的研究发现用于设计课程，并讨论几种不同的教学方法，以及对课程设计提出一些指导意见或可循的规律。神经科学正不断挖掘更多关于学习的奥秘，因此本章也将介绍更多的知识支持系统，帮助教育工作者保持大脑相关技术的专业知识水平，使他们获得更专业的成长。

每一章的最后都会有“实践角”。一些部分将提供一些信息，用于检测读者对于各章节所介绍的主要概念与研究的掌握程度；而另一些部分则提供一些补充性解释，对大脑研究如何转化为有效改善教学的课堂策略进行说明。欢迎读者对我的建议进行批判；如果这些建议对于实务工作确实有价值，请提供理由说明。

在本书中，一些重要概念会被标记在小框内。每一章的最后都会有“思考的关键点”，这是一个帮助你整理并记忆重要概念、策略以及一些想要随时复习的信息的工具。

在有需要的时候，我将对大脑中所发生的一些化学变化和生理变化做解释。但我也省略了一些过于复杂的化学方程式和化学反应，避免了那些偏离本书主题的内容。我的意图是提供足够的科学知识，来帮助更多的读者了解这些研究和我提供的相关解释。

谁可以参考本书

这本书对于学校的老师是非常有用的，因为它在具有实证研究证据的基础上，告诉老师何时以及为什么有些教学策略是可以考虑使用的。本书以大脑作为思考和学习的器官为重点，老师对大脑学习机制了解得越多，他们能选择的教学方法也就越多。在教学的动态过程中，老师可做的选择越多，学生也就越容易掌握知识。

这本书对于寻求专业发展的人士，即那些需要持续更新他们的知识体系、需要更多研究和了解各种教学策略的人，也非常有用。本书第八章为这些需要专业发展的人士提供了一些建议，可帮助他们维持知识水平和施展所能。

校长和班主任可从本书中发现大量能在教职员会议上作为讨论议题的资源，包括教学技能在内。如此，他们开始产生一种将专业发展作为一个学校前进任务的态度，并且这种发展不会成为偶然事件。更重要的是，如果校长熟悉这些议题，这将增强他的信服力，并且可将学校打造为一个全员学习的组织。

大学老师可在本书中找到这些研究与应用的优势所在，有助于他们提升教学水平，并且将其作为新知传递给未来的老师。

父母作为孩子的第一任老师，本书中的一些信息对于他们也很有用。

确实，本书中的概念为多种教学举措提供了研究支持，诸如共同学习小组、综合主题单元等课程元素，熟悉建构主义的人也会认同这些概念的许多相似之处。越来越多的研究发现证实，知识已不仅从老师身上迁移到学生身上，而且通过对学生心智的改造影响文化和社会的调和。在本书的其中几章里，你将看到这些被精心安排和整理过的研究发现。

本书可为老师、寻求专业发展的人士、校长等提供参考。

你也来试试——做一次行动研究

行动研究的好处

评估本书教学策略的最佳方式之一，便是在课堂或其他任何你会进行教学的场合尝试使用这些策略。进行这样的一项行动研究可以让你收集一些资料来确认这些新颖策略的成效，确保你所使用的策略得到最佳实施。如此也可以使我们的专业研究得到肯定和增益，同时有助于专业成长。

行动研究还有其他好处。例如，你可以通过这样的研究得到连续的反馈，将其作为对自己的教学评估或作为学生评价的替代方式，可能会因此对课程做出一些重要的改进。行动研究可由一个老师进行，并且当这个行动研究由一个教师团队、一个学校部门、整个学校的工作人员，甚至整个社区来进行时，将会产生更大的价值。在整个高中以前的教学阶段开展行动研究，并将其作为日常教学活动，不仅可以提供丰富的资料，而且还可以提高专业人员的信服力，以及为学校赢得所在社区的尊重。

开展行动研究可提供丰富的资料，确保所使用的策略得到最佳实施，并且提高专业人员的信服力。

老师对于参加行动研究常常犹豫不决，担心这样会占用太多时间，又或担心这会是另一种形式的问责。但是，我们需要从这些以各种方式命名的新兴计划或行动中获取数据，以确认它们的价值所在。如果认知神经科学的研究不能提供一些确实可信的研究结果供学校使用，它们可能就会继续得不到重视。行动研究是一项具有成本效益的评估手段，可评估那些很有可能极大促进学生学习的、与大脑相关的教学策略的有效性。一些与学龄前教育学校相关的研究表明，行动研究对于教师的教学信息及实践有着良好的影响（Brown & Weber，2016；Calvert & Sheen，2015）。

行动研究的结果

课堂就像是一个教与学的碰撞与相互作用的实验场所，行动研究可对这种相互作用的成效不断提供反馈。作为一种以问题解决为取向的方法，行动研究包括确认或重新定义问题、收集合适的资料、分析资料、报告研究结果、根据研究结果采取行动、评估与反馈(见图 0.1)。老师可以掌控资料的收集、研究过程的节奏以及对结果进行分析。这个过程可以鼓励老师对实务工作有所回应，提升实务工作的技能，并直接点拨其专业的发展。这是一种老师主导改变的全新专业视角。

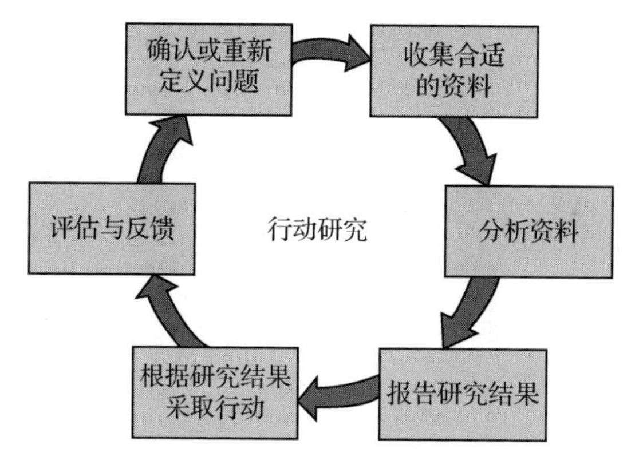

图 0.1　行动研究的六大步骤

行政人员有着鼓励老师做行动研究的特殊义务。在学校这样一个充满责任需求与问责的场合，行动研究可快速地评估教学策略的有效性。通过开展这样的活动，校长在行动中被塑造为一个真正的教学领头人，而并非只是一个管理人员。

本书也收集了一些与学习相关的大脑研究。这是一个需要深入研究和考察的领域，教育工作者应定期阅读这方面的最新发现，并且随时调整对此的认识。随着对大脑学习更深入的了解，我们可以设计出更多让教学过程更高效、更有影响力、更有趣的教学策略。

接下来……

教育工作者的独特专业便是改造人类大脑。

随着神经科学的进步，一些教育工作者意识到关于大脑的一些基本信息必须成为他们知识体系的一部分。教育工作者虽然不是神经科学家，但他们是每天都在改造人类大脑的专业人士。因此，他们对大脑如何工作了解得越多，他们的改造工程就会越成功。作为接续内容，第一章将带领读者了解一下大脑的主要结构以及功能，一窥现代学生大脑的奥秘。

实践角

你目前了解的是……

本书的价值可通过评估你从中增进了多少关于大脑以及它的学习模式的认识来体现。进行下面这个判断测试，圈选“对”或“错”，检测你现在对于大脑了解多少。

大脑的各个结构肩负着决定何种信息需要被存入长时记忆的责任，它们合理地分布组成了一个系统。 对 错

如果一个学生在初次学习某个内容时表现良好，他会更容易记起该内容。 对 错

仅在考试前进行材料复习会是一个检测记忆程度的好方法。 对 错

花的时间越多，则越容易记住新学习的内容。 对 错

两个相似的概念或动作技巧应该同时被教授。 对 错

学生从记忆中回顾所学内容的多少与他们的天赋很有关系。 对 错

一个学生一次能同时处理多少信息，这与他们的基因遗传有关。 对 错

通常来说，不太可能在同一个时间段内增加短时记忆处理的信息数量。 对 错

大多数时候，一个学生可以有意识地从长时记忆中提取信息。 对 错

布鲁姆分类法这些年来没有太大变化。 对 错

PRACTITIONER'S CORNER

在教学中融入了多少关于大脑的知识

指导语：下面是一个五分量表，请圈选出代表你在教学、学校、社区执行程度的数字，并且将所圈选的数字连起来使其成为一个图表。

我会改进课程，使学生有更好的成长机会。

1——2——3——4——5

我曾为激发学生强烈的正向学习情绪而接受训练。

1——2——3——4——5

我曾为帮助学生在不同学习情境下调整其对于成功学习的自我概念而接受训练。 1——2——3——4——5

我为学生提供丰富的学习环境。 1——2——3——4——5

我常常找机会为学生整合他们在各学科、各课程中所学的概念。

1——2——3——4——5

我常常使学生有机会在课堂上分享他们学到的东西。

1——2——3——4——5

我不会把讲授作为最主要的教学模式。 1——2——3——4——5

我在课堂中所进行的活动会以其与学生密切相关为标准。

1——2——3——4——5

我了解模块学习的力量，并且将其运用于每天的课程设计中。

1——2——3——4——5

我了解什么是近因效应，并且时常将其运用于课堂中来促进学生对知识的掌握。 1——2——3——4——5

使用行动研究

行动研究可帮助老师系统地评估他们运用研究发现的教学技术在实务中的成效。资料收集是研究中至关重要的部分，因此老师需要了解研究中可进行测量的元素。

选择研究问题。由于在研究中需要收集资料，因此你需要选择一个能够囊括那些容易被量化或质化的测量元素的研究题目。举例如下：

①教学材料的模块学习如何影响学生的掌握程度？此题可用一个简短的口头或书面测验进行测量。

②教学材料放在课程的开始或中间部分，这样的差异对学生的掌握程度有何影响？此题可用小测验进行测量。

③等待时间的长短如何影响学生参与的积极性？此题可通过比较不同的等待时间之下学生的反应进行测量。

④幽默感或音乐会增强学生的注意力吗？这两项可以通过在有或无幽默感/音乐的情况下对学生在不在状态进行测量吗？

⑤在不同时间教授两个相似的概念会有助于学生更好地掌握吗？此题可以通过口头回答或课后概念小测验进行测量。

收集资料。请记住，在尝试使用不同的研究策略进行比较之前，你需要一个基准数据。并且请谨慎设计你所采用的测量和收集资料的方法。你需要同时收集前测资料与后测资料。

前测：选择一个控制组，这个控制组同时也是接受研究实施组。在实际进行研究实施前先进行资料收集。

后测：研究步骤实施后(如使用模块学习、黄金时段学习、提问后不同的等待时间、幽默感的使用等)，对此适当收集资料。

分析资料。可用一些较为简单的分析技术，如将前测和后测数据与平均值进行对比。你在两组资料中发现了什么变化？你所实施的研究产生了你所预期的结果吗？如果没有，是为什么？实施这项研究后，产生了什么正面或负面的非预期效果？

分享资料。在行动研究过程中，与同事分享研究所得的资料是非常重要的环节。老师常常独自进行工作，没有什么机会可以与同事在课程设计上进行交流。

实施改革。如果研究产生了预期的效果，你需要考虑如何将结果运用在教学进程中。但如果研究并没有产生预期的效果，你需要决定是否改变这些策略的某些部分，或使用不同的测量方法。

尝试新方法。针对其他策略重复上述步骤，如此，行动研究可成为你的持续性专业发展的一部分。

Chapter 01 | 第一章

关于大脑的基本事实

以目前对大脑知识的掌握，我们才前所未有地开始意识到可以以此认识人类，包括我们自己。

——莱斯利·A. 哈特(Leslie A. Hart)

本章亮点：本章介绍了大脑的一些基本结构以及它们的功能，探索了少年大脑的生长发展及环境因素对大脑发展的影响，讨论了现今学生的大脑与学校之间是否相适应及教学技术的影响。

成年人类的大脑是一个湿润又脆弱，质量为3磅(约1.36千克)多。它的大小和葡萄柚差不多，形状和核桃差不多，一个手掌刚好就可以握住。它被颅骨包裹着，而且中间还有一层膜保护着，安然自若地待在整个脊柱的顶端。即使我们正在睡觉，大脑也一直不眠不休地工作。尽管它只占体重的2%，但是消耗我们每日所摄取的接近20%的卡路里！而且我们用脑越频繁，它所消耗的能量就越多，说不定这可以成为一种新的减肥方式。或许我们可以改一改笛卡儿的“我思故我在”这句经典名言，改成“我思故我瘦”。

数个世纪以来，测量师对大脑的每一个特征都进行过测量，用各种各样的语言为他们的发现命名。他们分析这些结构和功能，想出一些概念对观察结果进行解释。这些观察通常来自目睹某个体大脑的一些特定区域受损后的表现。如果这些大脑损伤导致某些特定功能失常，这些研究者便根据此观察结果判断该大脑区域负责对应的功能。例如，曾有一些医生指出，大脑的左后方受损，常会导致语言功能的丧失(被称为失语症)。因此，他们推断这个受损的大脑区域必定与语言功能相关，后来的事实亦证明如此。

其中一个是早期对大脑进行的分区——前脑、中脑、后脑。另一个则是由保罗·麦克莱恩在20世纪60年代提出的分区法，这个分区法以三个进化的过程来命名大脑：爬虫类大脑(脑干)、古哺乳类动物大脑(边缘系统)、哺乳类动物大脑(额叶)。

我们先看一下大脑的外部结构(见图1.1)，然后看一下大脑的内部结构，并且根据它们的主要功能将大脑分成三个主要部分：脑干、边缘系统以及端脑(见图1.2)。我们还将考察大脑里面的神经细胞结构——神经元。

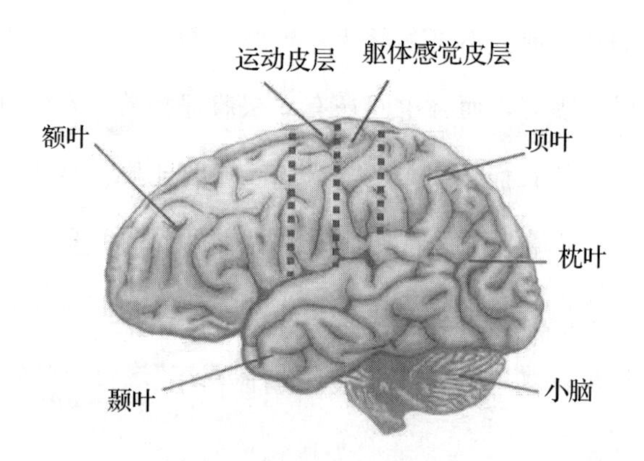

图1.1　大脑的外部结构

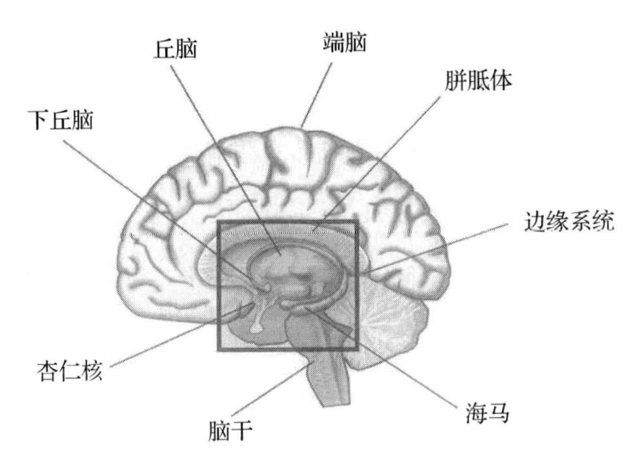

图 1.2　大脑的内部结构

大脑的外部结构

脑叶

尽管每个大脑的细致纹路都是独一无二的，但是对于所有大脑来说，几个大的纹路与皱褶都是普遍相同的。这些皱褶来自两个不同的大脑半球、四个不同的脑叶。各个脑叶分化成了处理特定功能的不同区域。

> 由于情绪调节系统在青少年时期的发展缓慢，因此青少年更容易意气用事，更容易做出高危行为。

额叶。额叶位于大脑的前部，紧贴于前额之后的则是额叶皮层。它通常被称为执行控制中心，负责计划与思考。额叶可用来进行高层次的思考、指挥处理问题以及调节过度敏感的情绪系统。额叶同时也是我们的自我意志——或者也可以被称为人格——所在的区域。额叶受损可能导致一些戏剧性的行为或人格改变，这些改变有时候可能是永久性的。由于大部分工作记忆都位于这一个区域，因此额叶也是注意力产生的地方(Geday & Gjedde，2009；Nee & Jonides，2014)。额叶的成熟非常缓慢。用fMRI对处于青少年前期的大脑额叶进行研究时发现，这个区域会在成年期持续发展(Dosenbach et al.，2010；Satterthwaite et al.，2013)。这是青少年比成年人更加意气用事，更容易做出高危行为的一个重要原因。

颞叶。位于耳朵的正上方，用于处理声音信息、音乐、脸部和对图像的识别，也包含一部分长时记忆的区域。颞叶也是语言表达中心的区域，不过通常只存在于大脑左半球。颞叶受损，可影响听力、相似人类面孔的辨识以及感官信息的处理。

枕叶。成对地位于大脑后部，几乎只涉及视觉功能，包括感知物体的形状与颜色。枕叶受损，可导致斜视。

顶叶。位于大脑顶部，主要用于处理来自身体各部位传至大脑的感官信息(如冷热感觉、触觉及痛觉)以及空间定位识别功能。顶叶受损，可影响人体感知、辨别身体各部位的能力。

运动皮层与躯体感觉皮层

在顶叶与额叶之间，有两片皮层从左耳至右耳覆盖在大脑顶部。靠近前方的皮层被称为运动皮层，它控制身体的移动，以及联合小脑进行运动技能的学习。而在运动皮层之后、顶叶之前的则是躯体感觉皮层，它处理我们全身各处的皮肤触觉信号。

小脑

小脑是一个由两个半球组成的结构，位于大脑皮层的后部、脑干的后方，约占大脑总质量的11%，有很多折叠的部分，也有很多神经元，比大脑的其他所有部分加起来都要多。小脑的整个表面看起来就像大脑的半球一样。

小脑用于协调躯体动作。小脑监测从躯体肌肉传来的神经冲动，这对于复杂动作任务的表现与时间掌控非常重要。在打高尔夫球挥杆的时候，一个舞者需要舞步流畅的时候，以及手拿杯子将之送到嘴边而不洒落的时候，小脑都需要发出修正和协调动作的指令。小脑还负责存储一些自动化动作的记忆，如打字或绑鞋带。通过这些自动化的动作使之成为程序化的动作，让我们在进行这些动作的时候可以更快速、更精准，减少所花的精力。小脑也可以对动作任务进行心理排练，使我们的动作更加熟练。如果小脑受损，动作将会变慢、变简单，做微调动作时会有困难，如无法抓住一个皮球或无法摇摆手部。

我们其实低估了小脑的作用。研究者认为小脑同时也是认知过程中对我们的想法、情绪、感觉(尤其是触觉)、记忆等进行微调的支持结构(Hertrich, Mathiak, & Ackermann, 2016; Marvel & Desmond, 2016)。由于小脑是连接在大脑中处理心理活动和感觉的区域，因此它无须对细节有意识地专注就能自动进行。这可以给大脑中的意识部分提供空间，让它可以专注于心理活动，也因此扩大了大脑的认知范围。这样的能力扩张很大程度上得益于小脑以及小脑对于自动化心理活动的贡献。

大脑的内部结构

脑干

脑干是大脑中最年长、位置最深的区域。由于这个区域酷似爬虫类动物大脑，因此通常还会称它为爬虫类大脑。在12条通往大脑的神经中，就有11条的终点在脑干里(用于辨别气味的嗅觉神经直接通往大脑的边缘系统，这是人类进化的一个结果)。这个大脑区域用来监测和控制一些身体的关键功能，诸如心跳、呼吸、体温以及消化等。脑干同时还是网状激活系统的位置所在，用于处理大脑的警觉信息。

边缘系统

紧靠脑干上方、端脑下方有一个组织结构，通常被称为边缘系统或古哺乳类动物大脑。很多这方面的研究发现，过去认为边缘系统是一个独立的运作体的看法已经过时了，因为边缘系统的各个部分是和大脑的很多其他区域相互作用的。

边缘系统的大部分结构都是左右脑对称的。这些结构能够发挥很多不同的功能，包括产生情绪和处理情绪记忆。边缘系统位于脑干和端脑之间，可以使情绪和情绪激发点相互作用。

边缘系统有四个对学习和记忆非常重要的部分，它们分别是：

丘脑。所有(除了嗅觉)感觉信息都会第一时间被传送到丘脑。丘脑指挥大脑的其他部分进行处理的工作。端脑与小脑也传送信号至丘脑，因此丘脑也属于包括记忆在内的许多认知活动的处理区域之一。

下丘脑。下丘脑紧贴丘脑下方。当丘脑监测来自外界的信息时，下丘脑则负责监测身体内部系统来维持身体的平衡状态(被称为稳态)。下丘脑通过控制身体内多种激素的释放处理身体的多种机能，包括睡眠、体温、食物及水分摄取等。如果身体系统脱序，个体就很难专注于课程学习的认知过程。

海马。海马位于整个边缘系统的基部。在学习效果的巩固以及工作记忆与长时记忆存储区块之间的信息转换上，海马扮演了重要角色。对于工作记忆里的中继信息，海马常常需要进行检查，并且将之与已有的经验进行比较，这个过程对意义的创造必不可少。

海马的功能最初是从那些海马受损或甚至因病被切割的病人身上认识到的。这些病人能够记住手术前发生的每一件事，但是之后的却无法记住。如果今天介绍你给他们认识，到了明天，对他们来说你又再次变为陌生人。因为他们只能记住大约几分钟以内的事情，可能会阅读同一篇文章很多次，但每次阅读都会觉得是第一次看到。大脑扫描已经确认了海马在永久记忆系统中的重要作用(Huijgen & Samson，2015；Postle，2016)。阿尔茨海默病的病因正是海马内的神经受损。

一些关于大脑受损病人的研究发现，尽管海马在事件、物体与位置的记忆提取中有重要作用，但是似乎并不表示它在个人的长时记忆提取中也如此。一项重大发现显示海马拥有产

神经再生的能力可通过调整饮食和运动而增强，也可因长期缺少睡眠和酗酒而减弱。

生新的神经元的能力，这种被称为神经再生的能力可以一直维持到成年期(Balu & Lucki，2009)。而且，有研究证据证实这种神经再生的能力对学习和记忆有显著作用(Deng，Aimone，& Gage，2010；Neves，Cooke，& Bliss，2008)。同时，研究也证明神经再生的能力可通过调整饮食(Hornsby et al.，2016；Kitamura，Mishina，& Sugiyama，2006)和运动(Kent，Oomen，Bekinschtein，Bussey，& Saksida，2015；Pereira et al.，2017)而增强，也可因长期缺少睡眠(Kreutzmann，Havekes，Abel，& Meerlo，2015)和酗酒(Geil et al.，2014)而减弱。

杏仁核。依附于海马的末端。杏仁核对情绪，尤其是恐惧，有重要作用。它用于调节个体与环境中影响其生存的因素的相互作用，如何时采取攻击、逃跑、配合或进食等行为。

由于它非常靠近海马，通过使用PET对其进行扫描，研究者认为海马会对情绪信息进行编码，当一个情绪信息出现时，这个信息会被标记到长时记忆中。但此时无法确定情绪记忆本身一定会被存储于杏仁核中。研究显示，记忆中的情绪部分可能被存储于海马中，而认知部分(如姓名、日期等)则被存储于其他部位(Hermans et al.，2014)。当认知部分的记忆被提取时，情绪部分的记忆也会被提取。当记忆被唤起时，相关的情绪也会被唤起。这解释了为何人们在回忆一些强烈的情绪经验时通常都会再次体验当时的情绪。海马与下丘脑的相互作用确保我们可以长时间地记住那些重要的、情感强烈的事物。

老师一定希望他们的学生能够永远记住他们所教的内容。这两个位于大脑情绪区块的组织结构主要负责大脑的长时记忆，我们为意识到这一点而感到惊喜。

测试题1：大脑的各个结构都肩负着决定何种信息需要被存入长时记忆的责任，它们合理地分布组成了一个系统。是否正确？

答案：错。这些结构其实是位于边缘系统的情绪区块。

端脑

端脑是大脑中体积最大的区域，非常柔软，质量占整个大脑的80%。端脑表面是灰白色的，有很多深深浅浅的沟壑，深的为裂隙，浅的为脑沟。端脑突起的部分被称为脑回，脑沟从前往后将端脑分为两个部分，形成两个大脑半球。神经元穿过中间从左大脑半球到达右大脑半球，而右大脑半球的神经元也穿过中间到达左大脑半球，但目前为止还无法解释这是为什么。左右两个大脑半球由一个通路连接，这个通路由超过2亿的神经纤维组成，被称为胼胝体。两个大脑半球通过胼胝体进行沟通和协调活动。

大脑半球表面有一层很薄但很坚固的表层，被称为大脑皮层，里面有大量的细胞，只有十分之一英寸(约0.25厘米)的厚度，但由于有非常多的沟壑，因此表面积为两平方英尺(约0.19平方米)，大概相当于一张西式餐巾的大小。在每立方英寸的空间里，大脑皮层由六层约10000英里(约16093.44千米)长的互相连接的纤维的细胞网络组成。这里是绝大部分活动进行的场所，思考、记忆、语言表达以及肌肉运动都需要大脑皮层的控制。大脑皮层通常也被称为灰质。

这些细胞最初是西班牙病理学家、神经科学家卡哈尔在1989年发现的。图1.3来自他的笔记，图中展示了沟壑纵横、薄薄的大脑皮层中的神经元。大脑皮层内有一些神经元从脊柱中分出来并扩展至皮层中，形成一个密集的网状结构，这些神经元被称为白质。由此，神经元互相联结，形成庞大的神经网络结构来发挥不同的功能。

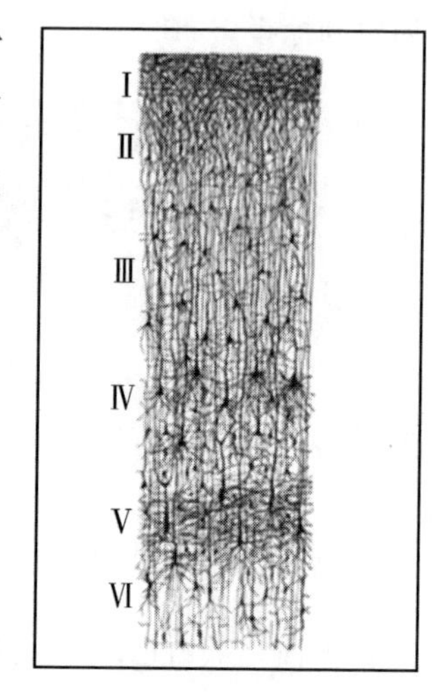

图1.3 人类大脑皮层横截面中的六层

大脑细胞

大脑由超过一万亿多个细胞组成，目前已知的至少有两种，即神经细胞和胶质细胞。神经细胞被称为神经元，约占大脑细胞总数的十分之一。而大部分细胞为胶质细胞，用来将神经元黏合在一起，并且就像过滤器一样保护神经元免受有害物质的入侵。星形胶质细胞在调节神经元信号传导的速率上也有一定的作用。星形胶质细胞通过附着于血管上形成血脑屏障，来保护大脑细胞活动免受经血液传播的有害物质入侵。

神经元是大脑内的整个神经系统以及功能的核心。神经元有不同的尺寸，神经元的细胞体的大小大概只有英文句点的一百分之一。和其他细胞不同，神经元从它的细胞核中伸展出成千上万的枝干，被称为树突(见图1.4)。这些树突接收来自其他神经细胞的神经冲动，并且在一个长长的——被称为轴突的——纤维管道中将神经冲动传输到其他地方。通常一个神经元只有一个轴突，而每个轴突外都有一层被称为髓鞘的结构。这种结构将每个细胞的轴突分隔，可以提高神经冲动的传输速度。神经冲动通过电子化学过程进行传输，传播速度很快。一个神经元每秒可传输250到2500次神经冲动。

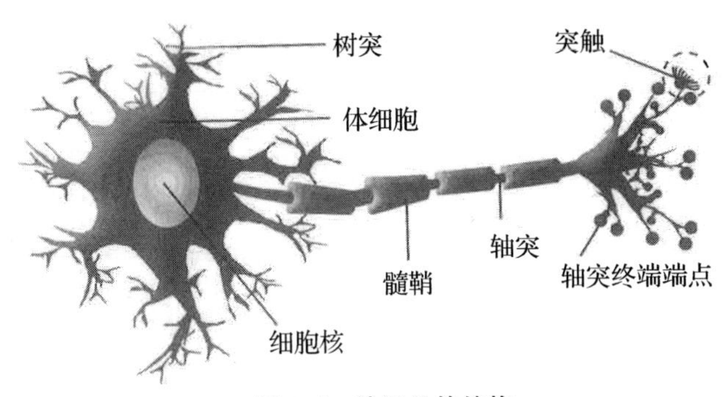

图1.4　神经元的结构

神经元彼此之间并不直接接触。每个树突和轴突之间都有一个小小的缝隙，被称为突触。突触之内有成千上万的微小突起，被称为棘刺，而一个典型的神经元会在这些突起处从其他树突收集神经信号。神经元经轴突输出电活动信号（神经冲动）至突触，突触同时从轴突末端的囊泡（突触小泡）中释放存储的化学物质（见图1.5）。这些化学物质被称为神经递质，用于激活或抑制相邻的神经元。神经递质穿过突触间隙，使邻近的神经元兴奋或抑制。

目前为止已发现超过100种不同的神经递质，但只有其中约10种负责完成绝大部分任务。下面是一些常见的神经递质：乙酰胆碱（影响学习、动作、记忆以及快速眼动睡眠）、肾上腺素（影响葡萄糖代谢、在运动时释放能量）、羟色胺（影响睡眠、神经冲动、情绪、食欲及攻击性）、谷氨酸盐（大多数都会影响学习与情绪）、内啡肽（减缓疼痛，影响幸福感和愉悦

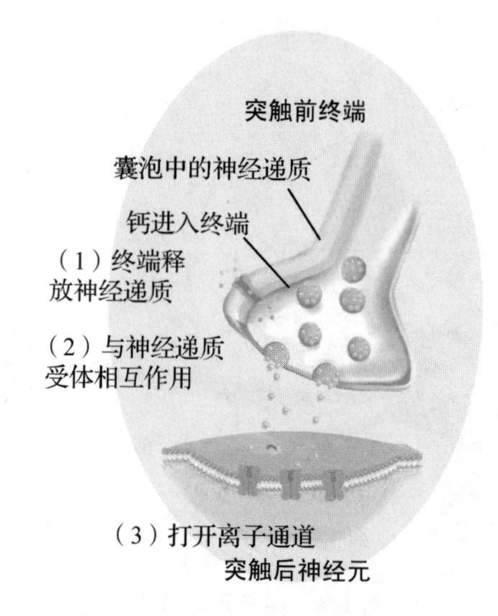

图 1.5 神经冲动在突触的传递

感)、多巴胺(影响动作、注意力、学习、愉悦感及耐力)。

本质上，信息以电子信号的形式在神经元之间传递，神经元之间的传递物质为化学物质。

大脑的化学世界与大脑拥有者所做的事情之间似乎是有联系的。一些有关不同职业的人(如音乐家)的神经元研究发现，一项职业所要求的技能越复杂，神经元中树突的数量也就越多。树突数量的增加使神经元之间的联系增多，有利于我们保持所学的东西。

成人大脑中约有一千亿个神经元，每个神经元大约有一万个树突，这意味着突触之间发生联系的次数更是不可思议的庞大数目，如此才可以让我们的大脑不断地从感觉器官收集信息并运作它们，记住数十年的事情、人脸、地点、学习到的语言以及以各种与众不同的方式整合所得的信息。

这就是这仅 3 磅多重的柔软大脑所取得的骄人成就！

一般认为，神经元是唯一不会更新换代的细胞体。然而，早期的研究者已经发现，在成人大脑中，至少海马中的神经元是会更新换代的。这个发现引发了我们对于其他部分的神经元可能也会进行更新换代的思考，如果确实如此，那我们很可能通过刺激这些神经元来对受损大脑进行治疗和修复，尤其可以为那些数量不断增加的阿尔茨海默病病人进行治疗。对于阿尔茨海默病的研究正朝着是否有停止触发神经元的致命破坏机制的方法这一方向去探索。

数年前，意大利科学家里佑拉蒂曾运用 fMRI 技术针对猴子的动作进行研究(Rizzolatti，Fadiga，Gallese，& Fogassi，1996)。他在研究中发现有一簇神经元会在猴子进行某个动作时被激活，这与他此前曾在其他猴子或被试进行类似动作时观察到的结果一样。这些特定的神经元名为镜像神经元。通过这个猴子实验，科学家们使用 fMRI 技术来研究运动前区大脑皮层(位于运动大脑皮层的前部，用于规划肢体动作)中的神经元集群，发现这个区域的大脑皮层在一个动作将要发生之前就被激活了。而且奇怪的是，当一个人只是在观看他人做这个动作时，他对应的大脑皮层也会被激活。例如，当一个人看到他人拿起一杯咖啡时，大脑皮层所激活的模式与他自己拿起一杯咖啡时是一样的。因此，相似的大脑区域都会进行动作的生成和感知。

神经科学家相信，这些镜像神经元可以帮助人们译码和预测他人行为动作的意图(Catmur，2015；Iacoboni，2015)。这让我们不必亲自经历就可以学到，并且可以理解他人的情绪，与他人产生共鸣。当我们看到他人厌恶或喜悦的表情时，我们的镜像神经元会触发相似的情感，就如感同身受。

幼儿会模仿我们的笑容或其他动作，镜像神经元或许可以解释幼儿的模仿行为。我们每个人都有过这种经历：当看到别人打哈欠时，我们也想打哈欠，不过会试图止住。神经科学家曾怀疑镜像神经元可以对一些至今仍是谜团的心理行为进行解释。而且，孤独症儿童的脑内是否缺乏镜像神经元系统？这是否可以解释为何他们难以理解他人的意图和心理状态？尽管这些可能性似乎彼此相关，但是并没有有力的证据表明孤独症患者缺乏镜像神经元(Cusack，Williams，& Neri，2015)。

大脑的燃料

大脑需要消耗氧气和葡萄糖。大脑需要处理的任务越多，它所需要消耗的能量就越多。因此，确保有足够的能量物质来维持大脑的最佳功能非常重要。血液中的氧气和葡萄糖不足时会引起困倦。进食适量的食物可保证血液中有适量的葡萄糖，可提高工作记忆、注意力和运动功能的表现和精确性(Kumar，Wheaton，Snow，& Millard-Stafford，2016；Scholey et al.，2013；Valentin & Mihaela，2015)，同时也可提高长时记忆(Sünram-Lea，Dewhurst，& Foster，2008)。

水对于健康大脑的活动也是必不可少的，它会在大脑里运送神经信号。大脑内水的浓度过低会降低神经信号的传输速率和效率。而且，水可以使肺部充分湿润，使氧气可以有效地进入血液。

很多学生(很多老师也如此)不吃含充足葡萄糖的早餐，也不喝足够的水来维持大脑的健康运作。学校应该设立早餐计划，并且教育学生，让学生了解血液中需要充足的葡萄糖。学校同时也应该为学生和员工提供充分的机会来摄取足够的水分。

儿童时期的神经发展

神经元在胎儿形成约四周时就开始以惊人的速度发展。在怀孕的前四个月内，就有约2000亿个神经元形成，但其中约有一半会在第五个月凋亡，因为它们无法和胎儿其他正在发育的部位继续维持联系。这样有目的的神经元破坏(被称为细胞凋亡或突触修剪)可以确保只有那些持续维持联系的神经元留下，并且让大脑不至于堆积太多没用的神经元。端脑的皱褶在第六个月时开始发育，并且逐渐形成沟壑，使大脑变为沟壑纵横的样子。此时如果孕妇吃药或喝酒不仅会干扰胎儿大脑细胞的发育，而且会增加胎儿成瘾和精神缺陷的风险。

新生儿的神经元还很不成熟，很多都缺少保护性的髓鞘层，而且彼此之间的联系也不多，因此，大脑皮层中的绝大多数区域都还很“安静”。我们很容易理解，此时最为活跃的大脑区域就是脑干(控制身体功能)和小脑(控制躯体动作)。

让人意外的是，儿童大脑中的神经元之间比成人的神经元之间产生更多的联系。一个新生儿的大脑以令人难以置信的速度从周围环境的刺激中吸收新事物，并且形成大量的神经元联系。外界信息通过一个不时出现、消失的“窗口”进入大脑，环境越丰富，这样的神经元联系则越多。因此，学习活动可以更快、更有意义地进行。

到了儿童期，这些联系逐渐放缓，而另外两个进程则开始了：大脑内那些有用的神经元联系被留下，而没用的则被淘汰（通过细胞凋亡实现），这是因为大脑的选择性增强，它会根据生活经验修正神经元之间的联系。这个过程持续一生，但在十二三岁的时候最为强烈。在早年，生活经验就已经在塑造我们的大脑，并且塑造出独特的神经结构，这将影响这些结构如何掌控之后我们在学校、工作或其他场所的经验。

最佳时机

年轻大脑对特定种类的外界环境信息输入有一个最佳的制造或巩固周期。其中一些时期对身体发育至关重要，被一些儿科研究人员称为成长关键期。例如，如果一个完好的大脑直到两岁都还没接受过视觉刺激，那么这个儿童很可能将永远失明；如果到12岁都还没听到过语言，那么这个儿童则很可能永远都学不会讲话。当这些关键期逐渐停止时，大脑的细胞会被修剪或分配，并应用至其他功能的使用上。

大脑的可塑性和弹性使其得以在任何时候学习几乎任何事物，因为大脑内的神经网络每时每刻都在发展着、准备着。

大脑在认知和技能发展的时期更具有可塑性，但这种可塑性自始至终都非常显著。很重要的一点是学习活动发生在大脑的每一处并且贯穿一生，即使某些最佳时期已经逐渐停止也仍然如此。然而，这些技能也许不会到达那么高的层次。这种终生都在以微妙的方式改变并成为经验的能力，被称为大脑的可塑性。

奇怪的是，为什么有些最佳时机会结束得很早。其中一个可能的解释，就是这些井喷式的发展是由基因决定的，并且在数千年前当我们的寿命可能只有20来年的时候就已在适当的位置设置好了。图1.6展示了我们应当了解其重要性的几个最佳时机。

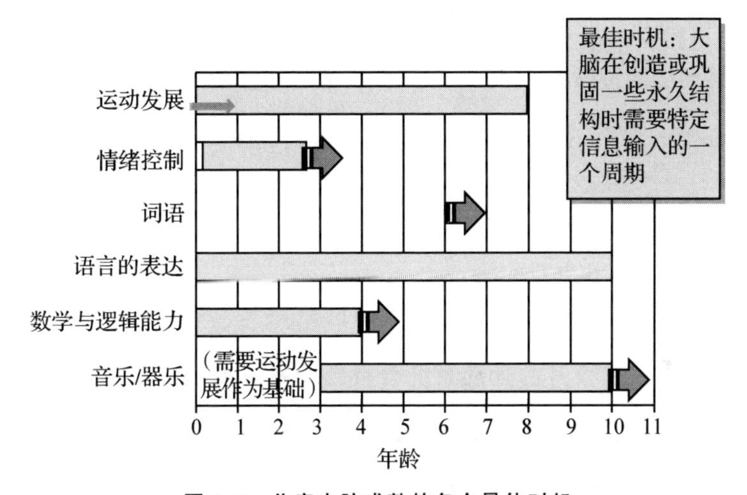

图1.6　儿童大脑成熟的各个最佳时机

说明：这个图展示了目前研究发现的童年期的学习最敏感的时期。未来的研究方向将放在适当修改图中的时间范围上。学习是贯穿一生的，这一点很重要。

这里需要提出几点值得注意的事情。首先，虽然需要了解学习最佳时机的概念，但是不应该因此让家长担心早年没有给孩子提供重要的学习经验。其实，家长和教育工作者应该牢记的是，大脑是具有可塑性的，可以在任何时候学习任何事物。通常来说，越早学习越好，但晚学也并不是一件不好的事情。

其次，近几年增强学校和老师责任感的迫切性也正不断改变着小学低年级的教学。研究儿童早期的学者在过去十年内与学龄前儿童教育相关的研究中发现，这个阶段的教育水平越来越接近小学低年级（Bassok，Latham，& Rorem，2016）。基本上，幼儿园老师花了更多时间在语言读写和数学教学上。通过研究也发现这种变化导致学生能够学习音乐、艺术、科学和其他自选科目的时间变少了。因此，未来的研究应该着重考虑什么因素能够真正促进学龄前儿童认知和社会化技能的发展。需要强调的是，越早学习当然越好，但过早接触超龄的知识则适得其反。

运动发展

> 在运动发展的最佳时机学到的技能是掌握得最好的。

在胎儿发展期，运动发展的时机就已经开始了。胎儿在前三个月的运动系统会得到发展和巩固，那些怀过孕的人可能都会对此深有体会。儿童学习运动技能的能力在 8 岁以前是最明显的。那些看起来很容易的动作，如爬行和走路，以及综合那些来自内耳的平衡感信息，将信号传输到腿部或臂部肌肉，都需要用到复杂的神经网络。当然，我们在运动发展的最佳时机结束后仍然能学会一些运动技能。然而，在运动发展的最佳时机学到的技能是掌握得最好的。例如，很多演奏大师或奥林匹克运动会奖牌得主，以及其他像网球或高尔夫这一类运动的专业人士，他们大多是从 8 岁就开始学习或练习这些技巧的。

情绪控制

> 这种感性和理性的不断争斗是“可怕的两岁”形成的一个重要原因。

情绪控制发展的最佳时机是出生后的2～30个月。在这段时间里，管理情绪的大脑边缘系统以及额叶的理性系统会评估彼此能得到想要的东西的能力。这两者之间几乎不可能是一个公平的比赛。关于人类大脑发展的研究指出，情绪系统(或更老的系统)的发展比额叶的发展要快得多(见图1.7；Leventon，Stevens，& Bauer，2014；Wessing et al.，2015)。因此，情绪系统很可能在这场控制的拉锯战中取得胜利。如果一个孩子在情绪控制发展时期常常发脾气，那他很可能在这个发展时期结束以后仍然常常发脾气。这种感性和理性的不断争斗是“可怕的两岁”形成的一个重要原因。当然，在两岁过后，孩子是可以学习如何控制情绪的，但在那个时期所学到的情绪控制则很难改变，而且会强烈影响到这个时期过后所学的东西。

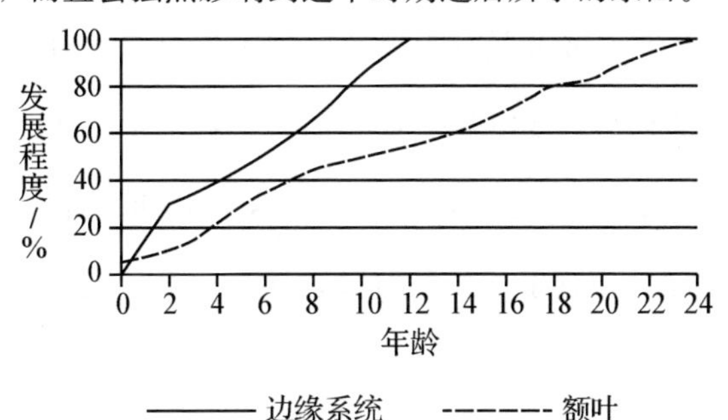

图1.7 大脑边缘系统与额叶的发展趋势

说明：从这个图中，我们可以看到大脑边缘系统和额叶在不同年龄阶段各自可能的发展程度。10～12岁时的额叶发展滞后解释了为什么那么多青少年容易陷入高危困境。

有一个惊人的例子是后天会如何改变先天条件。有大量客观证据证实，在这个时期父母对孩子的情感回应能够诱发或抑制基因的趋势。生物学因素不等于命运，因此基因的表达也不是必然的。要想让基因发挥效果，必须让基因得到触发。鼻尖上的细胞和胃壁上的细胞是共享基因的，但制造胃酸的基因是在胃里得到触发，而并不是在鼻子上。例如，羞耻感是一种部分遗传的特性。如果父母过度保护他们容易害羞的孩子，则这个孩子很可能会继续害羞下去。如果他们鼓励孩子和其他孩子互动，这样就很有可能消除孩子害羞的特性。因此，那些导向智力、社交能力、精神分裂症和攻击性的基因趋势可以通过父母和其他环境因素的影响而被激发、缓和或抑制(McNamara & Isles，2014；Zheng & Cleveland，2015)。

词语

人类大脑对语言具有基因易感性，因此婴儿最早会在大约 2 个月的时候就开始发出一些声音或开始牙牙学语。到了 8 个月的时候，婴儿会开始试着讲一些简单的词语，如“妈妈”或“爸爸”。到了 18～20 个月大的时候，婴儿大脑中的语言区域会变得非常活跃。这个时期的婴儿每天可以学习 10 个或以上的词语，而到了 3 岁的时候，词汇量会达到大约 900 个词，而到了 5 岁的时候，词汇量将达到 3000 个词。

有证据表明孩子的语言能力非常强，如果孩子的父母——尤其是父亲——常常与孩子进行语言沟通，孩子将拥有更大的词汇量(Henderson，Weighall，& Gaskell，2013；Pancsofar & Vernon-Feagans，2006)。但知道一个词语并不等于理解这个词语的意思。因此关键的是，父母需要鼓励孩子在语境中使用新的词语，让他们展现他们对词语的理解。如果孩子能够理解他们词汇量中的绝大多数词语，那他们在进入学校学习后就能够更容易、更快速地阅读。就算是在低收入家庭，也依然能够发现这些正面的效果(Malin，Cabrera，& Rowe，2014)。

语言的表达

新生儿其实不像我们想象的那样是一张白纸。他们大脑中的特定区域已经分化成能接收包括语言表达在内的特定刺激。孩子获得语言表达能力的关键期在出生后没多久就开始了，在 5 岁左右会暂时停止，然后又在 10～12 岁时重新开始。在这个年龄以后，学习语言将变得很困难。孩子学习语言的基因助力非常强大，因而他们能够在自然环境中创造他们自己的语言。有证据表明人类语法能力的发展在生命早期有一个特定时期(Pulvermüller，2010)。从这个观点看，很多学校没有从小学就开始教授一门新的语言，而是从中学甚至高中才开始似乎不太合理。

数学与逻辑能力

我们不确定那些年轻的大脑到底是何时以及如何理解数字的概念的，但大量证据证明婴儿出生时就有初步的数字感觉，这种感觉是连接到大脑的特定部位的(Ceulemans et al.，2015；Dehaene，2010)。这些大脑的特定部位试图以“事物的数量”的意思对世界进行整理，也就是说，他们能够说出两个东西和三个东西之间的区别。当我们在一条路上开车经过，看见田野上有一群马时，我们会注意到这群马有咖啡色的也有黑色的。尽管我们没有仔细地数一下，但是我们马上就能知道这群马一共有4匹。研究者同时也发现尽管两岁大的孩子无法口头表达出数量，但仍然能够辨别4或5以内的数量之间的关系。这项研究指出了数学逻辑思考不需要完整的语言功能，但需要有完整的语言功能才能进行数学运算(Dehaene，2010；Lachmair，Dudschig，de la Vega，& Kaup，2014)。

音乐/器乐

世界上的每一种文化都有音乐，因此我们可以说音乐是人类的重要组成部分。婴儿在2到3岁的时候就能对音乐做出反应。音乐能力发展的关键期在出生后就开始了，只是很显然，此时孩子的声带或运动技能还没有发展到可以唱歌或演奏乐器的程度。在3岁左右，大多数幼儿的双手已经足够灵巧到会弹奏钢琴了。一些研究发现，3～4岁的幼儿如果能上一些钢琴课的话，他们在时间—空间任务上的表现会明显比那些没有接受过器乐训练的幼儿好，而且这种差异是长期性的(Vargas，2015)。大脑图像显示器乐所激活的左侧额叶区域与运用数学和逻辑能力以及进行其他认知过程(Van de Cavey & Hartsuiker，2016)时所激活的区域是一样的。

关于年轻大脑发展的研究指出，在儿童早年提供丰富的家庭资源和学前环境有助于他们建立更多神经元的联结和开发更完整的心理功能。儿童的早年时期如此重要，因此我相信学校和社区应该和那些育有新生儿的父母沟通，向他们提供资源和服务，帮助他们成功地完成作为孩子的第一任老师的任务。这些被称作“父母为师”的服务在美国的密歇根州、密苏里州和肯塔基州都已陆续开展，这些由当地学校所支持的服务项目也如雨后春笋般在各地发展。从“一个都不能少”更名为“每个孩子都能成功”的法规已极大地显示出儿童早期教育的重要性，所以我们仍需继续加快脚步。

大脑——新奇事物的探索者

人类作为一个成功的物种，部分要归功于大脑对新奇事物的兴趣，如对不断变化的环境的兴趣。我们的大脑会不断地扫读周围环境的刺激。如果出现一个突如其来的刺激，如在一个空房间里突然有一个很大的声响，肾上腺素水平会迅速上升，我们会暂停那些无关紧要的活动，然后集中注意力来采取应对措施。相反，如果环境中是一些重复的刺激或可预料的刺激，这将会降低大脑对外界的兴趣，并且诱使其寻找新奇的刺激。

增强新奇性的环境因素

克雷格是我的一位好朋友，他担任高中数学老师已经超过 20 年了。他常常说现在的学生和几年前已经大不一样。现在的学生带很多电子产品来学校，他们的注意力在这些电子产品上快速切换，但唯独没有将注意力放在数学课堂上。作为一位良心教师，为了吸引学生的注意力，克雷格在课堂上引入了很多教学技巧。在过去，当我和他谈起现在日新月异的大脑研究的新发现和在教学上的应用时，他总是怀疑地对我笑笑。但如今已不是这样了！他意识到现在学生的大脑是在快速变化的环境中成长的，他需要调整一下他的教学方法了。

我们常听到老师提起现在学生学习的模式已和过去大不一样。他们好像没有办法太长时间集中注意力，而且很容易感到无聊。为何会如此呢？是不是我们的环境中发生了什么，让他们的学习方式改变了呢？简单来说，确实如此。

过去的成长环境和现在的成长环境

现在，孩子的成长环境和数十年前已大大不同。过去的成长环境，例如：

①以前家里会比较安静——电器噪声比较少。

②以前的父母和孩子会进行大量的交谈和阅读。

③以前的家庭结构比较稳定，家人会一起吃饭，共同进餐的时间可以让父母有机会讨论一下孩子的日常活动，同时也可以向孩子表达他们的爱与支持。

④如果家里有电视的话，它通常会被放在家里的公共区域而且会由家长掌控，孩子看电视会被严格监控。

⑤学校是一个非常有趣的地方，因为这里有电视、有电影、有操场，还有校外人士来校演讲。因为比较不会分心，所以学校是对孩子具有重要影响的地方，也是提供信息的主要场所。

⑥以前，邻居对于孩子的成长非常重要。孩子们会一起玩耍，他们与邻居家的孩子建立良好互动关系所需的运动技能、学习技能和社交技能都能够得到发展。

现在的成长环境，例如：

①家庭结构不像过去那么稳固，单亲家庭变得更普遍。一份调查报告显示，约46％的18岁以下美国儿童的家庭环境属于传统形式，即家中有两位已婚异性恋父母(Livingston，2014)，34％则在未婚父母组成的家庭中生活，5％的儿童家中没有父母。下厨变得简单随意，他们的饮食习惯随之改变。结果就是，孩子们和家里那些关爱他们的家人一起用餐的机会越来越少。

②现在很多10～18岁的青少年开始可以在自己的房间里看电视或使用其他电子产品，因而减少了睡眠的时间。而且，少了成人在场，这些青少年的心智易受影响，又缺乏引导，他们会从电视或网络中那些充满暴力和色情的内容中学到什么呢?

③他们可以通过学校以外的各种途径获取信息，其中一些信息可能是错误或不准确的。

④他们花更多的时间在家里捣鼓电子产品，因而错失了在室外发展运动技能和社交技能的机会，这些技能对于沟通、个人行为、和他人之间的社会行为的发展是非常必要的。有时候他们接触的社交媒体平台上存在有害的反社会言论。一个意外后果就是这些青少年和儿童花大量时间待在室内，他们当中超重的人数越来越多，6～19岁的青少年儿童中有超过17％是超重的(Ogden，Carroll，Kit，& Flegal，2014)。

⑤现在这些年轻的大脑在面对新科技时，需要改变它们的功能和组织来容纳如此大量的环境刺激(Sousa，2016)。为了适应这些改变，大脑对这些独一无二的新异事物回应得更多。但这样寻求新异刺激的行为也有

不好的一面。有些青少年如果从环境中感受到的刺激太少，会转而从精神药物上寻求刺激。如果产生药物依赖，则这种依赖会使大脑对新异刺激的需求增大，导致青少年因刺激和需求的不平衡而做出一些极度危险的行为。

⑥儿童每天的膳食中含有越来越多能影响他们大脑和身体的物质。咖啡因就是一种强烈的大脑兴奋剂，成人每天只能在安全范围少量摄取。但青少年的很多种食物和饮料中大多都含有咖啡因。过量的咖啡因会导致失眠、亢奋和恶心。有些青少年可能会对阿斯巴甜(一种人工甜味剂)或其他食品添加剂过敏。这些过敏可能会引发多动、难以集中注意力和头痛等症状(Sharma，Bansil，& Uygungil，2015)。

现代科技是如何影响学生的大脑的

现在的学生身边围绕着各种各样的媒体，如智能手机、电视、平板电脑、电子邮件以及其他社交媒体平台等。一份针对青少年儿童的调查报告显示，8～12岁的儿童在这些电子媒体上每天平均花6小时，13～18岁的青少年则每天平均花9小时(Common Sense Media，2015)。换句话说，这些青少年儿童花在电子媒体上的时间比睡觉或与家长、老师互动的时间还要多。科技已经变成他们生活中必不可少的事物，而且因为人类大脑具有可塑性，这些科技正改造着他们的大脑。

对注意力的影响。这样的多媒体环境分散了他们的注意力，即使是新闻播报也不例外。在过去，电视屏幕上只有新闻主播的脸，而现在整个屏幕都充满了各种信息，可能同时会有多个新闻播报员在播世界各地的新闻，那些不相关的新闻也在屏幕底下滚动播放。对我来说，这些内容让我分神，而且让我不得不将注意力分成几个部分。但是，孩子们似乎习惯了这样丰富而且快速变化的信息。他们可以在几个事物之间快速地切换注意力，然而他们的大脑一次也只能注意一件事情。

大脑不可能同时处理多个任务。一个时间段内它只能处理一个任务。在不同任务之间切换会损失信息。

多重任务的迷思。当然，我们可以一边走路一边嚼口香糖，因为它们是不同的身体动作，而且不需要可测量的认知输入信息。然而，大脑无法同时处理两个认知任务。我们的基因有寻求生存的倾向，这种倾向导致我们一次只能专注一个任务，以确认这是否会威胁到生存。如果我们能够一次处理多个任务，这将减弱我们的注意力和快速准确地判断事物威胁性的能力。

多重任务的实质其实是任务之间的转换。这样的转换有两种情况，一是连续性任务(注意力从 A 转到 B，再从 B 转到 C，等等)，二是交替性任务(注意力在 A 和 B 之间来回转换)。当大脑从对 A 的专注转到对 B 的专注上，再从 B 转回到 A 上时，就会发生认知的损失。图 1.8 展示了这个过程。图中的实线表示在做作业时工作记忆的容量，虚线表示在接听电话时工作记忆的容量。杰里米是一名高中生，他正在写历史作业，花了 15 分钟专注地去理解第二次世界大战的起因。他非常努力地思考，而大部分工作记忆也正用于处理这些信息。

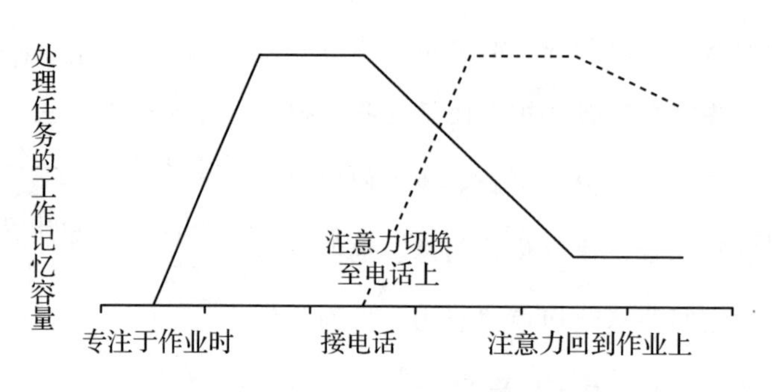

图 1.8　做作业与接电话时的注意程度

说明：在做作业时被电话打断，用于作业上的记忆力资源就会减少(如实线)，而用于处理电话信息的记忆力资源就会增多(如虚线)。

突然电话响了，电话上显示的信息让杰里米知道这通电话来自他的朋友唐娜，此时，杰里米大脑中负责情绪的部分(边缘区域)被激活。当杰里米接电话时，他的大脑从处理历史信息上被切断，转移到接电话的步骤上。杰里米花了 6 分钟的时间和唐娜说话，他大脑的工作记忆中关于第二次世界大战的信息开始消失，取而代之以电话里的内容(因为工作记忆有一定的容量限制)。当杰里米回到作业上时，他的学习就像重新开始一样。工作记忆中对已经进行过的工作的残余记忆会让他以为所有记忆还停留在工作记忆中，但其实大部分都已经流失了。杰里米可能还会嘀咕："我刚刚做到哪里了?"任务之间的切换是有代价的(Al-Hashimi，Zanto，& Gazzaley，2015；Dindar & Akbulut，2016；Monk，Trafton，& Boehm-Davis，2008)。一些研究指出当工作被打断时，工作的人可能需要花费比原本多 50%的时间来完成任务，而且还可能比原来多犯 50%的错误(Altmann，Trafton，& Hambrick，2014；Mansi & Levi，2013；Medina，2008)。

任务切换与复杂的课文。生活在现今这个世界，任务的不断切换很可能会影响学生阅读和专注于复杂课文内容的能力。一份针对高中生的研究报告发现，仅有44%的人符合大学阅读基准的要求（ACT，2014）。这些复杂的课文通常都包含一些高深的词汇和缜密的语法结构，也可能会同时有字面意思与引申含义。

也许这些高中生对于任务之间的切换已经非常熟练，但对于阅读复杂课文必要的认知技能还未发展完善。鲍尔莱因（Bauerlein，2011）指出，要成功地阅读复杂的课文，需要以下三种可能很多学生还未发展完善的技能。

第一，了解作者字面意思与引申含义的意愿，而且能够适时推敲那些还没展开的内容。电子书非常短，而且前后变化非常快，导致学生养成快速浏览而不是慢下来阅读和回应的习惯。

第二，持续不断地思考并且使工作记忆有充足的信息量有助于理解课文。复杂的课文并不能使青少年快速片段式地专注于阅读，因为它们通常都是在阐述一些现在的青少年所不了解的观念和概念。从这些复杂的课文中抓住重要的信息需要不断地专注于这件事，而不能不停地切换任务、快速阅读或同时使用电子产品。

第三，对所接收的内容进行深入思考并保持开放的态度。例如，需要决定是否同意作者的预先叙述，并且反思所有的选项。复杂的课文常常使学生开始面对他们知识的贫乏和有限的经验。大多青少年承认，他们在个人资料上建立的自我角色是过分自信的，而不是通过这些启示和更深入的阅读感到自愧不如。

鲍尔莱因（Bauerlein，2011）建议高中应该给学生布置每天至少一小时不需要用到网络的书面作业，包括阅读复杂的课文在内。目的并非在于消灭科技产品，而是需要控制科技产品对学生进行深入思考所花时间的占用。

科技既不是万能药，也不是我们的敌人，而是一种工具。小学生和中学生仍然需要和他们的老师、同学进行人际交往，这对于社交能力的发展非常重要，然而科技产品很可能在大范围内减少我们与人互动的频率。我们不能因为有了科技产品而一直使用它们，科技产品也不能因此止步。比起使用大量的教学技巧，老师应该好好使用它们，这些技巧可以使教学更丰富、更有效。很多网站都为老师提供了免费的影音资源来帮助他们丰富课程。

我们的校园随环境改变了吗

很多教育工作者已经开始认识大脑的新特性了，但他们还是不认同我们能对此做些什么。一般的年轻人通常都可以在那些手机、计算机和电视之间轻松转换。这些多元化的媒体产品正包围着他们。我们还能够期望他们安安静静地坐 30～50 分钟，好好听听老师讲课或做功课吗？当然，老师的教学方法也正在改变，他们会用更新的教学技巧，甚至在课堂上使用流行音乐或其他文化作为对传统教学材料的补充。但学校和老师的这些改变还不够充分。在很多高中，口头讲授仍然是教学方法的主流，很大程度上是因为目前必学的课程教材和需要应付考试的压力。学生会说，校园生活非常平淡，校园里的环境比外面的世界要无趣得多。尽管最近教育工作者已经在为这些年轻的大脑做努力，但是很多高中生仍然没有感受到这些挑战。一份由 315000 名高中学参与的问卷调查报告发现，61％的高年级学生回应说他们对于要尽最大能力做到最好感到有些困难（National Survey of Student Engagement，2015）。

另一份针对超过66000名6～12年级学生进行调查的报告则显示，43%的人认为“校园生活很无趣”，而44%的人则认为“学校里的学习能让人期待是老师的功劳”（Quaglia Institute for Student Aspirations，2014）。

运动的重要性。试想一下，我们在校园里做什么是与我们所知道的大脑学习规律背道而驰的？一个简单但很重要的例子就是运动。运动可以提高从身体各处流进大脑的血流量，尤其可以作用于有助于长时记忆的海马（van Praag，Fleshner，Schwartz，& Mattson，2014）。运动同时也可以动员大脑内大多数有用的化学物质，如脑源性神经营养因子。虽然这个名词很绕口，但是这种蛋白质有益于年轻神经元的健康以及神经元的再生。大脑区域中对运动最敏感的区域就是海马，研究也发现校园中体育运动的增加可以优化学生的课业表现（Institute of Medicine，2013；Taras，2005）。然而，大多数的学生仍然长时间地坐在室内，高中生尤其如此，而小学生则不断牺牲休息时间来应对各种考试。换句话说，其实我们正不断地减少体育活动，而那些活动原本是有助于提高认知能力的。

我们正持续不断地从科学证据中了解更多现代大脑的奥秘，应该下决心将这些新知识运用到我们的课堂教学改革中。

显然，现在的教育工作者应该比以前反思得更多，要思考如何调整教学来吸引和满足那些年轻人的兴趣。我们正持续不断地从科学证据中了解更多现代大脑的奥秘，应该下决心将这些新知识运用到我们的课堂教学改革中。

接下来……

我们已经大致了解了大脑的一些基本情况，也讨论了现在学生的大脑是如何适应各种新异事物的。下一步，我们将要看看大脑如何处理新的信息。为什么学生记住的总是很少，又那么容易忘掉？大脑如何决定什么信息要保留而什么信息要舍弃？对于这些问题，我们会在下一章中找到答案。

实践角

用拳头模拟大脑

这个活动将教你如何用拳头来演示人类的大脑。比喻是最佳的学习和记忆工具。如果觉得这个活动有用，你可以将它分享给学生。通常他们都会对大脑的模样和它如何运作感兴趣。

第一，张开双臂，手掌打开并且朝下，然后扣起拇指。

第二，弯曲手指形成拳头。

第三，将两个拳头向内收，让手指关节贴在一起。

第四，两拳相贴时，将拳头靠近胸口，直到可以看到你的手指关节。这差不多就是大脑的大小。比你想象中的小吗？请记住，大脑的大小并不重要，重要的是里面有多少神经元联结。这些联结会在你接收刺激之后形成。拇指表示大脑的前部，并且穿过其他手指，这提醒我们大脑左侧控制右侧躯体而大脑右侧控制左侧躯体。四指的手指关节和其他的外面部分则代表端脑——大脑中用于思考的区域。

第五，张开手掌并且手指关节相抵，看一下你的指尖，这代表大脑的边缘系统(控制情绪的部分)。记住这个区域是隐藏于大脑中的，而且你的手指呈现左右对称的样子，这提醒我们左右两侧大脑的边缘系统的结构是对称的。

第六，手腕则代表脑干——控制重要身体机能的部位(如体温、心跳、血压等)。旋转一下你的双手，这表示你的大脑可以在脊柱的上方旋转移动，而脊柱则以你的前臂为代表。

用手臂模拟神经元

通过这项活动可了解人类的手臂如何模拟大脑中神经元的结构。

运用图 1.9，学生可在自己的手臂上辨认代表神经元结构的各个部位。手心表示细胞体，手臂表示轴突，手指表示树突，而手指与手肘之间的部位则表示突触。

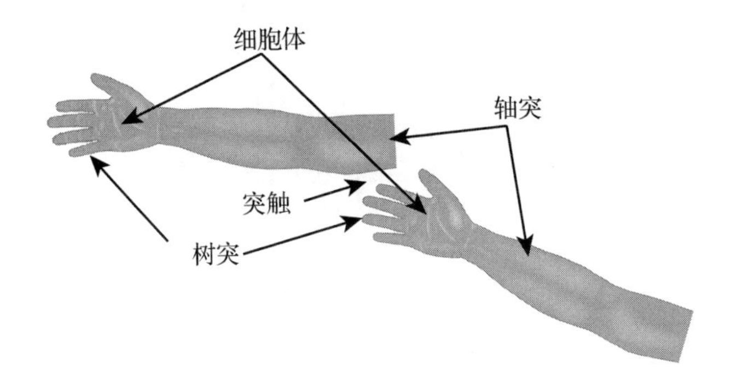

图 1.9　手臂

复习大脑各结构的功能

此处提供了一次测试你对大脑主要区域的理解的机会。下面的表格有八个大脑结构的名词，在它们旁边写下几个关键词或短句，简单描述这些结构的功能，并在图1.10中标出它们的位置。

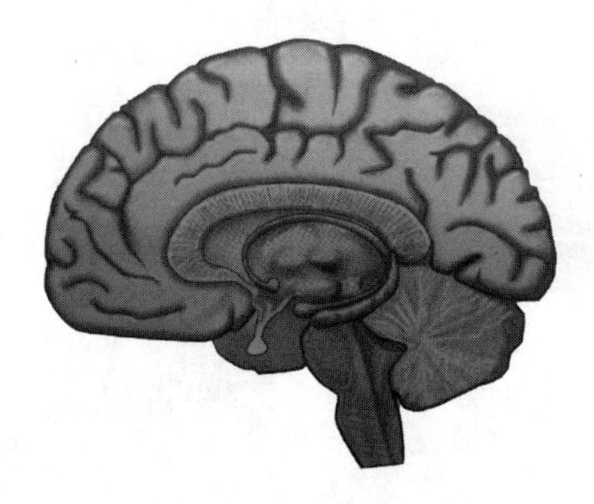

图1.10　大脑结构

杏仁核	
脑干	
小脑	
端脑	
额叶	
海马	
下丘脑	
丘脑	

在课堂中运用新颖的技巧

在课堂中运用这些技巧并不意味着老师要像喜剧演员一样，而是说老师可以运用这些包含学生喜欢的活动在内的教学方法。这里向读者提供一些建议。

幽默感。在各年级的教学中使用幽默感有很多好处。可以参见第二章实践角的内容，了解在课堂中运用幽默感的好处。

身体活动。当我们坐着超过20分钟时，血液就会堆积在屁股和脚上。这时候如果起来动一动，这些堆积的血液就可以重新进入循环。只要一分钟，我们大脑里的血液就会比平常多15%。动一动比只坐着更有利于思考！学生经常坐着，中学生更是如此。找一下那些能让学生动起来的方法，尤其是当学生对所学知识进行口头复述的时候。

多重感官教学。现在的学生非常适应多重感官刺激的环境。他们更倾向于注意那些他们感兴趣的内容，如丰富的色彩以及与计算机等科技产品的互动。

抢答游戏。根据他们所学的内容，设计一些抢答或类似形式的游戏让他们测试彼此所学到的东西。这些方法在小学阶段很常用，但在中学阶段则并没有被充分利用。除了有趣以外，这些游戏还可以让学生为了设计或回答问题而重复学习或去理解所学的概念。

音乐。尽管研究还没有明确的结论，但是在恰当的课堂时间使用音乐是有很多好处的。

PRACTITIONER'S CORNER

考前的大脑准备

考试会带来压力。如果你能在笔试或体育考试前帮你的学生完成下列这些大脑准备，他们很有可能表现得更好。

运动。让你的学生做一下运动，只要短短两分钟就好。让学生原地跳跃一下，如果有学生不喜欢上下跳动，也可以让他们沿着教室的长边墙壁快速走五个来回。运动的目的在于让血液中的含氧量增加，并且加快运输速度。

水果。除了氧气，大脑也需要葡萄糖作为燃料，而水果就是葡萄糖的绝佳来源。像葡萄干这样的干燥水果就是比较便利的选择。避免喝果汁，因为果汁里通常只有果糖，果糖并不会直接被细胞吸收。图1.11展示了一些年轻人在摄入50克葡萄糖后，可以从工作记忆、长时记忆中提取信息的比例，从长时记忆中可以提取35%的信息，而从工作记忆中则可以提取超过20%的信息(Korol & Gold，1998)。一些相关研究也发现了同样的增强记忆的功能(Smith，Riby，van Eekelen，& Foster，2011；Scholey et al.，2013；Sünram-Lea et al.，2008)。

水分。吃完水果之后，需要来一杯水。水分可以帮助糖分更快地进入血液，并且滋润大脑。

进行完上述步骤，休息5分钟再开始考试。5分钟的时间足以让葡萄糖激活大脑细胞，但效果只能维持半小时。因此如果考试时间较长，需要重复上述步骤。

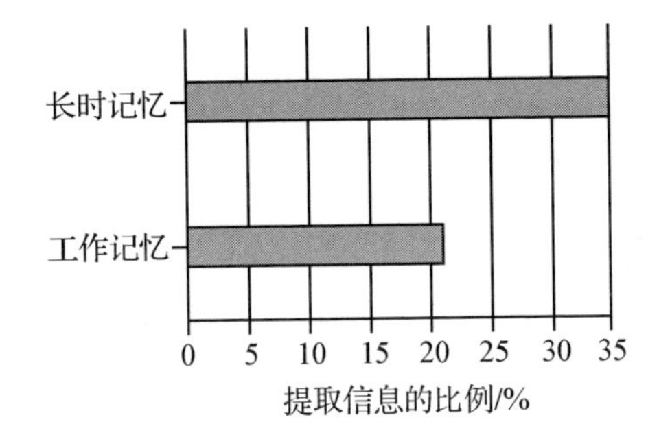

图 1.11　从长时记忆和工作记忆中提取信息的比例

思考的关键点

在这一页上快速地记下一些关键词、重要概念、策略以及你想要在之后复习的资料。这一页可以成为你个人的知识小结并且帮助你唤起记忆。

Chapter 02 | 第二章

大脑的信息加工

其他动物和人类大脑相比，很可能有非常多的差异，因为人类大脑从外面的世界中得到了很大的发展。

——罗伯特·奥恩斯坦、理查德·汤普森(Robert Ornstein，Richard Thompson)

本章亮点：本章以一个现代动态模型讲述了大脑如何处理感官信息，主要包括两种短时记忆的介绍、长时记忆存储的条件，以及自我概念对学习的影响。

尽管很多大脑之谜还没有解开，但是我们已逐渐对它那令人费解的信息处理过程多了一些了解。通过使用扫描技术，研究者以各种颜色标示大脑不同工作模式所造成的细胞代谢变化。当大脑学习新词语、分析声音、进行数学运算或对图画做回应时，计算机可以建构一幅彩色图像用于描述所用到的不同的大脑区域。有一件事我们已经非常清楚了：大脑根据个体当时进行的活动选择需要激活的大脑区域。这一点鼓舞了我们建构更多的模型去解释数据和行为，但这些模型只在对于特定动作有预测力的时候起作用。在选择模型的时候，需要选择那些可以有意义地描绘的，并且与更多的最新研究发现一致的特定动作，这一点非常重要。

信息处理模型

现在已经有很多解释大脑行为的模型。如果在网上搜索“信息处理模型”会出来多种范例。尽管这些模型范例可能有着不同的颜色或设计，但大多数都是根据相同的研究结果进行设计的，并且其中包含的基本记忆组成和信息流内容都是一样的。在本书中，我想要设计一个新的模型，既能够让教育实务工作者理解，又能够准确地涵盖神经科学家们那些复杂的研究结果。我知道，这样的模型仅代表我对这方面事实的个人观点，我也很愿意承认这个大脑信息处理模型非常接近我对大脑如何学习的认识。和其他模型不同的是，这个模型避免了以计算机做比喻，而说明了学习、存储和记忆三者是一个动态互动的过程。除此以外，这个模型纳入了大量较新的研究发现，并且非常灵活，可以随时根据更新的研究发现做调整。从建构出这个模型以来，我已经数次修正这个模型了。本书的第 3 版也针对一些新的发现做了额外的补充。我希望那些在课堂上奋斗的老师可以因此受益，将它用于教学中，并且可以让他们对提升教学有新的见解。

模型源起

这个模型的前导者是亚利桑那州立大学的罗伯特 · 斯塔尔，他在 1980 年代早期建构出此模型。斯塔尔的模型非常复杂，综合了 1960 年代至

1970年代关于大脑认知过程与学习的研究发现。他的目的在于要让那些师范学校的老师在师资培训时运用这个模型，让他们了解大脑的学习如何发生、为何发生。同时，他也运用这个模型发展出了一种阐述详细、有趣的学习分类法来推动人们更高层次的思考。随着神经科学有了更多研究发现，这个模型的很多部分都需要修改。

模型的用处

为了将适用范围扩大至师资培训和实务工作者，此处所讨论的模型已做了一些更新(见图2.1)。这个模型使用了一些常见物品来表示大脑信息处理的几个步骤。虽然模型经过修订，但是并不表示它能够代表不同研究者所认为的大脑对信息、想法和行为的各种处理模式。这个模型仅包括大脑内部对于信息收集、评估、存储和提取的主要操作，而这些内容对于教育工作者来说是最有用的。

从周围环境信息开始，这个模型演示了感官如何舍弃或接收信息来进行下一步的处理。接着介绍两种短时记忆是如何进行的，如果学习到的内容被存储起来又会有什么表现。最后，模型演示了个人经验和自我概念对于之后学习的不可避免的影响。虽然这个模型非常简单，但是实际过程异常复杂。了解人类大脑大致是如何进行信息处理的，可以帮助老师设计出更易于学生理解和记忆的课程。

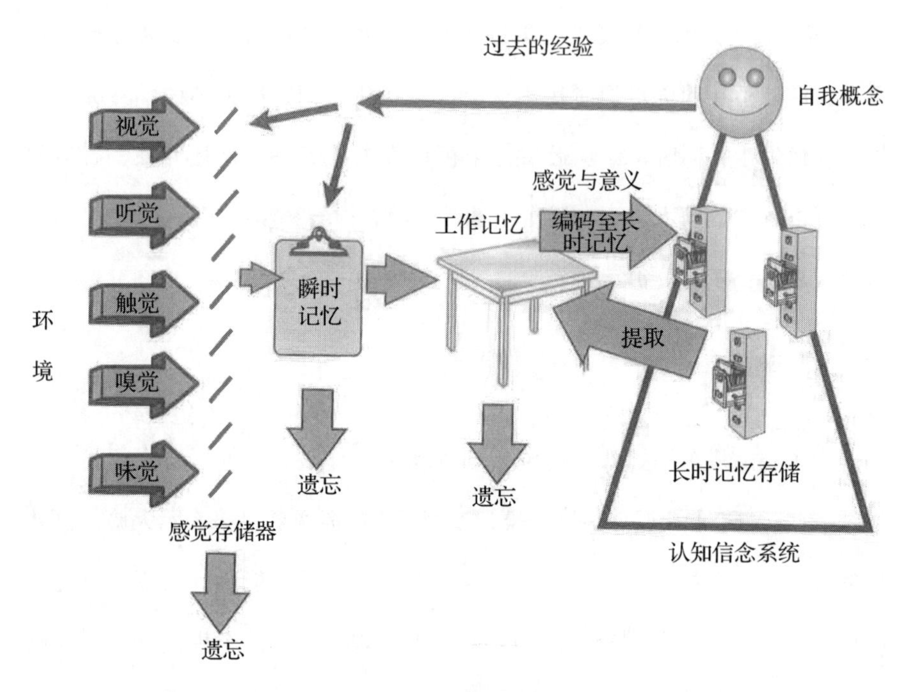

图 2.1 信息处理模型

说明：这个信息处理模型简单演示了大脑如何处理从周围环境中获取的信息。感官信息通过感觉存储器将信息传达至瞬时记忆，然后在工作记忆中进行有意识的处理。如果将学习时的感觉和意义联结，信息就易于被存储。而自我概念则决定了学生对于新的信息会投入多少注意力。

模型的限制

> 大脑会因为经验而改变其特性。

尽管这个模型的解释符合信息处理系统的每一项，但是必须指出这个线性模型只是为了简要地描述清楚信息的处理过程。最近有很多关于记忆的研究证据表明这是一个并行的过程。这个过程中有许多部分在同时快速运行(有限度地)，整个系统中有多重通道在运行。记忆是动态而且分散的，而大脑也会因为经验改变其特性。即使这个模型看起来像是一个机械化的过程，也不要忘记我们实质上是在描述一个生理过程。尽管如此，我已经避免太详细地描述神经元中的那些生物化学变化。这对研究成果转变的必要理解没有太大帮助，而我们运用这个模型的目的只是让它可以服务于课堂实务。

计算机模型

计算机技术的迅速扩张使得人们更多地使用计算机模型来对大脑功能进行解释。这种解释确实很吸引人，尤其现在的计算机变得越来越复杂，组件越来越多。连最小的掌上计算器都比人类大脑更会进行数学运算。那些更厉害的计算机还可以玩象棋，翻译语言，在几秒之内校正草稿中的大量书写和语法错误。神经冲动则需要通过长长的轴突进行传输，在突触之间会有延迟，工作记忆的容量有限，因而大脑进行这些活动会慢得多。但计算机无法像大脑一样轻松地进行判断。即使最复杂的计算机也会由于采用二进制计算而类似于线性系统，那些线性序列中的 0 和 1 就是计算机操作的语言。

人类大脑则没有这么多限制。它是一个开放性的、可以持续地同时对身体内部和外部的世界进行双重交互运作的系统。它会进行分析、整合，从中进行信息综合和抽象性概括。神经元一直都是活动的，而且会

当你读到这段文字的时候，神经元正在和其他部分相互作用。

被经验和环境改变。当你读到这段文字的时候，神经元正在和其他部分相互作用，同时分解重组存储的东西，并且建立与你的学习相对应的不同电子模式。反复阅读可以强化大脑中的神经联系，深化学习。

大脑存储信息的方式和计算机非常不同。大脑以图案序列的形式存储信息，只要提取序列中的一个片段就可以提取全部。我们还可以辨认出以不同形式呈现的同一个物体，如我们可以通过背影、走路的姿势或声音等辨认出一个朋友，计算机则无法做到。而且，情绪对人类的信息处理过程、理解力和创造力等都有重要作用。构想往往从大脑的这些图像中产生，而不是从逻辑命题中产生。基于上述这些原因，在我看来，对计算机模型的比喻有不足，还可能产生误导。当然，数年之后，计算机可能会模仿出更多大脑的特性、能力和弱点。

从表面上看，这个模型似乎延续了传统的教学方法——学生以小测验、考试、报告等方式不断重复所学的知识。最新的研究指出，学生更喜欢从那些可以转化为创造性想法和物品的知识学习中获得更深刻的理解和学习的乐趣。这个模型强调了知识转化的强大作用和推动学生进行更高层次思考的重要性。

感官

我们的大脑一天从环境中获取的信息，比计算机一年获取的都要多。这些信息主要通过五大感觉器官进行收集，我们的身体还有一些特殊的感受器用来侦测体内的信号。举个例子来说，我们的耳朵和身体肌肉里有一些感受器用来侦测身体的运动以及空间位置：耳朵里的感受绒毛可以侦测平衡性和重力，肌肉里的牵张感受器可以帮助大脑协调肌肉收缩；而且我们全身都有痛觉感受器。这个模型着重在那些典型的感觉器官上，因为它们是大脑获取信息和技能的主要外部刺激接收器。

所有进入大脑的感官刺激就像一股神经冲动的水流一般，从神经元的激活开始顺流而下直到特定的感觉通路。大脑处于一个黑匣子里(颅骨)，既不会看到光线也不会听到任何声音。经特定分化的神经元模块对那些由光线和声波引起的电冲动进行处理，这些冲动进入大脑中激活视觉和听觉。

这些感受并非全然用于我们的学习。在我们的一生中，视觉、听觉和触觉(包括运动知觉的经验)的作用最大。我们的感觉器官每秒都在从环境中收集数万条信息，即使我们睡着了也还在不停地运作。试想，你皮肤上的感觉神经终端正感受着你所穿的衣服，你的耳朵正不停地收集着你周围的声音，你眼睛里的锥体细胞和杆体细胞正扫视着这些文字，你甚至还可能正在吃着东西或喝着饮料，而你的鼻子也可能正感受着气味。将这些收集的信息全部整合在一起，你会发现它们有多大的量。当然，这些刺激必须足够大，才能引起感觉器官对它们的侦察和记录。

感觉存储器

想象一下，如果大脑同时要对所有信息都注意到，很可能相当于让大脑的保险丝熔断。但幸运的是，大脑有一个系统专门用于对信息进行筛查，找出那些对个人重要的信息。这个系统包括丘脑(位于大脑边缘系统)以及脑干的一部分，被称为网状激活系统。这个系统同时也是感觉存储器，就是那个在模型图中像百叶窗侧视图的东西(见图 2.1 中的斜杠)。感觉存储器就像百叶窗一样，过滤进入大脑的信息并且确认它们的重要性。

所有进入大脑的感官信息(除了嗅觉以外，嗅觉是直接进入杏仁核以及其他区域的)都会在第一时间被送到丘脑，丘脑会快速地检测感觉冲动对于生存的强度和性质(大约 1 毫秒)，并且运用过去的经验对信息的重要程度进行判断。绝大部分的信息都不是那么重要的。不知你是否注意过，当室外有噪声时，你是如何专注于学习的。你的感觉存储器暂时封锁了那些不断重复的刺激，让你的大脑可以专注于更重要的事情，这个过程被称为感知过滤或感觉过滤。而且，我们在很大程度上并不会意识到这个过程。

感觉存储器对感觉信息只会存储非常短的时间(通常不到 1 秒)。这和感觉记忆有关。假设你正在专心致志地看足球比赛的最后 5 分钟，你的老伴进来开始跟你讲一些很重要的事情。几分钟之后，你的老伴大吼："你根本没在听我讲话!"你眼睛都不眨一下地说："我当然在听。"然后开始试图重复你老伴刚刚说的最后一句话。还好，你在感觉记忆消逝前抓住了其中的残留，将一场即将爆发的争吵消灭在萌芽状态。

短时记忆

> 你无法从大脑中提取那些没有被存储下来的信息。

随着研究者对大脑记忆过程的深入了解，他们已经不断地修改或设计出新的名词来描述记忆的几个重要步骤。神经科学家用短时记忆描述工作记忆刚开始的几个步骤，而这些工作记忆会变成稳定的长时记忆。短时记忆主要包括瞬时记忆和工作记忆两种（Cowan，2009）。对于短时记忆，传统上认为信息只在有限的时间内得到存储，而工作记忆则是一种描述操纵信息的结构与步骤的理论框架。然而，短时记忆和工作记忆常常互相合作，研究者至今仍为两者本质上的联系争论不休。两者完全独立存在吗？它们是否有彼此重叠的功能？两者是否其一包含其二？两者的存储量、对注意力的需求或处理速度之间是否存在差异？在神经科学家针对此议题得到一致的结论之前，现行的实用主义研究法仍关注工作记忆的特性，因为大量的研究关注点都落在它与学习的关联上（Aben，Stapert，& Blokland，2012）。

瞬时记忆

那些没有从丘脑中消逝的感觉信息，随后通过两个工作记忆存储器的其中一个来到大脑皮层中处理感觉信息的区域，这样的感觉信息成为瞬时记忆。我们似乎有两个工作记忆存储器，这样便可以解释我们的大脑如何处理大量的感觉信息，以及如何在感觉存储器有限的时间以外花费数秒下意识地持续处理这些感觉信息。一些神经科学家将感觉记忆和瞬时记忆等同，他们不赞同分离两者，相比于其生物必要性，这样其实只是更便于分析而已。

我们将瞬时记忆作为剪贴板，这样的剪贴板是一个我们快速地输入信息直到决定如何去使用它们的场所。瞬时记忆既处理潜意识信息，也处理意识信息，并且保持这些信息大约 30 秒。个人的经验将决定这些信息的重要性。如果在判断的时间里这些信息仍无法成为重要信息，那么这些信息就会被舍弃在处理系统外。例如，当查找一个当地比萨店的订餐号码时，你通常都能够记下来，记住的时间足以让你完成拨号。然后，这串号码没用了，就被瞬时记忆抛弃了。在这之后，你不太可能想得起来这些信息是什么了，因为它们没有被大脑存储下来。

一些工作中的瞬时记忆的例子。这里有两个例子可以帮助你理解瞬时记忆是如何工作的。假设你决定穿一双新鞋去工作，这双鞋非常不合脚，因此当你穿上它的时候，皮肤中的感受器将疼痛的冲动传到感觉存储器。过了一会儿，你觉得很不舒服。然而之后，由于开始投入工作，你就注意不到那些不舒适的信号了。感觉存储器封锁了那些引起你的意识的神经冲动。而当你移动你的双脚导致鞋子又挤压到脚趾的时候，感觉存储器会将疼痛的刺激信息传输到你的意识当中，这时你就会重新意识到这种不舒适的感觉。

另一个例子是，你正坐在教室中，一辆开着警笛的警车从外面经过。你的经验提醒你这样的警笛声是重要的声音。感觉存储器将听觉刺激传送到瞬时记忆中。如果之后的几秒内警笛声逐渐消失，经验就会通知瞬时记忆说这样的声音已经不重要了，并且听觉信息会被系统封锁和抛弃。所有的一切都在你的潜意识当中发生。如果你此时正注意别的事情，15 分钟后问你关于那个声音的事情，你可能记不起来了，因为你无法从大脑中提取那些没有被存储下来的信息。

假设警笛声越来越大并且突然停下来，然后是另一次越来越大的警笛声并且突然停下来。经验会通知你这个声音是重要的，因为它现在非常靠近你，可能会威胁到你的生存，因此需要你去注意它。在这种情况下，这种"眼下很重要"的听觉信息会快速地被传送到工作记忆中，由你的意识来进行处理，这样你就可以决定之后要采取什么动作了。

影响记忆处理过程的威胁和情绪因素。上述第二个例子帮助我们了解了大脑信息处理过程的另外一个特性：信息输入的回应层次性（见图2.2）。那些较高优先级的信息输入后会减少对于较低优先级的信息的处理。大脑的主要工作就是帮助它的主人生存。因此，它会马上先处理任何可能威胁到个体生存的信息，如大叫的警笛声、吠叫的狗，或其他伤害身体的信号。当接收到刺激时，大脑中的网状激活系统会传送大量肾上腺素遍及大脑。这样的自反性反应停止了所有不必要的活动，让大脑直接注意到刺激信息。

情绪信息也拥有较优先的等级。当个体对一种情境进行情感回应时，较年长的大脑边缘系统起主要作用（通过刺激杏仁核实现），而复杂的大脑过程则被暂停。我们都有过愤怒、对未知事物的恐惧或丧失了理性思考的经验。反思意识中的想法可能足以让我们一时无语或无法移动（如"傻眼"或"我动不了了"）。这是因为海马对压力激素非常敏感，会抑制我们的意识功能和长时记忆。

> 学生在专注到学习上之前，一定要感觉到身体和情绪都是安全的。

在某些特定情况下，情绪可以通过释放性激素刺激杏仁核来通知某些大脑区域增强记忆。强烈的情绪可以在事件进行时停止意识活动，以此增强对这件事的记忆。情绪对于学习和记忆是一股有力但又未知的力量。图2.2中描述结构层次的方式就是学生在专注到学习上之前，一定要感觉到身体和情绪都是安全的，即校园环境是安全的。

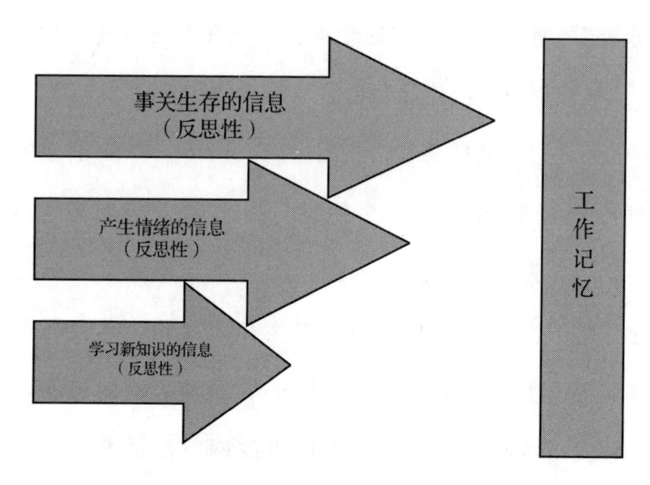

图 2.2 不同信息的处理

过去，大多数师资培训课程都会告诉那些老师要避免情绪影响课堂，而要专注于课程。现在，我们需要启发这些教育工作者，让他们知道情绪是如何影响注意力和学习的。老师也要通过创造积极的氛围，推动课堂中营造安全的情绪氛围。学生一定会感受到老师希望帮助他们，而不是抓住他们的错处。

学校管理者和董事会也需要评估他们的行政工作，他们的行政工作影响着环境的情绪氛围。这是一个让人渴望来学习和工作的地方吗？社区的人对于学校的风险担当是支持还是反对呢？

> 人们对于学习环境的感受决定了对其投入多少注意力。

人们对于学习环境的感受决定了对其投入多少注意力。情绪与鼓励学习或抑制学习动机互相作用。想要成为成功的学习者以及具有生产力的人，我们需要了解如何很好地运用情绪。因此，我们需要探索应该如何引导学生的情绪，以及对于学生的情绪做些什么。例如，我们可以教导他们如何控制冲动、延迟满足、表达感受、管理人际关系以及舒缓压力。学生也应该意识到他们可以通过管理自己的情绪产生更强的生产力，提升情绪能力，拥有成功的人生。

工作记忆

工作记忆是短时记忆的一种，在大脑中的意识区域进行。工作记忆的信息处理模型就像一个工作台，我们利用有限的容量进行工作，最终将其存储到其他地方。当有信息在工作记忆中时，它通常会抓住我们的注意力，并且需要我们专心致志。工作记忆中的信息可来自瞬时记忆或从长时记忆中提取。大脑图像的研究发现，尽管大脑的其他部分也会被激活，但是大多数工作记忆中的活动都发生在额叶(Sato et al.，2013；Shen，Zhang，Yao，& Zhao，2015)。

工作记忆的容量。缪勒(George Miller，1956)发现工作记忆一次只可以处理几个事物。工作记忆的容量似乎在减小，而我们对可能的原因尚不了解(见表 2.1)。并不意外的是，工作记忆的容量会随年龄发生机能性变化，从儿童的较小容量到成人的较大容量(Cowan et al.，2010；Gilchrist，Cowan，& Naveh-Benjamin，2009；Zhang，Zhao，Bai，& Tian，2016)。学前幼儿一次可以同时处理 2 个事物，少年儿童可以同时处理 3～7 个事物，平均数为 5。到了青少年期，认知范围扩大，工作记忆的容量增大到 5～9 个事物，平均数为 7。对于大多数人，通常一生都保持在这个平均数上。

表 2.1　工作记忆容量随年龄增长而发生的改变

年龄范围	工作记忆容量的事物数量/个	
	最少	最多
5 岁以下	1	2
5 岁到 18 岁	3	7
18 岁以上	5	9

有更多的研究对于工作记忆的确切容量限度提出了怀疑。一些研究显示成人可以同时处理 3～5 个模块。而另一些研究则显示很难有一个确定的数字，因为兴趣、心理时间的延迟、注意力分散等因素可能影响研究结果而无法找到实际的容量限制(Aben et al.，2012；Cowan，2010；Oberauer & Hein，2012)。尽管如此，大多数的研究证据还是支持工作记忆有一个机能性的容量限制的，而实际的容量则与学习者的年龄以及信息输入的方式有关(Myers，Stokes，Walther，& Nobre，2014；Ullman，Almeida，& Klingberg，2014)。

让我们来测试一下这个概念，取出一支笔和一张纸，准备好之后，注视下列数字大约 5 秒，然后移开视线并在纸上记录下来。

92170

检查一下你所写下来的数字。你写对的可能性非常大，但接下来我们以同样的方式试一下另一组数字。同样注视下列数字大约 5 秒，然后移开视线并在纸上记录下来。

4915082637

同样，检查一下你所写的数字。你能按正确顺序写下这十个数字吗？很有可能无法做到，因为这些数字都是随机排列的，你需要将这些数字分别视为独立的个体，而数量超过了你的工作记忆的机能性容量。

这个容量的限制解释了为什么我们必须以歌曲或诗的形式来记忆。当我们记忆第一行数字的时候通过反复阅读来记住(这个过程被称为复习)，如果我们在记忆第二行数字的时候也以这种方式，那么记忆效果可能就不好。如果我们将数字分成几个模块来记忆将很可能提高工作记忆的机能性容量。

为什么大脑结构这么复杂而工作记忆容量却是有限的？没人知道。一种可能的解释是，在几千年前的大脑发育过程中，我们的祖先不太需要同时处理或识别多个事物，也不太可能同时进行好几次当机立断。即便是在“战或逃”的抉择中，也可能一次只有一个敌人。然而，在当今技术发达的环境中，人们在工作时常常试图同时做几件事情，这使得工作记忆的容量限度更为明显。

我们无须将这个容量限度视为弱点。工作记忆中的事物数量变少可让这些事物更容易彼此联系——将事物分成几个模块来减少彼此的干扰。从这样的观点来看，这可能成为另一种不同的认知优势，对于儿童来说尤其如此。同时我们需要指出，尽管我们的工作记忆中同时有好几个事物，但是我们一次也只能注意一个事物(Oberauer & Bialkova，2009)。

> 一次课程中所涉及的内容数量在这个容量限度内，可提高学生记忆更多的可能性。这样的“少”才能带来“更多”！

应用于教学。你发现了这个机能性容量对课程设计的用处了吗？也就是说，有些小学老师让学生一节课就要记住英文中逗号使用的8个规则，这本身就是一件很麻烦的事情，那些高中或大学老师想让学生一节课就记住世界上10条最重要的河流的名字和位置也是如此。一次课程中所涉及的内容数量在这个容量限度内，可提高学生记忆更多的可能性。这样的“少”才能带来“更多”！

在此应当指出的是，我们已经讨论过工作记忆中认知的容量以及它在处理信息时有所下降的表现。然而大量研究证据表明视觉工作记忆的容量是会增加的(Cowan，Saults，& Clark，2015)。至今还无人能够对此给出一个确切的解释，但研究者认为这种增加是现在的青少年在电子产品上花费的时间逐渐增多导致的。

工作记忆的时间限度。工作记忆是一种短时记忆，只能在有限的时间内对事物进行处理。这个时间有多长呢？从艾宾浩斯在1880年代开展的研究开始，医学界探索这个奇妙的问题已经超过一个世纪了。他总结出我们可以专心地运用工作记忆对事物进行处理(他称之为短时记忆)长达45分钟，然后感到疲倦。由于艾宾浩斯主要将他自己作为记忆保存实验测量的对象，因此这个研究结果还未被普遍运用到高中课堂上。

所有关于处理新信息时间限度的讨论都离不开对动机的讨论。人们对一个事物感兴趣的话，可以花费数小时一直研究它，除非身体累了，否则他们不太可能会停下来。这是因为动机实际上是一种情绪回应，而我们也已经知道，情绪在注意力和学习上有强大的作用。学生对每门科目的学习动机不同。因此，学生在学习一门不感兴趣的科目时，更加显现出这种工作记忆的时间限度。

拉塞尔(Peter Russell)于1979年指出，这个时间跨度其实可以更短，而且年龄也决定了这个时间跨度。越来越多关于寻求新异刺激的大脑的研究结果都非常相似(Medina，2008；Portrat，Barrouillet，& Camos，2008)。

青少年的时间跨度为5～10分钟，而成人的时间跨度为10～20分钟。这些时间均为平均数，而且理解这个数字的意义非常重要。一个青少年(或一个成人)的工作记忆通常在专心致志的情况下可以对一个事物集中注意力10～20分钟，然后心理上会感到疲倦(与身体的疲倦不同)，或感到无聊而转移注意力。如果要维持注意力，必须转换对事物处理的方式。例如，可以从大脑对工作的思考转为身体操作，或者对其他学习内容做一些不同的联结。如果没有对这个所学的事物做一些其他的事情，那这个事物很可能就会淡出工作记忆。

这并不是说某些事物无法在工作记忆中维持几小时或几天。有时候，我们会有一些还没解决的事情一直萦绕在心中。例如，一个还没有得到答案的问题。这些事情可以在工作记忆中一直保存，只需很少的注意力。如果这些事情足够重要，则会干扰我们对其他信息的处理。这往往与人是否全神贯注有关。

应用于教学。课程以15～20分钟为一个段落会比以40分钟为一个段落更有可能让学生保持更大的兴趣。这样看起来似乎课程短一些会比较好。

进入长时记忆的准则

现在大脑要来做一个重要的决定：工作记忆中的内容应该被编码进入长时记忆，以便日后提取吗？应该让这些内容消逝于系统吗？这个决定非常重要，因为我们无法记起那些没有被存储下来的内容。老师在教学时都希望学生能够记住所学的内容并且未来还能用得到。因此，如果学生在未来还能够记起这些知识，则说明这些知识已经被存储起来了。

工作记忆是以什么样的准则来做决定的呢？图 2.2 可以告诉我们答案。事关生存的信息会马上被存储起来。你一定不会想要每天都重新学一遍不可以走在公交车前面不然会被撞或不可以去碰烫热的火炉不然会被烫伤。强烈的情感经验也有极大可能会被永久存储起来。我们会倾向于记得那些对我们来说最好和最糟糕的事情。

在课堂中，事关生存的内容不大常有，而可能是其他内容。看起来，似乎工作记忆与学生过去的经验会产生联结，有两个问题可以帮助我们确定这个信息到底是被大脑接收了还是被拒收了："理解这个信息的意思了吗?""这个信息有意义吗?"

"理解这个信息的意思了吗?"这个问题的意思是说学生能否在过去经验的基础上理解这个信息。这个信息是否符合学生所理解的世界？当一个学生说"我不理解"的时候，就意味着学生无法理解所学的内容。

"这个信息有意义吗?" 这个问题的意思是说所学的内容是否与学生有关。学生为什么需要记住这个信息？当然，信息的意义是个人的事情，而且受个人经验的影响。同样的信息对于一些学生来说可能意义重大而对于另一些学生来说则意义全无。当学生有这些疑问时，如"为什么我必须知道这个"或"我以后什么时候真的会用到这个"，说明他们其实并没有觉察到所学内容与自身的关联。

这里有两个例子可以解释意思和意义的区别。假设我对一个 15 岁的学生说在他所在的州取得驾照至少要到 16 岁，但在其他州则至少要到 17 岁。他可以理解这个信息，因此这满足了理解意思这个标准。他所在的州对于取得驾照的年龄限制对他来说更有意义，因为他将要考取驾照。很有可能他会记住自己所在州对取得驾照的最低年龄限制(同时满足了理解意思和有意义两个准则)，但会忘记其他州对取得驾照的最低年龄限制(虽然能理解意思，但是没有什么意义)。

假设你是一名教师，你在报纸上读到会计的平均薪资为每年＄80000，而教师的平均薪资为每年＄50000。两个数字的意思你都能够理解，但因为你是一名教师，所以教师的平均薪资对你来说更有意义。

如果信息既能够被理解又是有意义的，那就极有可能会被存储到长时记忆中。

当学生的工作记忆察觉到所接收的信息无法被理解或没有意义时，那记住这个信息的可能性就变得非常小了(见图 2.3)。如果学生能理解信息的意思，或觉得信息有意义，那记住这个信息的可能性就会明显增大(假设无关生存或情绪)。如果信息既能够被理解又是有意义的，那就极可能会被存储到长时记忆中。

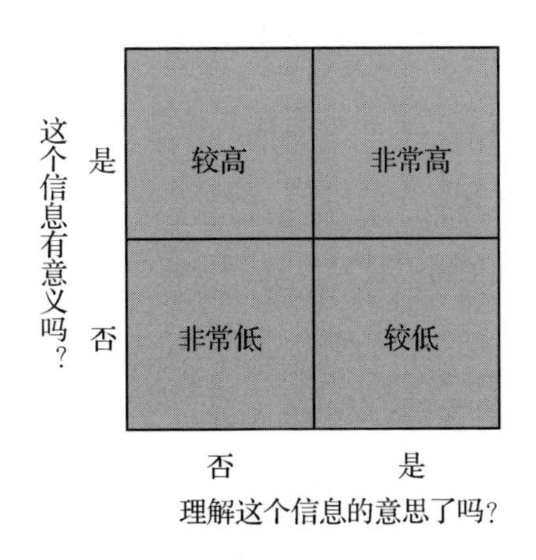

图 2.3　信息存储的可能性与信息的意思和意义有关

意思和意义的关系

意思和意义两者是相互独立的。因而，还是有可能记住虽然未必有意义但能够被理解的信息的。如果你玩过“常识问答”或其他类似的游戏，你可能就会惊讶于你竟然知道某些答案。如果另外一个玩家问为什么你会知道答案，你可能会回答：“不知道，我就是记得答案。”这种情况每个人都可能出现过。在我们的一生中，对于所获取的很多信息，我们能够理解它们的意思，而尽管这些信息很平常而且没有什么意义，但还是会将这些信息放入长时记忆中。

同样，我们也有可能会记住那些有意义却一时无法理解的信息。在六年级时，有一次，我的老师让同学们记住卡罗尔(Lewis Carroll)的一首很难理解的诗《贾巴沃克》(*Jabberwocky*)。它的第一句是这样的：“Twas brillig，and the slithy toves did gyre and gimble in the wabe.”我们这些学生完全无法理解这首诗，但是当老师说她明天会让每个人在课前背诵这首诗时，这首诗就突然变得有意义了。我不想在其他同学面前出糗，因此即使我不理解它是什么意思，但我努力记住它，并且在第二天正确地背出来了。

大脑扫描和一些其他研究已经发现，当新学习的内容易于理解(意思)，而且和过去的经验有联结(意义)时，会由于记忆存储的明显增强而有更多的大脑活动发生(Bein，Reggev，& Maril，2014；Poppenk，Köhler，& Moscovitch，2010；Stern，2015)。

意义更重要。在这两个准则中，意义对于信息存储可能性的影响更大。想想你曾看过的那些你没记住的电视节目，尽管你花了一到两小时在这些节目上，但还是没记住。节目的内容或故事你能看懂，但如果没有意义，你并不会记住它。它只是一项娱乐活动，而你没有从中学到东西。无论节目有趣与否，你都会可能记住节目的梗概，但无法记住节目的细节。如果节目中的故事勾起了你对个人经验的回忆，这些信息则变得有意义，你也更可能记住节目的细节。

测试题 2：如果一个学生在初次学习一个内容时表现良好，他就会更容易记起来这个内容。是否正确？

答案：错。我们无法假设只因为一个学生初次学习一个内容时表现比较好就会比较容易记起来这个内容。理解意思和具有意义两者共同决定了记忆存储的程度。

应用于教学。现在回想一下课堂上，每天学生都会听到很多他们能够理解却没有找到其意义的内容。他们可能会用心听讲来应对重复性的任务，还可能会给出正确答案，但如果他们没有找到所学的内容对他们有任何意义，这些内容就很有可能无法进入长时记忆。数学老师常常因此受挫。他们看着学生在当天能够正确地使用公式解答问题，但隔天学生就忘记怎样解答问题了。如果没有记下来这个过程，当你再次遇到时，这些内容看起来就像刚学一样！

当学生问为什么要学这些东西的时候，老师的回答可能是："因为这有可能会出现在考试中。"这个回答只能产生一点意义。学生会将学过的内容记在笔记本上使其变成书面的内容，但是并没有记住。我很好奇，为什么隔天他们就会忘记前一天的内容。

老师花大部分时间设计课程来让学生能够理解学习的内容(让学生理解意思)。但如果要以这样的课程说服学生的大脑去记住它，老师需要更留心帮助学生产生意义。我们要记住，那些对儿时的我们有意义的事物，对现在的孩子不一定有意义。

过去的经验常常会影响现在的学习。

过去的经验常常会影响现在的学习。我们已经知道的那些事情就像一个过滤器，帮助我们更注重那些有意义的事物(产生关联)，并且排除那些没有意义的事物。如果我们期望学生找到事物的意义，我们需要确保每天的课程都和他们过去的经验有关，而不是只和我们自己的经验有关。而且，高强度和分离性学习的中学课程对于学生花时间去做知识关联的用处不大。课程整合能够帮助学生在不同的知识之间制造更多联结，从而增强所学知识的意义和关联性，尤其是当学生认识到新知识在未来可能会用到时。意义的作用非常强大，以至于美国的大多数州都禁止审判律师使用一个被称为“黄金法则”的辩论——问陪审团：“如果你是当事人，你会怎样做呢?”

长时记忆

只有当海马编码信息并且将信息传送到长时记忆的区域时，信息存储才会发生。这个编码过程需要花费一些时间，而且通常在深度睡眠的时候进行。学生上课时看起来像是获得了新的知识或技能，但无法保证这些所获得的知识和技能在课后被永久地保存下来。我们怎样知道知识被保存了?如果学生在一段时间过去之后，还能正确回忆起所学的知识，我们就说学生学到的东西被保存了下来。关于学习保持的研究指出所学的知识在最初的 18～24 小时内消逝得最快。如果一个学生无法在 24 小时后回忆起之前所学的知识，那很有可能是因为这些知识没有被存储起来，因此无法被提取。这一点已被利用在对学生知识掌握的测试上。有时候，我们只记住了所学内容的大概，而非细节。例如，可能发生在我们看完电影或电视节目这样的情况中，我们记住了故事的大致情节，但很少记住细节。

测试题 3：仅在考试前复习材料是检测记忆程度的好方法。是否正确？

答案：错。在考试前才复习材料相当于让学生把内容放入工作记忆中直接使用。这样的测试无法确定什么内容是学生真正从长时记忆中提取出来的。

图 2.1 的模型将长时记忆的存储区域以文件柜的形象来表示，信息以各种序列存储在这里。我试图避免使用那些诸如计算机、硬盘或 USB 闪存盘等现代存储工具来形容长时记忆，而使用文件柜来形容。你可能还记得，我早前提到过用电脑操作和大脑功能做比较存在一些不足之处，而且模型中这样的存储设备会与两者的比较相矛盾。图中只用了三个文件柜来简单表示，实际上我们不清楚大脑中到底有多少个长时记忆的存储区域。记忆并非一整块地存在于同一个地方，记忆中的不同部分会存储于不同的地方，以便提取记忆时进行重组。长时记忆是一个动态的、相互作用的系统，它会激活大脑的存储区域来检索和重组记忆。

此时正是一个好机会来介绍一下模型中的长时记忆与长时记忆存储的

差别。长时记忆是指大脑对信息进行排序和检索的过程，而长时记忆存储则是指大脑中存储记忆的区域。

认知信念系统

我们的长时记忆存储区域中的所有信息构建了我们对周围世界的观念。这些信息帮助我们理解每一件事情的意思，理解自然的法则，了解事情的起因和影响，以及对事情做出真、善、美的评定。所有的这些事情构成了我们的认知信念系统，也就是我们是如何看待这个世界的。在图 2.1 中，这个系统是长时记忆存储区域(文件柜)外围的三角形。这些从长时记忆存储信息中而来的想法和理解比每个独立记忆内容的总和还要强大。也就是说，人类大脑的一项奇妙特性，就是可以将各个独立记忆的内容以不同的方式进行整合。我们累积的记忆内容越多，这些整合想法的数量就会指数级地增长。

不会有两个人的长时记忆存储相同的内容，也不会有两个人以相同的方式感知这个世界(即使在相同的环境中长大的双胞胎也是如此)。人们能够对相同的经验以不同的方式进行整合。为了确认这一点，一些大家共同体验过的例子可以帮助理解。例如，重力(几乎没有理性的人会质疑它的效果)或惯性，很多人都有过坐车时当车突然刹车或起步时身体会因为惯性而前倾或后仰的体验。而对于一个物体或一个人的美丑，或行为的正当性等例子，则会有一些分歧的意见。这些差异源于每个人都会用不同的方式从他们的长时记忆中存取经验，并且用这些经验对周围的世界进行诠释。

认知信念系统是我们对于周围世界的样貌和运作模式的看法。

有一个简单的例子可以说明人们的经验如何影响他们对相同的信息做不同的诠释。现在闭上眼睛并且想象“an old bat”。你所想象出来的是什么样的？棒球迷可能会想到一个曾经出现在很多场比赛中的损坏的球棒。动物学家可能会想到一只年老的蝙蝠正绕着一棵树慢吞吞地边飞边找食物。其他很多人可能会想到一个老太婆正在诅咒他们的生活。这里至少有三种不同的画面[①]，但它们都源于一个相同的短语——“an old bat”，每个诠释这个短语的人的经验都与其他人不同。

自我概念

在认知信念系统的深处有一个叫自我概念的东西。当认知信念系统描绘我们看待世界的方式时，自我概念就会描述我们对于自己存在于世界上的样子的看法。我们可能会形容自己是一个很好的垒球运动员、一个处于平均水平以上的学生，或一个不太优秀的数学家。这些描述说法就是自我概念的一部分。

在信息处理模型(见图 2.1)中，自我概念以一张笑脸图来表示，并且放在三角形的顶端来强调它的重要性。这里所说的自我概念是一个中性词语，就像连续光谱一样，从非常负面的自我概念一端到非常正面的自我概念

① old 既有“旧的”的意思，也有“年老的”的意思；bat 既有“球棒”的意思，也有“蝙蝠”的意思；两个词连起来也常指“讨厌的老太婆”。故而作者说“an old bat”在这里对应了三种不同的画面。

一端(见图 2.4)。模型图中的笑脸表示正面的自我概念。有的人可能用愁眉苦脸来表示，因为他们无法从正面出发来看待自己。情绪在每个人的自我概念中都有着重要作用。

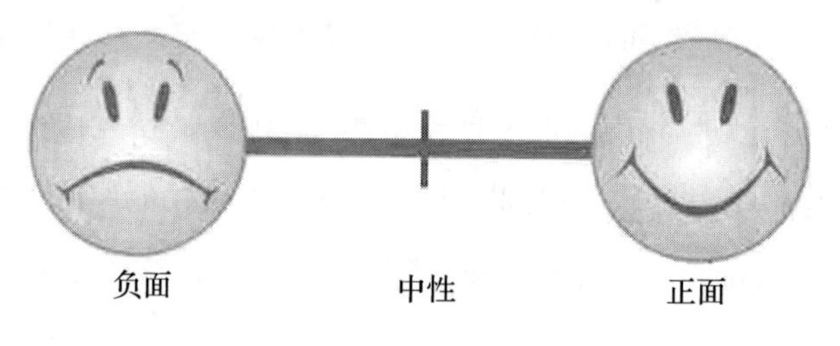

图 2.4 自我概念

自我概念与思维倾向

自我概念中的一个重要组成部分就是思维倾向。思维倾向会影响我们的认知过程(Schroder，Moran，Donnellan，& Moser，2014)。思维倾向在年幼时期就已开始发展，是我们与父母、朋友以及我们身处的特定文化基础之间互动的结果。这些经验会以各种方式影响我们，包括我们对自身学习能力和成就的判断。心理学家德韦克曾花数年时间研究思维倾向，他指出，思维倾向分为两种主要的基本类型：固定型和成长型(Dweck，2006)。拥有固定型思维倾向的个体相信个体的成就来自天赋。如果一个人缺少或拥有某种特定方面的技能，则很少能够改变这个事实。你可能听过某个拥有固定型思维倾向的学生评价自己的学习时说："我学不会数学，我的家人也一样。"而拥有成长型思维倾向的学生则认为通过努力和坚持不懈就能达到成功。他们认同基因可能会带来一些影响，但他们更相信努力和韧性比天赋更能让人成功。这些学生的学习动机更强烈(Yan, Thai, & Bjork, 2014)。值得庆幸的是，老师可以极大地帮助学生发展出成长型思维倾向。

接收或拒收新知识

还记得感觉存储器和瞬时记忆系统会使用过去的经验作为指导确认每个刺激物的重要性吗？因为这样，如果一个人进入一个新的学习环境，并且获取的经验告诉感觉存储器这个人之前所接收到的信息是好的，那新的学习环境信息很有可能就会被传送到工作记忆中，并且将注意力放在之后的处理过程中。但如果认为过去的经验是不好的，则感觉存储器很可能会封锁外界传来的信息，就像把百叶窗关上以便遮挡阳光一样。学生会抵抗非意愿学习的经验，并且转而进行其他大脑内部或外部活动来逃避这个场景。实际上是学生的自我概念在起作用，它关闭了新信息的接收器。在早前关于信息处理顺序层次的讨论中，当一个课程概念与情感发生冲突时，情感总是会优先。当然，大脑中的理性系统(额叶)还有可能压制情感，但通常需要时间和意识的努力。

让我用一个例子来解释这种现象的重要性，一个很擅长数学的学生成功解答数学题的经验能够提升自我概念，他对于解答基本的数学问题非常有自信。如果是一个不擅长数学的学生，他缺少成功解答数学题的经验，这样会降低他的自我概念。因此，像这样的学生就会尽可能地逃避解答数学题，“数学焦虑”的情况就出现了。人们会倾向于去做那些容易成功的事情而避免去做那些容易失败的事情。

应用于教学。那些在课堂中经历过自我消沉的学生可能会做出一些想要远离课堂的行为。例如，一直摆动身体，沉迷于做其他事情，或自己做一些娱乐的事情。而老师通常采取的应对措施就是更慢、更大声地重新讲一遍。他们只是在从信息处理系统的前端对问题进行处理，这样的处理很少能够成功。这就像在关闭的百叶窗外放更强烈的光线，企图穿透百叶窗而已。如果百叶窗是完全紧闭的，那无论光线有多强，都无法穿过窗户。换句话说，学生成功地忽视掉了这些信息。

人们会倾向于去做那些容易成功的事情而避免去做那些容易失败的事情。

更好的介入方式是处理学生的情绪，并且说服学生打开感觉存储器，让信息可以进入。但自我概念通常会进行控制，大多学生相信参与到学习情境中可以产生新的成功经验，而不是重复过去的失败经验。当老师向学生提供这样的成功经验时，他们其实相当于鼓励学生打开感觉存储器，并且最终进入他们曾经厌弃的学习过程中。总的来说，自我概念会控制反馈回路，确定个体对于大多数学习情境会做出怎样的反应。了解这种关联能够给老师对解决厌学者的问题一些新的反思。

不同年龄阶段信息处理方式的变化

信息处理系统的组成和动力在我们的一生中几乎恒久不变。然而，因为学生的大脑会经历几个不同的发展阶段，经历不同的体验，因此在不同的年龄阶段，信息处理系统也会有些差异。学龄前儿童以及小学阶段儿童缺少自我概念，一般会对各种类型的学习呈开放的状态。他们在自己的眼中是创造者，不断探索着周围未知的环境。他们的大脑处理了几乎一切接收到的信息，使之能够在大脑内建立起神经网络，这可以帮助他们生存，理解身处的这个世界。

大脑在成人阶段会非常忙碌。除了监测机体的变化以外，还需要管理不断增多的神经网络。其中一部分神经网络会对自我概念的发展产生影响。神经网络与大脑负责管理情绪的边缘系统一起对后来新知识的接收或存储逐渐产生影响。在所有大脑活动中，负责社交的部分会经常现身，并且指挥大脑将大部分注意力放在社交需求上，减少学习所需。同时，学习偏好也开始发展，影响到信息的处理方式。

学习风格与学习轮廓

有经验的老师可能已经发现，每个学生的学习风格都不一样。数年前，心理学家和教育工作者开始讨论“学习风格”的模型，用来描述学生在学习时的倾向。研究者(Rita & Kenneth Dunn，1993)发展出一个非常流行的模型，用来表示五种学习类型：环境型、情绪型、社会型、躯体型、心理型。他们认为，如果老师能为学生量身定制适合每个人学习风格的教学策略，学生就能学到更多。这些年来，先后出现过几个模型，学习风格也被用来描述学习过程中的其他变量，如天赋倾向和文化的影响(Gardner，1993)。随着模型的不断发展以及其他元素的加入，学习风格这个名词的确切含义越来越模糊，导致那些想要确认影响学生表现的学习风格组成元素的研究者受到了挑战。

汤姆林森(Carol Ann Tomlinson)于 1999 年提出了一个范围更广的名词：学习轮廓。这个名词包括个人对所学知识进行信息处理、记忆以及使用的四个元素：学习风格、天赋倾向、文化和性别。尽管这个名词涉及的范围更广，但是学习倾向所包含的各方面仍然是研究者和教育工作者之间存在极大争论的议题。人们对学习时各种各样的内在或外在环境倾向这一点争议较少。关于是支持还是反对学习风格这个概念，有数百本书和数百篇文章已经讨论过这一点。这些倾向是否有必要重视，老师是否需要在选择课堂教学和一对一教学的策略时考虑到这个问题，目前还未得到解决。一些老师不同意用宝贵的时间来考虑每个学生的学习风格，而应该花时间在教学设计上来适应所有的学习风格（Cuevas，2015；Omar，Mohamad，& Paimin，2015；Truong，2016）。

其中有一个学习风格的组成元素被称为感官偏好，多年来老师一直都在讨论这个元素。当你听到“当我能看见它的时候我就会学得最好”或“我需要通过亲自动手操作来学习”等回应的时候，这些就是在表达感官偏好。由于老师总是倾向于以他们自己学习的方式来教学，因此老师了解自己的感官偏好，可能会对教学有帮助。

即使我们用了典型的五种感官从环境中获取信息，这些信息也并非平等地构成我们的知识体系。大多数人在学习时并没有平均地使用视觉、听觉和触觉。就像大多数人是单纯的左利手或单纯的右利手一样，他们也会发展出特定的感官偏好，从环境中获取信息。例如，有的人使用视觉进行学习，我们称之为视觉学习者。有的人使用听觉进行学习，我们称之为听觉学习者。还有的人倾向于通过触觉或全身投入的方式进行学习，我们称之为动觉/触觉学习者。这些感官偏好构成了个体学习轮廓的重要组成元素。

没有人确切地知道为什么我们会有这些感官偏好，但大多数人通过自我评估工具确认了自己的倾向。其中一个可能的原因是，特定的基因决定了特性组合，增强了神经网络，这些神经网络会使个体在处理某些感官信息的时候优于其他人。还有可能是身体本身的原因。举个例子来说，一些研究指出2006年与1990年代中期相比，在12～19岁的青少年中，有高达77%的人有一定程度的听力丧失(Shargorodsky，Curhan，Curhan，& Eavey，2010)。有研究结果显示此比例呈上升趋势(Kenna，2015)。研究者认为这种听力丧失是因为——至少部分是因为——这些青少年长时间使用耳机听大音量的音乐。由于他们具有可塑性和恢复能力，大脑很可能因此强化了其他感官网络——如视觉能力——以此作为对听觉能力下降的补偿。

神经科学家提醒老师，感官偏好的概念不能被看成只要按着学生的感官偏好来选择教学方式就能提高他们的学习表现或使他们掌握更多知识。事实上，在这个领域中，很少有研究证据证明这个论点。相比之下，研究证据证明，在教学过程中使用能够加强学生参与度的多重感官活动可以提高学生掌握知识的数量(Tomlinson，2015)。感官偏好的存在意味着老师需要注意以下几点。

第一，感官偏好只是更倾向于使用这种方式学习，而非只能用这种方式学习。通常认为学生“只是一个视觉学习者”这种说法其实很片面。只有使用多重感官，学习才能达到最佳效果。

第二，有不同感官偏好的学生在学习过程中会有不同的行为表现。

第三，老师通常倾向于用自己的学习方式来教学。如果一个老师是听觉学习者，他很可能会采用讲授的方式来授课。而那些听觉学习倾向的学生会对这种方式觉得很适应，但视觉学习倾向的学生则会很难维持注意力。他们可能会在书上涂鸦或看其他的书本材料来获得视觉上的满足。记住，那些听觉学习倾向的学生会想讨论他们的学习，并且对于老师主要使用视觉方式的教学可能会觉得很受挫。动觉学习倾向的学生会想在学习的时候动手操作，或不想静静地坐在椅子上——他们会用笔敲桌子、在座位上蠕动身体甚至走出教室。

第四，避免将那些因为不同感官偏好而造成的动作曲解为注意力不集中或故意做小动作。这些动作实际上可能是学生因为不同的感官偏好而有不同的反应。

第五，老师个人的学习轮廓和感官偏好会影响自己的教学和学生的学习。老师在设计课程时，应该设计一些包含各种感官偏好和学习轮廓的活动。这样，学生不仅能够从适合他们偏好的教学中获益，而且能够试着以那些较不偏好的方式进行学习。

接下来……

探索信息处理模型的旅程在这里告一段落。请记住，大脑是一个双体处理器，能够同时处理大量事物。尽管它会摒弃很多信息，但也总在存储一些信息。下一章会探讨记忆的本质，以及介绍那些能够有助于掌握更多知识的方法。

实践角

大脑之旅

在这个活动中，参与者将扮演信息处理模型中不同部分的角色。

每个参与者都得到下面其中一个任务：

3～4 人扮演**感觉存储器。**

1 人扮演**瞬时记忆。**

1 人扮演**工作记忆。**

3～4 人扮演**长时记忆。**

其余参与者扮演**输入的信息。**

在教室中腾出一片空地，所有参与者按照图 2.1 所展示的信息处理模型按顺序排列。

除了扮演输入的信息的参与者，其余参与者简短地介绍他们在这个模型中的角色和功能。

扮演输入的信息的参与者从模型中穿过，每到一处就解释一下在这个部分所发生的事情。

变化一下：重复进行这个活动，并且演示感觉存储器、瞬时记忆和工作记忆是如何筛选信息的。长时记忆的其中一个扮演者还可以演示一下过去的经验的反馈回路。

在演示过几种不同的情况之后，讨论这个活动可以如何帮助你增进对模型的理解。记住，这样运用动觉的活动对学习新知识有积极作用。

重新设计信息处理模型

这个活动给学生提供了重新设计一下本章所介绍的信息处理模型的机会。

在下面空白处，用一个不一样的比喻来重新设计信息处理模型(如运动比赛、度假、烹饪食谱等)。让模型中的每一个主要部分都用同一个比喻，并且做好准备，解释一下为什么选择这个模型。

PRACTITIONER'S CORNER

发展学生的成长型思维倾向

在帮助学生从固定型思维倾向转换到成长型思维倾向上，老师可以发挥重大作用。思维倾向的转变可以促使学生提高学习和成就动机。德韦克(2006，2012，2013)曾提出一些老师可参考的想法。

①确定自己的思维倾向，看是否需要在教导学生之前转变思维倾向。反思你对学生的感觉和认识，你是否认为有的学生永远无法取得进步。结合观察自己的实际情况，反思自己需要做些什么才能转变为成长型思维倾向，并且提高教学水平。

②让学生了解大脑如何通过学习得到改变。向学生解释人的能力并非固定的。当学习某种新事物时，大脑内的神经元之间会产生新的联结，进而提高人的能力。只有通过坚持不懈的努力，人才能变得更有智慧。

③对学生的学习表现进行反馈评价时，要强调努力的重要性，而非天分。将焦点放在学生的努力和学习策略上，同时指出他们所取得的进步以及未来需要努力的方向。

④在学生面前树立学习导师的形象，而不是批判学生的天赋、才能。

⑤谨慎处理负面刻板印象的问题。黑人和白人、男生和女生之间在数学、科学等科目上的表现存在差异，人们通常会因为自己被划分

在某个群体而有定势思维。他们认为自己会因为从属于某个群体而无法学习某种事物。老师应该提醒学生，可以通过正确的学习策略、知识体系以及适当的指导掌握一些必备的技能。

⑥向学生解释此类测试并不能预测其将来可能取得的成就。

测试一下你的感官偏好

这个量表是为成人设计的，可以测出你的感官偏好。在自我评估中，不要只依赖这一次的测试结果。记住，感官偏好只在长期复杂的学习任务情况下比较明显。

指导语：在下面每个描述中，如果你觉得这个描述符合你的大多数情况，请选“A”；如果你觉得这个描述并没有符合你的大多数情况，请选“D”。请快速回答，因为你的第一感觉往往是比较准确的。

①我喜欢阅读故事多于听别人讲故事。 A D

②我宁可看电视也不听电台节目。 A D

③与名字相比，我比较记得住长相。 A D

④我喜欢教室墙壁上贴满海报。 A D

⑤我写的字好不好看对我来说很重要。 A D

⑥看着图片我会思考得比较多。 A D

⑦我很容易被动来动去的东西吸引而分散注意力。 A D

⑧我很难记住口头表达的指导语。 A D

⑨与参加体育活动相比，我还是比较喜欢静静地观看。 A D

⑩我倾向于用纸笔来组织我的想法。 A D

⑪我的面部表情很能代表我的情绪。 A D

⑫我记名字往往比记长相厉害。 A D

⑬我很享受参加像表演戏剧这类的活动。 A D

⑭我倾向于边说边思考。 A D

⑮我比较容易被声音分散注意力。 A D

⑯如果不讨论一下，我很容易看过就忘。 A D

⑰与看电视相比，我宁可听电台节目。 A D

⑱我的字写得不怎么样。 A D

⑲当面临要解决问题时，我比较倾向于和别人讨论一下。 A D

⑳我会说出我的感受。 A D

㉑我更想喜欢小组讨论而不是就一个主题阅读材料。 A D

㉒我宁可打电话也不写信。 A D

㉓我更想亲自参加体育活动而不只是看看而已。 A D

㉔我更想去那些可以触摸展品的博物馆。 A D

㉕如果空位不够，我写的字会变丑。 A D

㉖我的心理画面通常都会伴随着动作。 A D

㉗我喜欢户外活动，如骑自行车、露营、游泳、登山。 A D

㉘与只是看一下或讨论一下相比，我比较记得住那些已经做过的事情。 A D

㉙面对问题时，我常常会选择最棒的解决方案。 A D

㉚我喜欢制作模型或者其他手工艺品。 A D

㉛与阅读相比，我更喜欢做实验。 A D

㉜我的肢体语言可以很好地表达我的情绪。 A D

㉝如果要做一个以前没做过的活动，我会很难记住它的口头指导语。

A D

解读测试结果

计算①～⑪题中“A”的答案数：________

这是你的视觉向度分数。

计算⑫～㉒题中“A”的答案数：________

这是你的听觉向度分数。

计算㉓～㉝题中“A”的答案数：________

这是你的动觉/触觉向度分数。

如果你的某个向度得分很高：这个向度很有可能就是你在一个持久、复杂的学习情境中的感官偏好。

如果你的某个向度得分很低：这个向度不太可能是你在一个持久、复杂的学习情境中的感官偏好。

如果你三个向度的得分都差不多：你几乎可以以任何方式进行学习。

反思

你的感官偏好是什么？你觉得意外吗？

在每天的生活中，你的感官偏好如何得到体现？

在教学中，你的感官偏好如何得到体现？

发展有利于学习的课堂氛围

与充满威胁和恐吓的环境相比，自由的环境更能激发学习动机。当学生感受到威胁时，大脑的思考进程会转到情绪或逃生反应上。有经验的老师已然了解课堂中的这些情形。在需要快速反应的压力之下，学生会开始出现失误、胡乱尝试回答、感到沮丧或愤怒，甚至使用暴力作为回应。

这里有一些方法可以帮助学生减少对回答错误的恐惧。老师可以试着这样做：

①针对学生的错误回答，给出这个回答正确情况下可能的题目。(例如，如果我问的是……那你的回答就对了。)

②给学生提供一些提示，引导他往正确答案上思考。

③请另一个同学帮忙回答。

在课堂中，学生可能会感受到不同程度的威胁，任何能让学生明显感受到的威胁都会阻碍学生的学习。只有当学生感到安全的时候，他们的思考和学习才能最大限度地发挥作用。

老师可以通过营造民主的氛围，让学生得到公平的对待，并且在讨论中自由地表达看法。在这样的氛围中，学生可以：

①更加信任他们的老师。

②表现更多积极的行为。

③比较不会有破坏性。

PRACTITIONER'S CORNER

④更支持学校的政策。

⑤感到学校在鼓励、培养他们进行思考。

进一步讨论：

在学校里，什么样的情绪会干扰认知处理过程(如对学习产生负面影响)?

学校和老师可以使用什么策略和架构来控制威胁情况和对情绪的负面影响?

学校采取什么措施可以激发学生学习的积极情绪(如对学习产生正面影响)?

你使用过什么教学策略来激发学生学习的积极情绪?

运用幽默感活跃氛围及增强记忆

在课堂中或学校里的其他场合适当地运用幽默感可以带来很多好处(Jeder，2015)。

生理上的好处

提供更多氧气。大脑细胞需要氧气和葡萄糖作为燃料。当我们笑的时候，血液中会注入更多的氧气，因此大脑也能得到更多燃料。

使大脑充满内啡肽。大笑可以使内啡肽释放到血液中。内啡肽是人体内的天然止痛剂，可以使人感到愉快。换句话说，此时个体会感到身心舒畅。内啡肽还可以刺激大脑额叶，提高注意力和持续的时间长度。

舒缓身体机能。科学家已经发现，幽默可以减轻压力，调节疼痛感，降低血压，舒缓肌肉紧张以及增强免疫力。这些都是我们希望看到的结果。

心理上、社交上及教学上的好处

集中注意力。老师正式上课前需要做的第一件事就是让学生集中注意力。人类大脑通常都喜欢开怀大笑，因此一个充满幽默感的开始(如笑话、有趣的双关语或故事等)有助于集中听者的注意力。自嘲式的幽默对于青少年尤其有用(例如，“你绝对不相信我这周末发生了什么”)。

营造积极的氛围。学生要很长一段时间聚在一起上课，因此我们需要找到一种方法，能让不同类型的学生友好相处。当人们同时大笑时，他们彼此之间的关系就会变得密切，产生凝聚力——这样的氛围带来的积极力量有助于学生的学习。

增强掌握程度和记忆程度。我们知道，情绪可以增强记忆程度，因此大笑带来的正面影响可以增加学生记住知识以及之后能够记起所学知识的可能性。

促进每个人的心理健康。学校以及学校里的人都比过去承受更多的压力。花些时间笑一笑可以减缓压力，让我们积极应对工作、学习任务。我们要认真对待工作，但也要记得让自己的心情轻松一些。

可作为一种有效的纪律工具。和善的幽默感（并非嘲笑或讽刺）可以让学生免于精神紧张且有效地记住课堂纪律。笑容还可以抑制敌意和侵略性。适当地使用幽默感的老师会更受人喜欢，学生也会对其更抱有好感。违反纪律的问题也就少出现一些。

将幽默感作为课程的一部分。不是只有笑话或幽默故事才算是幽默感。幽默感的价值在于它可以集中注意力并且是一种增强记忆的策略，因此尝试找找看展现幽默感的不同方式，将之融入课堂教学内容。课本通常比较枯燥，因此可适当使用一些与学习内容相关的有趣的例子和网上的视频资源作为补充。有一些书籍专门介绍如何在课堂中运用幽默感。

行政人员与幽默。学校的行政人员同样需要知道幽默感在自己与员工、学生和家长的相处之间的价值所在。在会议或其他场合中，他们可以有所表示，让他人了解学校和课堂中是允许幽默的。研究显示学校行政人员幽默亲切的态度可以强化老师的工作动机。

阻碍你在课堂展现幽默感的可能性

“我不搞笑。”有些老师很想在课堂中运用一下幽默感，但是他们觉得自己不太搞笑。他们可能会说：“我就是不太搞笑。”“我没办法讲笑话。”但其实他们不需要太风趣，只需要一些素材，并且这些素材其实很丰富。很多书店或网络平台上都会有跟幽默感相关的书籍或视频，而且别忘了学生自己也会在回答问题或考试的时候搞笑一下。但要保证你是在恰当地运用幽默感，匿去作者的姓名，并且避免嘲笑或讽刺。

“学生是不会领这个情的。”在这方面，尤其很多中学老师都认为学生不会喜欢那些陈腔滥调的笑话，或他们太老成而不愿意笑。但每个人都喜欢幽默，都喜欢笑一笑。因此我建议可以试一下连续三周上课前都来幽默一下，然后停下来，我保证你的学生会说：“老师，今天怎么没有说笑了？”这是对他们真的有在听的证明。

“课堂说笑会花费太多时间。”这是很多人都会有的顾虑。很多中学老师常常会为了赶着完成课程而感觉到压力，因此舍不得花时间在那些活动上。幽默正是这样一种吸引学生注意力、提高学习记忆的好方法。这是一项很好的时间投资。

避免嘲讽。上述所提到的这些效果都源于有益的幽默感，这样的幽默感每个人都会乐于接受，但并非源于嘲讽，因为嘲讽不可避免地会使一些人受伤。有一些用心良苦的老师可能会说："我非常了解我的学生，他们能够承受这样的嘲讽。"学生来学校是为了寻找情感支持的，嘲讽会破坏这种情感支持，并且导致学生与他们的同学、老师、学校对抗。当一个学生遭遇嘲讽的时候，你不知道他是将之视作幽默，还是会备受打击。此外，还有很多嘲讽以外的幽默方式。

PRACTITIONER'S CORNER

通过增强动机延长信息处理时间

工作记忆是一种短时记忆，因此信息在其中进行处理有一定的时间限制。针对某项信息处理(或演练)的时间越长，就越有可能让人领会它的意思和意义，进而记住它。其中一个延长信息处理时间的方法就是增强动机，而动机实质上就是一种情绪反应。近期的一些研究已经证实，人们一直以来相信的动机，正是投注于学习情境中的注意力程度的关键影响因素。

动机可来自个人，我们称之为内在动机，当这个活动与个人的需要、价值、兴趣和态度切身相关时就会出现。人们花上数小时来进行能够让人感到愉快和放松的活动，正是因为具有内在动机。这种内在动机深深根植于个体的内心，难以突然改变，但会随着时间的推移而逐渐改变。

那些像奖励或惩罚之类的来自外在环境的动机，我们称之为外在动机。外在动机有控制和鼓励行为的作用。像发小星星卡片和称赞等就是学校常会用到的增强外在动机的例子。尽管这些行为是有目的性的，但他们和内在的学习信息处理过程的关系不大。当一个人对一个事物有强烈的内在动机时就会比较专注于学到的东西，这已经不是什么秘密了。可以利用外在动机来吸引学生开始一项新课题，然后促使他们将其转化成内在动机。

这里针对老师提出了一些可以考虑使用的关于提高动机的建议(Anderman & Gray，2015；DePasque & Tricomi，2015；Jovanovic & Matejevic，2014)。

产生兴趣。如果学生对一个事物感兴趣，那他对这个事物的信息处理过程时间就会明显延长，因为他正以不一样的方式进行学习，在他的大脑中新的信息与过去所学到的同样感兴趣的知识之间发生了新的联系。工作记忆努力寻找方法以利用新知识来扩展那些过去所学的知识。我们都知道，那些愿意花大量时间在集邮、玩游戏或修理汽车的学生，甚至都不愿意专注于课堂五分钟。

老师可以在学年初让学生填写一下兴趣问卷来了解、确认学生的兴趣。这些问卷上呈现的信息可以帮助老师设计课程，让课程中尽可能包含学生感兴趣的内容。相关的指导顾问可以针对兴趣问卷的兴趣类型和资源帮助提供信息。

现在，这些喜欢新鲜刺激的大脑很希望学习过程中有一些活动。活跃的学习过程通常会包含一些活动和选择，让学生乐于参加，并且能够有效促进对大型图像以及知识之间关系的理解。这种方法可以激发学生的兴趣和内在动机，老师可以这样做：

①当课程结束时，向学生清楚介绍利用这些知识可以做什么。

②设置一些有挑战性的任务。

③提高他们做自我能力评估的标准(如评估细则)。

④解释课程内容与实际生活的贴近程度。

⑤让学生选择他们想要探究的活动与问题的内容。

建立责任制。当学生相信他们会被问到新学的知识时，他们的信息处理时间就会延长。很多高中生在学习驾驶课程的时候都很容易专注于学习，不仅因为他们对此感兴趣，而且他们知道当他们完成了驾驶考试之后很长一段时间内他们的驾驶知识还会受到规章制度的考验。

提供反馈信息。当学生在自己的思考结果上得到提示或可以帮助改正错误的具体反馈时，他们很可能会持续思考这些问题，做出修改，并且可以坚持到成功完成任务(Hattie，2012)。像是阶段性小测试这类正式的测评，如果能认真讲评、及时反馈，将能够帮助学生掌握知识。这样的成功能够提高学生的自我概念，并且鼓励他们尝试难度更大的学习任务。使用计算机能很好地增强学习动机，因为它可以提供实时性的客观反馈，让学生评估自己的进度，了解自己的能力水平。

另一个通过增强学习动机来延长信息处理时间的策略也同样有效。亨特于2004年提出了关注程度一词，就是学生对于他们所学内容的关心程度。我们过去常常认为学生对于学习会感到焦虑，导致自己学不到什么东西。其实焦虑也分为有用的焦虑(渴望做好)和有害的焦虑(感觉受到威胁)。当你对你的工作表现感到焦虑时，通常你都会投入更大的努力来取得积极的结果。当你想要做得更好时(有用的焦虑)，你很可能会想学到更多或尝试新的策略。这就是焦虑情绪促进学习的一个例子。

图2.5说明了当关注程度上升时，学习程度也随之上升。但当关注程度过高时，我们的注意力会转移到情绪上，导致学习程度下降。学生需要特定的关注程度来刺激他们努力学习。当太过于关注时，焦虑就会阻碍学习的进程，取而代之的是不良的情绪。此时，老师需要找到学生能够有最佳信息处理时间和学习表现时的关注程度。亨特(2004)提出了四种可以提升或降低课程关注程度的方法。

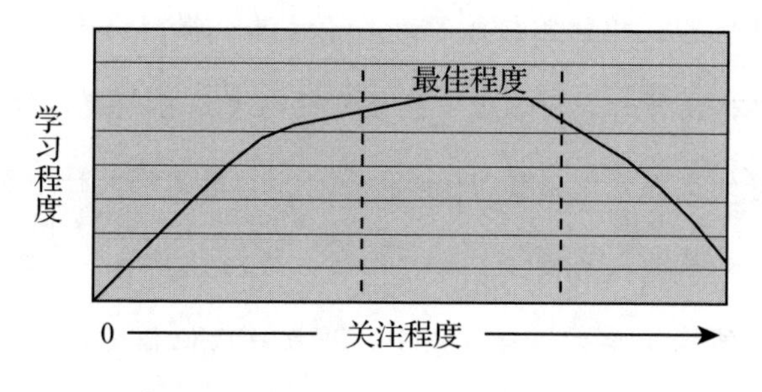

图2.5　关注程度与学习程度的关系

后果。如果老师说："这个内容可能会出现在考试当中"，会提高学生的关注程度，而如果老师说："掌握这个知识可以帮助你更好地掌握之后的内容"，则会降低学生的关注程度。

看见与否。站在开小差的学生旁边能够提高他们的关注程度，而离开焦虑的学生旁边则能够降低他们的关注程度。跟学生说他们的作业会被展示也能够提高他们的关注程度。但要谨慎使用此策略。

时间量。只给学生一点时间完成一个任务能够提高他们的关注程度，而延长时间能够降低他们的关注程度。

提供帮助的量。如果学生在完成任务时只得到一点帮助，他们的关注程度就会上升；如果他们很快就得到帮助，他们的关注程度就会降低。这很成问题，如果学生总是能够得到实时的帮助，他们就会变得很依赖别人，而且永远都学不会独立解决问题。此时老师就需要减少对学生提供帮助的次数，并且告诉学生可以用学过的知识来试着独立解决问题。

反思

什么种类的课堂活动能够让关注程度超出最佳水平？

什么样的策略会降低课堂活动所提升的关注程度？

为新知识赋予意义

意义指的是学生对于学到的新知识所产生的关联。意义并非所学的固有内容，而是学生如何将新知识与过去的学习或经验联结。用一些诸如“为什么我要学这个”之类的问题帮助学生判断新知识与过去的学习或经验的关联，似乎有些困难。这里给老师提供了一些方法，可以让他们帮助学生赋予新知识意义。

建模。模型可以很具体详细，也可以非常符号化。当我们无法直接接触真实的事物时，网络便可以为我们提供有价值的资源和模型。有效的模型应该遵循以下这些原则：

①准确明白地归纳出新知识的关键内容。如果以哺乳动物为例，小狗会比鲸鱼恰当。

②模型应该首先由老师整理提出，以确保学生在记忆黄金时期内接收到正确的信息。

③避免那些引起学生强烈情绪或转移学生注意力的争议性内容。

举例需贴近学生经验。这样可以使学生能够将过去所学的知识提取到工作记忆中，加快掌握新知识的速度，为新知识赋予意义。确保所举的例子和新知识有明确的关联，这些通常很难临场发挥，因此需要在备课时就先想好适当的例子。

人为赋予意义。如果无法从学生的经验中找出典型的例子，我们可以转用其他方法。辅助记忆工具可以帮助学生对材料进行关联来记住知识。例如，如果要记住美国的几大湖泊，可以将湖泊的英文名称中每个单词开头的第一个字母组成单词“HOMES”(Huron，Ontario，Michigan，Erie，Superior)，或用“Every good boy does fine”这样的句子来记忆 e，g，b，d，f 这几个字母。

运用整合来增强对知识的理解和意义

知识整合是一个默默发生的过程，指学生的工作记忆对它所接收的新知识进行归纳和整理。在整合的过程中，学生常常会完成一次知识回放的过程，并且可对新知识增强理解和产生意义，也因此可以提高学生将新知识记忆存储到长时记忆中的概率。

启动知识整合。老师可以这样指导学生，让他们将注意力放在新学的知识上："我会给你们大概两分钟的时间，思考一下美国内战的三个起因，等一下要简短地讨论并汇报。"在这种情况下，老师明确告诉学生他们可以有多长的时间思考并归纳，并且指出明确的检查方式(讨论汇报)。在讨论当中，老师可以了解学生大脑中知识整合的质量和准确性，并对其做一些必要的指正。

知识整合不同于复习。复习是由老师来处理大部分内容，为学生强调那些重要概念以及检查学生的理解程度。而知识整合则是由学生来完成大部分内容，让他们在大脑中完成知识回放和概念归纳，确认是否理解，并且了解知识的意义。

何时使用知识整合。在课程教学中，很多时候都会用到知识整合。

①可以将此作为课程的开头："想想我们昨天讲过的美国内战起因的其中两个，等一下我们来讨论。"

②在课程进行时(学习进程知识整合)，可以在进入下一小节之前进行过渡："在开始讲第三个规律时，先复习一下前面两个规律。"

③课程结束时(课程终结知识整合)，可以利用知识整合来对所有分节的学习进行整理。

知识整合可以大大提高知识的掌握程度。

检查长时记忆中存储了什么知识

上课时，学生的工作记忆中处理的信息最终都会被舍弃或被存储到长时记忆中。即使学生看起来好像学到了新知识或新技能，也并不等于这些新知识或新技能会被转入长时记忆中。关于记忆保持的相关研究指出，新学到的知识中，有70%到90%在学完的18到24小时内会被忘记。因此，如果在这段时间中，新学到的知识仍然保存完整，那这些知识就很可能会被存入长时记忆中，并且不会再遗忘(Ruch et al.，2012；Schiff & Vakil，2015)。

知识存储需要时间，在工作记忆和长时记忆之间进行转化。大脑需要充足的时间在存储网络中对新知识进行编码和整合。因此，学完一节课的第二天是确认长时记忆中存储了什么知识的最早也是最可靠的时机。

如何检查。如果老师想要准确测出学生学到的知识是否被转入长时记忆中，需要这样进行检查：

①不要在刚学完的24小时内进行检查。

②只检查需要记住的内容。

③要采取突击检查的方式，不要事先通知以免学生有所准备。

原因。如果进行检查之前先提醒学生，学生很可能就会对材料进行复习。如果是这样的话，那检查所呈现的很可能就只是学生的工作记忆中所能容纳的知识，而不是从长时记忆中提取的内容。突击测验看起来可能有一点残酷，但这是老师可以确保学生回答问题时提取长时记忆的唯一方法。突击测验应该是一个可以帮助学生评估他们掌握内容的方法，而不是让学生重复学习的教学工具。

滥用测验。有一些老师会滥用测验作为惩罚学生的方法，让学生对内容进行重复学习。测验是一种非常有教学价值的工具，但上述的做法只是一种滥用。测验这种工具是为了：

①让学生对知识增强理解和产生意义，以提高记忆掌握的可能性。

②向学生解释，突击测验是为了帮助他们了解在一段时间之后对知识的掌握程度。

③确保测试内容和新知识的教学方式吻合。如果是一些要求死记硬背的知识，那测验时也就需要以背诵或默写之类的方式进行。如果是需要进行阐述的知识，则需要使用那些可以让学生灵活回答问题的方式进行测验。

运用测验结果。这一点对老师非常重要。

①进行分析。对测验所提供的实时结果进行分析，可以确认教学上需要重申或进行更多练习的方面。如果学生忘记了某部分，可以考虑组成学习小组来专门学习那些需要重复练习的、容易遗忘的部分。

②进行记录。对这些突击测验的结果进行小部分的记录，可以让学生分享他们的测验结果，并且结伴讨论正确回答问题的记忆策略。通过这种方式，学生可以讨论他们的记忆过程，并且对所学知识有更好的理解和记忆。

③进行选择。可以选择使用某种记忆策略，更有效地帮助学生记忆，如概念地图、助记符号或模块学习。

对测验结果进行分析，可以找出需要修改或提升的课程部分，增强与学生经验的联系，或可以显露出需要用不同方式反复教学的课程内容。对学生出错的课程内容进行分析是找到老师做出错误假设的好方法，而且可以重新设计课程，让老师的教学更成功。

应当运用测验，尤其是标准测验作为学生学习的工具，而不要让这样的测验变成抓学生错误的工具，从而给学生创造支持性的学习氛围，提升学生的表现。

运用协同学习增强学习效果

协同学习指的是人们在一起联合活动来提高彼此的学习效果。这个策略是为了让学生在学习过程中能够动起来，与同学进行讨论。这种活动之所以有效，是因为它具有新奇性，会触发多重感官，需要参与活动，具有情绪刺激性，以及它鼓励学生进行社会交往活动。每次活动都会使个体通过彼此互动(协同学习)来更深入地理解知识。这种方法从小学阶段直到研究所都适用。这里向读者提供一些建议。

为反思提供足够的时间。讲授完一个概念以后，让学生静静地复习一遍他们的笔记，并且准备好向其他人解释他们所学的知识。要确保学生有充足的时间来完成这样的知识回放(通常需要1～3分钟，根据主题的复杂性而定)。

在活动中建立规范。和学生一起进行，向学生演示你希望他们在活动中要如何做、如何彼此互动。

让学生动起来。让学生在教室里走动，并且让他们和平常聊得来或关系不错的同学结为学伴。他们需要面对面，然后轮流向对方解释之前学过的知识。他们需要在笔记上记下那些自己忽略了的而同伴却提起的知识点。完成以后，所有学生都会比之前他们单独学习的时候学到更多。如果不认同或不理解某些知识点，他们可以在活动结束后向老师请教。(提醒：确保学生讨论时是面对面的，而不是看着彼此的笔记——这样他们就必须和同伴讨论。如果你的学生数量无法平均分配，也可以让其中一些组是三人小组。)

持续走动。通过在教室四处走动，靠近学生来帮助他们专注在学习任务上。不时地向他们提问，让他们回到学习上，但要避免反复讲授课程内容。否则，学生会依赖老师的反复讲授多于同学之间的互相解释、讨论。

提供充足的时间并且在有需要时做出调整。给这个活动提供充足的时间，保证它的效果。可以用几分钟作为开始，如果学生需要继续则增加时间，如果学生需要结束则减少时间。

确保有问责的机制。为了让学生能够专注在学习任务上，需要告诉他们在活动结束之后会随机抽取几个学生向其他同学解释他们刚刚讨论的内容。

解答疑问。问一下学生是否还有任何不理解的地方需要老师进一步解释，帮助学生解决这些疑问。可以这样提问："还有什么疑问是需要我再解释一下的？"而不要这样提问："还有什么不懂的地方？"

用不同的方法分组。你可以利用生日周或生日月，头发、眼睛等身体特征，或其他方式对学生进行分组。这样随机分组的目的在于增强学生之间的人际互动(因为学生倾向于和朋友一组，需要避免这样的分组)。

一些可能的阻碍因素

"应该由老师来讲课。"长久以来，老师应该担任知识的传递者这一观念根深蒂固。基于这个原因，一些老师对于上述这样的活动会觉得很不适应，因为他们会觉得自己没有在“工作”(或者说没有在“讲课”)。但这种活动产生效果的其中一个原因，正是它把“工作”的机会留给了学生的大脑，这样增加了他们理解新知识并且产生意义的可能性。

“这样会花掉太多时间。”问题是，如果不这样做，老师会利用这个时间来做些什么呢？讲更多的课？这是一个很好的时间投资，因为学生可以讨论课程内容，进而增强对课程的记忆和掌握。

“学生会因此开小差。”这是一个很常见而且很真实的担忧。这样的开小差行为可以通过老师四处走动、听学生讨论、向学生提问等而减少。

PRACTITIONER'S CORNER

“神经”宾果游戏

在这个活动中，整个小组都要站起来并且到处走动。小组中的每个人都要试着找到能够回答表中任意一个问题的同学。能够回答问题的同学可以划掉对应问题的格子。这个游戏会以宾果的方式来定输赢(也就是横向、纵向、斜向完成任意一列)。同学之间不能回答相同格子的问题。

时间限制：15～20分钟，视学生的实际人数和小组的成立时间而定。

找到一个同学来回答表2.2中的问题。

表2.2 “神经”宾果游戏

解释感觉存储器的功能	解释理解意思和产生意义对于学习的重要性	定义“机会之窗”——最佳学习时机	解释大脑如何将输入的信息进行排序优先处理	解释额叶的功能
说出海马的两个功能	说出瞬时记忆的功能	解释杏仁核的作用	解释“新奇大脑”的意思	为自我概念如何影响学习举个例子
帮助认识信念系统和学习的关系	说出小脑的功能	说出端脑的功能	描述工作记忆的局限	解释突触是什么
解释感官偏好的意思	描述工作记忆的容量限制	解释情绪控制的意思	解释神经递质的功能	解释长时记忆的功能
解释在学习中运用幽默感的价值	说出五种感官的名称	举例说明大脑研究的资源	解释知识整合	描述一个神经元

思考的关键点

在这一页上快速地记下一些关键词、重要概念、策略以及你想要在之后复习的资料。这一页可以成为你个人的知识小结并且帮助你唤起记忆。

Chapter 03 | 第三章

记忆、存储与学习

记忆力应该在年轻时多用一下，因为此时的记忆力是最强大、最持久的。但是在选择那些应该记住的事物时，一定要极其小心和深谋远虑。

——亚瑟·叔本华(Arthur Schopenhauer)

本章亮点：本章探讨了记忆的本质，解释了为什么我们在同一种学习情境和教学方法之下会有不同的信息掌握程度。同时，本章也讨论了练习的价值和缺陷，以及一些用于提高工作记忆效果的教学技术。

记忆，是“我是谁”的一个过往记录，也是人类个性的必要成分。如果没有记忆，生活就会变成一系列毫无意义的遭遇，既与过去没有关联，也对未来毫无用处。记忆可以让个体能够凭经验生活，运用经验预测力决定之后如何对事物做出反应。

就实际用途来说，大脑的信息存储特性是没有限制的。也就是说，我们有上千亿个神经元，而每个神经元又有数千个树突，由此，神经通路的数量不可估量。在个体的一生中，几乎不存在把大脑存储空间用完的可能性。学习是我们获取新知识、新技能的过程，而记忆则是我们将知识和技能存储起来方便日后使用的过程。关于不同学习方式的神经机制，研究正揭示出更多新知识、记忆和大脑结构彼此之间的互相作用。就像运动可以锻炼肌肉一样，使用大脑的次数越多，它就会越灵活。当学习不能再增加大脑细胞的数量时，它仍会增加大脑细胞的尺寸，增加它的分支数量，以及提高它形成更复杂神经网络的能力。

大脑在个体进行学习之后，会在其存储新知识的时候发生很多物理和化学变化。存储新知识会产生很多新的神经通路，并且会增强原有的通路。因此，每当学习新知识的时候，我们的长时记忆存储区域就会和独特的基因组合在一起，发生解剖学上的变化，并且组成我们的个性表现，甚至证明了老师确实是大脑的改造者！

如图 3.1 所示，我们对记忆的讨论包括七个不同的运作过程。大脑的注意力系统会选择输入适当的信息并且进行处理。在对信息复习和操作之后，大脑会对信息进行编码，或将其存储到长时记忆中成为一种技能。在这之后我们就可以从记忆中提取这些信息了，大脑还会决定如何表现这些信息。而在这个过程中最终消逝的信息就会成为遗忘的产物。

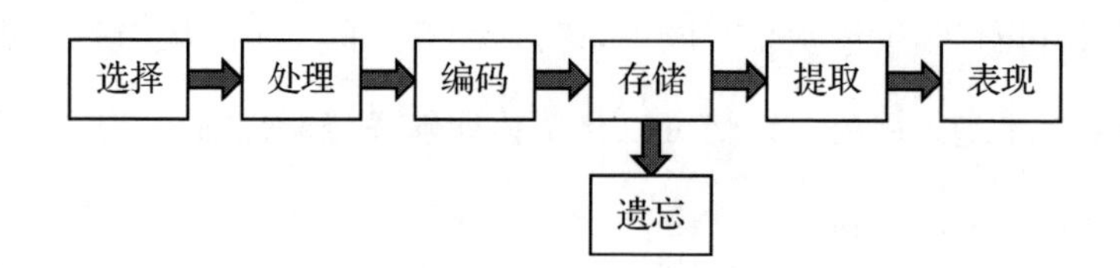

图 3.1　记忆的形成和提取

记忆的形成

记忆到底是什么？它确实是一块存在于我们大脑某个角落的东西吗？记忆可以永久保存吗？大脑如何将一生的记忆存储在一个小如香瓜的器官中？遗忘到底是记忆的遗失还是只是读取不了？关于这些记忆问题的确切

答案仍然无法确定。尽管如此，神经科学家还是发现了相应的神经机制，大致可以定义为这样一个可行的假设：记忆的形成(编码)、存储以及提取。

短时刺激

在第一章中，你会找到关于神经刺激的相关内容，它会引起从轴突传输到神经细胞间隙或突触的神经冲动，也就是神经递质的释放。这些化学物质进入邻近的神经元中，激发神经元并引起一系列的电化学反应，让下一个神经元继续传递信号，又或消失。神经元的这些反应会持续发生，并且引起其他更多的神经元接收信息，进而被激活。这个顺序过程就形成了神经元彼此关联激活的模式。

神经元的激活可能只维持一段非常短的时间，在记忆消逝后就会停止。如果下一个神经元没有被再次刺激，它会维持这样的状态持续数小时甚至数天。此时就会对外界快速通过的刺激产生知觉，甚至能够识别出来。这种记忆快速消逝的能力意味着我们的大脑不会被那些无用的记忆扰乱。

记忆形成

如果神经元在待激活的时间里一直重复(通过复习和操作实现)，则相关的神经元群同时被激活的可能性就会增加。一个神经元被激活得越快，它产生的电荷就越强，也越容易激活邻近的神经元。当邻近的神经元被激活时，它们的树突表面会产生变化，对刺激物更加敏感。突触的觉醒和敏感过程被称为长时程增强作用。最终，这种激活模式的不断重复会让神经元之间产生联结，当一个神经元被激活后会引起所有与之联结的神经元被激活，最终成为记忆痕迹(见图3.2)。这些个体记忆痕迹会联结、形成神经网络，当受到触发的时候，整个神经网络都会增强，进而巩固记忆并使记忆变得容易被提取(Sara，2015)。研究者已经记录到神经元在人类大脑中发生联合的过程(Ison，Quiroga，& Fried，2015)。

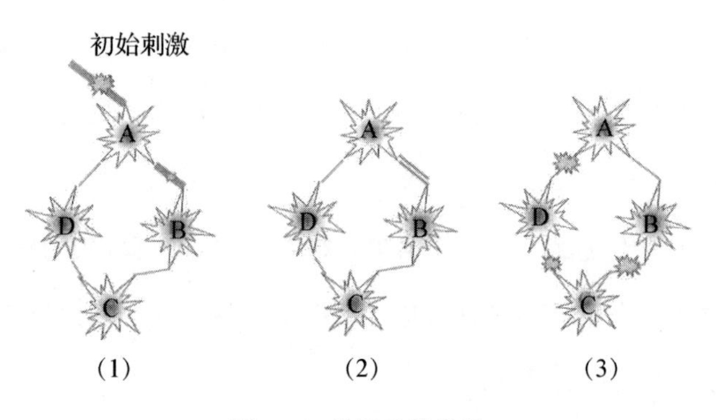

图3.2 神经元的激活

注：当一组神经元被刺激而一起被激活时就会形成记忆。(1)神经元A接收一个刺激，继而带动神经元B的激活；(2)如果神经元A很快被再次激活，则会形成一个联结，随后神经元A只需要微弱的刺激就能带动神经元B的激活；(3)神经元A和神经元B的激活会带动邻近的神经元C和神经元D的激活，如果这样的情况不断重复，则这四个细胞就会形成神经网络并且在之后同时被激活——也就形成了记忆。

记忆并不是完整地保存的，而是被分成几部分分别存储，分散于端脑的各处。例如，橘子的形状、颜色和气味等信息会被分类存储于不同的神经元中。这些不同的部分会被同时激活，合在一起成为我们关于橘子的经验和概念。有证据表明，我们的大脑会在一个以上的神经

大脑中产生的联结越多，学生就会对新的知识产生更多的理解和意义联结，也更容易将其存储在不同的神经网络中。这个过程可以让学生有多次机会来提取新知识。

网络中存储延伸的经验。而对存储区域的选择，则由大脑中新旧经验两者之间的联系决定。大脑中产生的联结越多，学生就会对新的知识产生更多的理解和意义联结，也更容易将其存储在不同的神经网络中。这个过程可以让学生有多次机会来提取新知识。

记忆的阶段和种类

科学家关于记忆形式的最佳分类法已经争论了很长时间。大量人类记忆丧失的个案研究、那些测试记忆的实验结果以及大脑扫描分析都说明记忆有不同的形式。问题是需要整合神经科学家的意见，形成一组定义人类记忆各阶段和类型的分类。而且，我们从研究结果中发现，这些分类和命名都在相应改变。这里，我试图在本书中呈现近段时间绝大多数活跃在学术界的研究者所认可的记忆系统模型。

记忆的阶段

记忆可以分为瞬时记忆、工作记忆和长时记忆。在第二章，我们探讨了瞬时记忆和工作记忆的本质，它们都是短时记忆。一些在短时记忆过程中的刺激最终会转化为长时记忆，通过改变神经元的结构来维持终生的记忆。

记忆的种类

尽管不是所有的神经科学家都同意心理学家提出的所有的长时记忆特

性，但是仍然有一定的一致性，而且在着手设计相应的学习活动前理解他们的描述非常重要。长时记忆可以分为两大部分：陈述性记忆和非陈述性记忆。图 3.3 展示了记忆的阶段和长时记忆的种类。

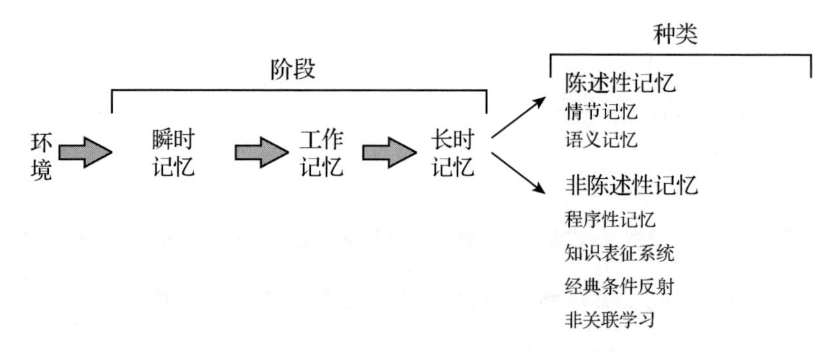

图 3.3　不同的记忆形式之间的关系

陈述性记忆

陈述性记忆，也叫意识记忆或外显记忆，指的是我们对名字、事实、音乐还有物体(例如，你住在哪里)等的记忆，由海马和端脑来运作。回想一个现在对你的生活来说非常重要的人，试着想一下他的模样、声音和行为举止。然后回想一件你们共同经历的有情感联结的重要事件，如一场演唱会、婚礼或葬礼。当你的脑海中呈现这些内容时，和这些内容相关的其他记忆也会一起浮现。这是陈述性记忆最主要的形式——它可以有意识地回忆，而且毫不费力。陈述性记忆还可以细分为情节记忆和语义记忆。

情节记忆。情节记忆指的是对事件的有意识记忆。例如，我们的十六岁生日派对、从一辆新的脚踏车上摔下来或今天的早餐是什么等。它可以帮助我们辨认事件发生的时间和地点，并且让我们就事件对自己有一个了解。情节记忆就是“记得”记忆。

语义记忆。语义记忆指的是那些无关任何事件的事实、数据等信息。例如，巴黎有一座铁塔叫埃菲尔铁塔，如何看上面的时间等。语义记忆就是“知道”记忆。一位老将军知道越南战争发生的时间，这就是语义记忆；而他在这场战争中的经历则是情节记忆。

一项大脑扫描实验表明尽管情节记忆和语义记忆激活的大脑区域大致相同，但是海马及其周边区域对此做出的贡献仍存在一些差异(Kim，2016)。其他研究表明情节记忆比语义记忆更容易受到阿尔茨海默病的影响(El Haj，Antoine，& Kapogiannis，2015)。这些研究发现正说明情节记忆和语义记忆具有不同的功能。

非陈述性记忆

非陈述性记忆指的是所有不是陈述性记忆的记忆(有时也被称为内隐记忆)，也就是那些无法直接陈述或解释的记忆。例如，你使用陈述性记忆来记住你的身份证号码(以一定顺序排列的特定数字组合)，使用非陈述性记忆来记住如何骑脚踏车。因为非陈述性记忆不需要刻意回忆过往的经验，这个已经成为研究者尤为感兴趣的议题(Marsolek，2015；Reber，2013)。鉴于一些研究结果，非陈述性记忆的分类描述和命名已经发生了变化，最广为认可的非陈述性的记忆分类即程序性记忆、知觉表征系统、经典条件反射、非关联学习。

程序性记忆。程序性记忆指的是运动和认知技能的学习，也就是记住“如何做”一件事，如骑脚踏车、开车、挥动网球拍或系鞋带。随着这些技能持续得到训练，这些记忆变得更加有效率，大脑过程就从反思性转变为自反性。例如，你可能还会记得你第一次独自开车的经历，毫无疑问，你非常专注地去注意你的车速，谨慎操纵这辆车，把双脚放在正确的踏板上，观察周围的交通情况(反思性的思考)。如果你一直练习开车，开车这项技能就会被存入程序性记忆，并且变得非常自动化(自反性的活动)。你会不会有时候觉得很惊讶，你如何从家开车到了工作的地方。你可能会说："我刚刚真的有在那个停止标志前停车了吗?""我刚刚听到的重击的声音是什么?"程序性记忆帮助你开车，而你的工作记忆则帮助你计划这一天的行程。

我们一天所做的很多事情都包括一些技能的表现。我们会完成一系列的程序，晨起梳洗、早餐、阅读报纸、去上班，还有跟一个熟人挥手打招呼。我们在进行这一系列事情的时候并没有注意到我们已经学会了怎么做，也没有意识到我们在使用我们的记忆。尽管学习一项新的技能需要有意识的专注，但是后来这些技能的表现则变为无意识的，而且实质上依赖我们的非陈述性记忆。

我们也需要学习一些认知技能，如阅读、辨认颜色、区分音调，还有想出解决问题的一系列步骤。这些认知技能会自动运作，而且依赖程序性记忆而非陈述性记忆，认知技能不同于形成这些认知技能的概念。获得知觉和认知技能需要一些不同的大脑过程和认知概念学习的记忆内容。如果它们的习得是不同的，那是否也需要以不同的方法进行教学呢?

知觉表征系统。知觉表征系统指的是记忆中那些不需要明确回忆而能够由经验提示的词语与物体的结构和形式。以前的知觉表征系统包含在程序性记忆中，但近期的研究已经确认这个记忆提取系统的一些独立特性，认为它应该独立分类。实质上，知觉表征系统指的就是我们组合词语成为句子，以及指认图画上的物体是否确实存在于世界上的能力。举个例子来说，你能快速地确认下面这个句子的意思吗？

E _ _ry　clo _ d　h _ s　a　s _ _ v _ r　li _ i _ g.

毫无疑问，即使我们只是瞥了一眼这些单词，也没有时间认真学一遍这些内容，但如果我们看见过这些单词完整的样子，又或事先看过照片，我们成功解决这个问题的可能性就会提高。这就是内隐记忆(非陈述性记忆)的一种形式，因为其中并没有包含关于这些单词的任何外显记忆过程(Navawongse & Eichenbaum，2013)。

经典条件反射。当有机体接收一个条件刺激物，做出非条件反射时，这就是经典条件反射。还记得巴甫洛夫在喂他的狗时摇铃并且狗流口水的实验吗？狗的反应和刺激物发生联结，这种习得形式就是关联学习。有经验的老师知道当学校的火警警铃响起时应该如何正确反应。他们已经习得警铃的声音和安全撤离教学楼所需步骤之间的关联。

非关联学习。非关联学习以两种形式发生。第一种形式是习惯。习惯可以帮助我们学会无须对那些不需要意识注意的事物做出回应，还可以帮助我们习惯周围的环境。因此，我们可以习惯我们所穿的衣服，习惯学校外面每天都会有的噪声，习惯书房里的闹钟，习惯施工的吵闹声。这种对于环境的判断让我们的大脑可以筛选出无关紧要的刺激物，而专注于重要的事情。第二种形式是敏感。我们会对有害或威胁性的刺激物反应更大。例如，经历过地震的人会对微弱的声音或震动反应非常迅速而且强烈，尽管这些声音或震动可能跟地震没有任何关系。

似乎程序性记忆和陈述性记忆是以不同的方式存储的。那些关于大脑损伤患者和阿尔茨海默病患者的研究发现，他们即使不记得脚踏车这个词语，或不记得何时学过骑脚踏车(陈述性记忆)，也仍然能够熟练地骑脚踏车(程序性记忆)。程序性记忆和陈述性记忆似乎被存储在大脑不同的区域中，陈述性记忆失去以后，仍然有程序性记忆作为后备(Finn et al.，2016；Hamrick，2015)。

程序性记忆可以帮助我们学会无须对那些不需要意识注意的事物做出回应，还可以帮助我们习惯周围的环境。

情绪记忆

早期对于记忆系统的分类通常会将情绪记忆定为非陈述性记忆。但是为了完善他们的记忆分类，科学家已经确认那些需要外显学习、外显记忆(陈述性记忆)的情境。因此，情绪记忆既是外显记忆，也是内隐记忆。在这两者的任何一种情况下，杏仁核在处理情绪学习和情绪记忆上都有重要作用。例如，有时候一段经验只是被存储为情绪点或一件事情的大概——我们喜欢与否决定了我们会不会记住。举个例子来说，在看过一部电影之后的很多年，我们可能记不清故事的主线(陈述性记忆)，但很可能会记得看这部电影时的情感和反应(非陈述性记忆)。学生常常能够记得他们是否喜欢某个特定议题，但却不记得这个议题的很多细节。

情绪记忆与学习

情绪影响注意力，注意力又会影响学习和记忆。学校和课堂环境总是离不开情绪的议题，但我们却很少关注这个因素。一般来说，老师只有在学生出现不良行为时才会特别关注他们的情绪。情绪会通过两种截然不同的途径影响学习：其一是学习情境；其二是课程内容。图 3.4 说明了这两种途径对学习的直接影响。

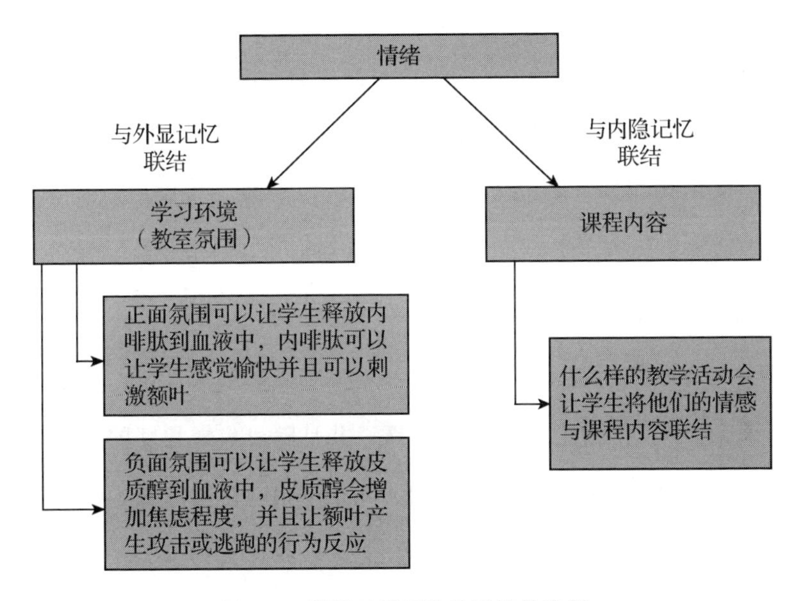

图 3.4　情绪对学习产生影响的途径

学习环境。学生学习的内容与学习经验上的情绪(但不包括内容)联结会变成非陈述性记忆系统的一部分。情绪氛围可由老师调节，并且与教室氛围直接相关。学生会问："我和老师的关系好吗？""老师会尊重我的观点吗？""如果我向老师求助，老师会觉得我很笨吗？""老师会在意我是不是优秀吗？”这些问题的答案会使学生产生情绪，并且决定学生对于其学习环境的感受。这些无意识的反应会让他们靠近或远离老师。

当学生对学习环境的感觉良好时，他们的大脑会释放内啡肽。内啡肽是一种让人感觉良好的化学物质，会让人感觉愉快，并且会刺激额叶，进而让他们的学习变得更愉快。相反，如果学生对于学习环境感觉到压力，产生负面的感受，则他们的大脑会释放皮质醇。皮质醇是一种会输送到整个大脑和全身的激素，会引起诸如攻击或逃跑之类的防御行为。额叶的活动也会因为这种激素而减少，转而关注、处理那些引起压力的因素，因此只能对学习任务投以非常少的注意力。当提取情绪记忆时，皮质醇就会释放，并且进行干扰(Bos，van Goethem，Beckers，& Kindt，2014)。然而皮质醇的增加会提升我们辨认面孔的能力，这是一种让我们能够快速辨认对方是敌是友的生存机制(McCullough，Ritchey，Ranganath，& Yonelinas，2015)。

简单地提及之后进行的测验可引起学生强烈的情绪反应，一般主要为焦虑。此时，学生的杏仁核会高度活跃，并且随着焦虑程度的升高，学生会表现出消极(“考试那天我得逃学”)、积极(“很快就要考试了，我得加油了”)、冷漠(“我不想学习了”)或恐惧(“完了，我什么都不会”)的态度。此时，学生体内的皮质醇水平升高，会对接下来的课堂消极应对。然而，如果老师能够通过定期使用标准化的评估让学生了解自己在学习上的真实水平、与学业目标的差距，就能够大大减少强烈的负面情绪反应。通过这种方法，学生可以清楚地了解考试内容，也会对自己已经掌握对应的知识充满信心。

课程内容。学生比较倾向于记住那些投入情感的课程内容。为了达到这种效果，老师需要使用一些策略来让学生对所学的内容产生情感。例如，在高中课堂上，老师让学生创造一些材料，以此说明他们所学到的美国内战对他们情感的影响。模拟剧、角色扮演、写文章还有真实世界中的经验都有助于老师帮助学生与课程内容建立情感联结。

闪光灯记忆

一次强烈的情感经验会产生瞬间即永久的事件记忆，我们称之为闪光灯记忆。用一个例子来说明，你很可能还记得上次游玩的场景。尽管这些记忆通常不会很准确，但是它们证明了大脑有快速记录和提取强烈情感经验的能力。这个能力多数来自对杏仁核的刺激，以及释放到全身的情绪唤起物质，如肾上腺素。这个过程为那些强烈情感事件贴上了生动的记忆标签。结果是，尽管闪光灯记忆不如日常经验的记忆那么准确，但是人们对于闪光灯记忆的回忆却很有把握。闪光灯记忆是否独立于记忆机制，或只是其中一种情绪记忆，对此尚存争议(Cubelli & Della Sala，2013；Curci & Conway，2013)。

应用于教学

学生在学校如何处理他们所获得的新知识，对于学习质量有重要影响，而且也是知识记忆程度的重要影响因素。记忆不仅仅只是一些信息，还代表了整个大脑里个体的提取顺序和意义之间起伏不定的彼此关联。熟练掌握这些记忆的类型和形成的老师，可以试着选择那些能够有助于学生记忆和提取学习知识的教学策略。同样重要的是，老师应该了解情绪在学习知识的获取和保持中的影响。学生对于课堂和课程内容的感觉决定了他们对学习是感到束缚，还是想要积极参与其中从而取得成就。

学习与保持

你是否曾注意到，那些在某阶段学习表现很好的学生可能在之后几个月变得很难提取那些学过的知识。为什么会这样呢？学习和保持是不同的。学习包括大脑、神经系统、学习环境以及他们获取信息和技能之间相互作用的过程。有时候，我们只需要让信息维持一段很短的时间，然后这些信息在几秒之后就消逝了。因此，学习的知识也未必会长久保存在长时记忆中。

学习和保持是两回事，我们可以在几分钟内学会什么，但之后可能会永远忘掉。

学校中那些传递事实和信息的教学，有一部分是通过建构概念去解释一个知识体系的。我们教学生数字、算术运算、比例以及各种解释数学问题的定理。我们还会教给学生原子、动量、重力以及各种解释科学问题的元素。我们还会讨论一些可以解释历史问题的事迹和战争，还有更多其他知识。学生会在他们的工作记忆中存储足以应付考试的内容，但之后就消逝了。然而，记忆的保持不仅需要学生注意到这些知识，而且还需要建立起概念架构以增进理解和产生意义，并最终与其他内容融合并存储到长时记忆中。

影响知识保持的因素

知识保持指的是长时记忆以定位、确认以及在将来可以准确提取的方式来保留学习成果的过程。正如早前所解释的，这不是一个准确的过程，它会受到很多因素的影响，包括学生专注的程度、知识复习的类型和时间长度、可能已被确认的关键特性、学生的学习概况以及之前所学的知识。

图 2.1 中的信息处理模型说明了上述这些因素中的一部分，也因此确定了一些能将我们所知道的知识转化为课堂实务应用的策略。让我们来详细地了解大脑在学习过程中对信息的处理和保持，以及学习过程的长度与知识保持的程度之间的关系。

复习

学生要有足够的时间对知识进行演练甚至是反复演练，这样他们才能理解所学内容并且产生意义。这个对信息进行持续演练的过程就是复习，而且它是信息从工作记忆转化到长时记忆中的关键组成。复习不同于练习，复习处理的不只是练习，也包括对信息或者技能的重复演练和运作。

复习的概念并不新颖，公元前 400 年的希腊学者就知道它的价值所在。他们曾经写过这样的文字：

> 再重复一遍你所听到的内容；当你常常能听到或说出某些事情时，你所学到的内容就会完整地记入你的记忆中。

在评估复习时，需要注意两个问题：初次学习与复习花费的时间、死记硬背与精心思考。

初次学习与复习花费的时间

时间是复习的重要组成。当信息第一次进入工作记忆中时就会发生初次学习。如果学生不能理解信息或没有对信息产生意义感，又或没有时间对信息进行更多处理，那这些信息就很有可能消逝。给学生提供更充足的时间做更多的复习，使他们得到更多的理解，了解知识的价值和意义，由此可以明显提高知识进入长时记忆的可能性。

大脑扫描研究指出，额叶在复习过程和长时记忆的最终形成中有重要作用。还有几项利用fMRI技术对人类进行扫描的研究也显示，额叶进行复习活动时间的长短决定了大脑能否记住一个事物。学生基于他们不同的学习风格和他们所学习的新知识的类型，会以不同的频率和速度、不同的方式进行初次复习和二次复习。随着学习任务的改变，学生会自动转换到不同的复习模式上(Bayliss，Bogdanovs，& Jarrold，2015；Fegen，Buchsbaum，& D'Esposito，2015)。

死记硬背与精心思考

死记硬背。这种复习形式用来记住那些需要非常准确存入工作记忆中的信息。这并不是一种多么复杂的方法，但它需要掌握信息或认知技能的特定顺序。我们会用死记硬背的方式来记住一首诗、歌词或一首歌的旋律、乘法表、电话号码，又或其他程序步骤。

精心思考。在不需要非常准确地存储信息，而更需要将新知识与旧知识关联起来时，可以用精心思考式的复习。这是一种更为复杂的思考过程，学生要对信息反复演练来关联新旧知识并且产生意义。死记硬背式的复习能帮助学生记住一首诗，但精心思考式的复习可以帮助学生理解一首诗。

当学生只有一点时间来进行精心思考式的复习时，他们会更频繁地用死记硬背的方式来应对。于是，他们会无法关联新旧知识，或无法得到那些经过精心思考可得到的结果。而且，他们还是会认为学习仅仅是提取记忆中的信息，而不知道产生新想法、新概念和新的解决方法的价值所在。

死记硬背对于学习有限的特定内容非常有用。几乎每个人都用过死记硬背的方法来学习字母表和乘法表。但死记硬背只能让我们简单地记住这些按特定顺序排列的信息，这不等于说我们能够理解这些信息，又或能够将信息应用到新的情境中。学生如果常使用死记硬背式的复习来记住课程中的重要内容，可能无法用这些知识来解决问题。他们很可能会在判断正误或填空题上表现良好，但在那些需要运用所学知识的更高层次问题上遇到困难。

如果没有经过复习，几乎不会有信息能够在长时记忆中保存下来。

学习的目的不只是记住知识，而且应该将知识运用到不同的场合中。为了达到这样的目的，学生需要对学习过程中的那些概念有更深入的理解。例如，我们可以教给学生不同类型政府的知识，在考试时，可以让学生辨认不同形态的政府，或让他们举出实际的例子。所有这些都可以通过死记硬背来完成，但如果我们想要学生理解为什么人们会宁可赴死也要改变他们的政府形态，又或让他们预测不同形态的政府如何应对危机，他们就必须对政府、政府运作的概念有更深入的理解。这样的理解层次就需要用到精心思考式的复习。学生对学习感到厌倦的一个极有可能的原因，就是他们花费太多时间去记忆，而不是去理解。

在决定如何将复习运用到课程中时，老师需要先确定有多少时间、什么复习类型最适合所教的内容。请记住，对于将信息转入长时记忆，复习确有效果，但并非保证一定可以。但是，如果没有经过复习，几乎不会有信息能够在长时记忆中保存下来。

测试题 4：花的时间越多，则越容易记住新学习的内容。这种说法是否正确？

答案：错。单纯增加学生学习的时间，而没有让学生得到充足的时间和帮助来复习所学的知识，这样并不能保证他们能保持所学的知识。

学习过程中的知识保持

当个体对新的信息进行处理时，信息保留的数量取决于信息出现在整个学习过程中的位置。我们在学习过程中的某些特定时间段会比另外一些时间段记得更多。让我们尝试一个简单的活动来证明这一点。你需要一支笔和一个计时器，并将计时器设定为倒数 12 秒。当你开始计时时，请盯着下面 10 组字母。当计时器响起时，将这 10 组字母遮盖起来，然后在右边的横线上尽量写下你还记得的字母。写字母时要写在字母对应的横线上（如第一组字母要写在第一条横线上）。如果你不记得第八组字母，但记得第九组，就把第九组字母写在第九组对应的横线上。

KEF　　1. ____________

LAK　　2. ____________

MIL　　3. ____________

NIR　　4. ____________

VEK　　5. ____________

LUN　　6. ____________

NEM　　7. ____________

BEB　　8. ____________

SAR　　9. ____________

FIF　　10. ____________

看一下原来的字母，并且圈选那些正确的字母。字母组都以原来的顺序被写下来才算是正确的，而且每个字母都要在对应的位置上。看一下你所圈选的字母，你会发现你能记住前五组字母(第一行到第五行)，还能记住最后两组字母(第九行和第十行)，但记住中间位置的字母(第六行到第八行)就比较困难了。继续看下去，你就会知道为什么。

首因—近因效应

首因—近因效应(系列位置效应)是一种常见的现象，而你记住这些字母组顺序的模式就是因为这种效应。在学习过程中，我们倾向于对首先呈现的内容记得最多，最后呈现的内容次之，中间呈现的内容记得最少。这不是一项新发现，德国研究者艾宾浩斯早在1880年代就已经公布了这个效应的第一次研究成果。

近期越来越多的研究对这个效应做出了解释。新信息的第一个内容会进入工作记忆的功能性容量中，然后它们就会集中我们的注意力，并且新信息很可能保留在语义记忆中。而随后的信息则会超出工作记忆的容量，继而消逝。随着学习过程的告一段落，工作记忆中的内容会被排序或分块，使得工作记忆可以腾出空间给后面的内容，这些内容很可能会存留在工作记忆中，如果没有继续复习就会消逝（Botto，Basso，Ferrari，& Palladino，2014；Stephane et al.，2010；Terry，2005）。

图 3.5 向我们展示了在 40 分钟的学习过程中，首因—近因效应是如何影响学习内容的保持的（Averell & Heathcote，2011）。图中的时间都是近似值和平均值。请注意，这是一个双峰曲线，曲线的每一个模式都代表了在那段时间内知识保持的最佳程度。为了进一步提供更多的参考，我把第一个模式定为黄金时段 1，第二个模式定为黄金时段 2。在这两个模式之间的时间里，知识保持的量是最少的。我把这个区域定为低落时间，并不是说在这段时间里完全没有任何知识的保持，而是说在这段时间里很难发生知识的保持。

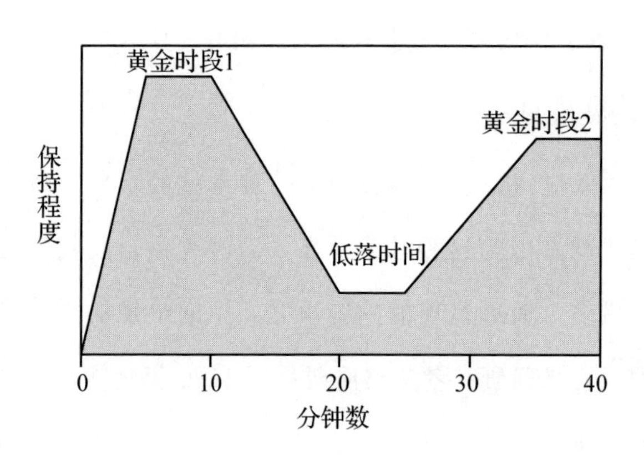

图 3.5　学习过程中的知识保持

黄金时段 1 表示学生专注于学习新知识的时间段。经过数分钟，工作记忆会被填满，此时如果没有经过复习，遗忘就会发生，而注意力也会分散，此时就无法完成知识的保持了。这一现象如今变得更为凸显，因为学生的视线总是习惯落在他们拥有的电子产品上，停留在某一个电子产品的屏幕上数秒后又转移到另一个电子产品上。而低落时间会出现区块化的情况，学习者的大脑会将焦点落在新的内容上，以便获取更多信息。这种焦点转移就是所谓黄金时段 2，能够提高知识记忆的保持。工作记忆的容量和遗忘的程度都取决于这几个因素：新内容的复杂性、知识呈现的方式、知识的意义性。其中的任意一个因素都会改变学习黄金时段和低落时间的长短(Dong，Reder，Yao，Liu，& Chen，2015)。

应用于教学

首先教新的内容

首因—近因效应在教学应用中占有重要地位。当学生带着学习意图开始将注意力放在老师身上时，学习就开始了(图 3.5 中以数字“0”表示)。新的信息或技能需要在黄金时段 1 先施教，因为这样就会更有可能记起来。请记住，学生几乎能记住在这个时间段呈现的所有信息。在这个时间段呈现正确的信息很重要，而不应该用来试图了解学生已知的知识。我还记得，有一次一位英语老师以这样的方式来开课：“今天，我们要学习一个新的文字形式，叫作‘象声词’，有人知道这是什么吗?”学生猜了几个错误答案以后，老师说出了正确答案。让人遗憾的是，在随后的小测中就出现了同样猜测错误的答案。为什么会这样？因为这些猜测错误的答案出现在了最有效记忆的黄金时段 1。

在低落时间，可以进行练习或复习，随后教授新的内容。在低落时间所进行的内容并不是什么新知识了，这样的练习有助于学生对旧知识进行整理、加深认识。黄金时段 2 适合用来进行知识整合，因为这个时间段的记忆效果仅次于黄金时段 1，也是学生建立知识理解和产生意义的重要时机。图 3.6 显示了我们可以从这个研究结果中了解如何设计出更高效的课程。

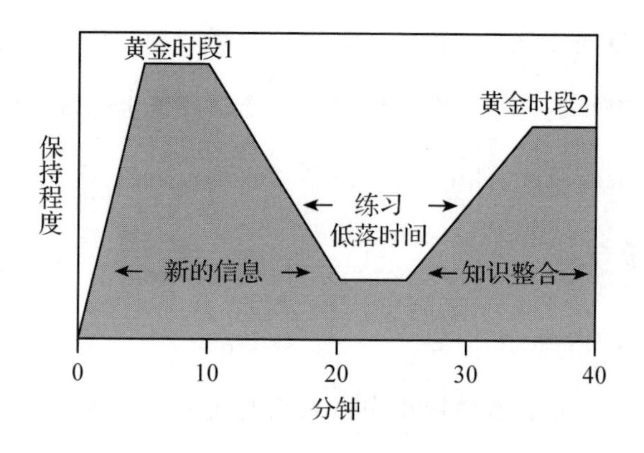

图 3.6 学习过程中的知识保持

说明：适合在黄金时段 1 教授新的信息，在低落时间进行练习，在黄金时段 2 进行知识整合。

错用黄金时段

即使有着好的意图，缺少对首因—近因效应深刻理解的老师也可能会做这些事：告诉同学们今天学习的内容来集中注意力，之后老师可能会开始点名、布置或收取前一天的作业、登记缺席学生的名字，甚至朗读课外活动的公告。等到老师要开始进入新的课程时，学生也已经进入低落时间了。老师还会因为学生表现良好，而让学生在最后宝贵的五分钟(黄金时段 2)里安静地做他们自己想做的事来作为一节课的结束。我观察过这样的情况，我敢保证，隔天学生只会记得谁缺席、为什么缺席，哪一个活动要举行，以及他们在最后五分钟里所做的事情。而对于老师教的那些新知识，学生很难记住，因为这些知识出现在学生记忆效果最不好的时间段。

不同时间长度学习过程的知识保持效果

首因—近因效应的另一个特性，就是黄金时段和低落时间的比例会随着学习过程的长度而改变。如图 3.7 所示，注意，在 40 分钟的课堂中，两个黄金时段加起来约为 30 分钟，约为 75%的课堂时间。而低落时间约为 10 分钟，约为 25%的课堂时间。如果我们延长课堂时间至两倍，即 80 分钟，则低落时间就会增加到约 30 分钟，约为总时间的 38%。

随着课堂时间的延长，低落时间增加的比例会比黄金时段增加的比例大。而信息进入工作记忆中的速度也比信息在其中进行排序或分块的速度快，因而堆积。这样的信息溢出会干扰工作记忆对信息的排序和分块处理，并且降低学生理解的能力，进而降低知识保持的程度(Elliott，Isaac，& Muhlert，2014)。回想一下，一些大学课堂的时间往往持续两小时，甚至更长。20 分钟过后，难道你没有发现，你可能更专注在记笔记上，而不是有意识地对老师教的内容进行思考和学习吗?

图 3.7 也显示了当课堂时间少于 20 分钟时会发生什么变化。低落时间变为约 2 分钟，约为 10%的课堂时间。当我们缩短课堂时间，低落时间减少的速度会比黄金时段减少的速度要快。这个发现说明如果我们让课堂时间维持在比较短的长度，而且使之充实，就更有可能产生学习效果。因此，进行两组 20 分钟的教学可以比完整的 40 分钟的教学增加 20%的黄金时段比例。需要注意的是，短于 20 分钟的课堂可能无法让学生有充足的时间来

适应新知识的整理和学习模式，这样的好处不大。

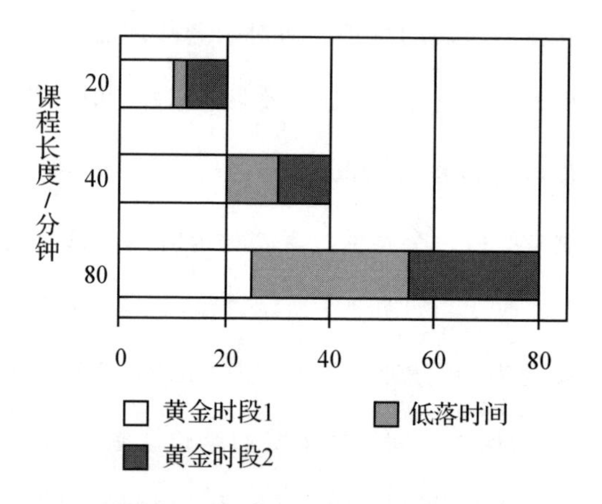

图 3.7　学习过程中黄金时段与低落时间的大致长度比例

表 3.1 总结了当课堂时间分别为 20、40、80 分钟时的黄金时段和低落时间的大约分钟数。这些分钟数相对于多数课堂和各种不同的学生个体只是一些平均数。尽管如此，这些数据还是验证了我们一直以来的猜测：课堂时间越短、内容越充实，学生就会保持越多的知识。

表 3.1　课堂中的黄金时段和低落时间的大约平均长度

课堂时间	黄金时段		低落时间	
	分钟数总和	分钟数总和所占比例/%	分钟数总和	分钟数总和所占比例/%
20 分钟	18	90	2	10
40 分钟	30	75	10	25
80 分钟	50	62①	30	38

① 此处均保留整数，使之相加为 100%。

短一点会更好：时间分段学习的影响

现今的学生已经非常适应环境中的快速变化和新奇事物，因此很多学生会发现他们很难长时间专注在某些事情上。他们会瞎忙一些什么事情、用手机互动，或聊一些与学习无关的事情。如果课堂上一直都是老师主导的话，如一直讲课，很可能会发生这样的情况。首因—近因效应在分段学习上有重要作用，在长达 80 分钟甚至更长时间的课堂中尤其如此，完全取决于如何利用时间。如图 3.8 所示，四个 20 分钟教学段落常常会比一次连续教学的课堂产生更好的学习效果。而且，在四个段落中，一到两个段落需要由老师来主导。

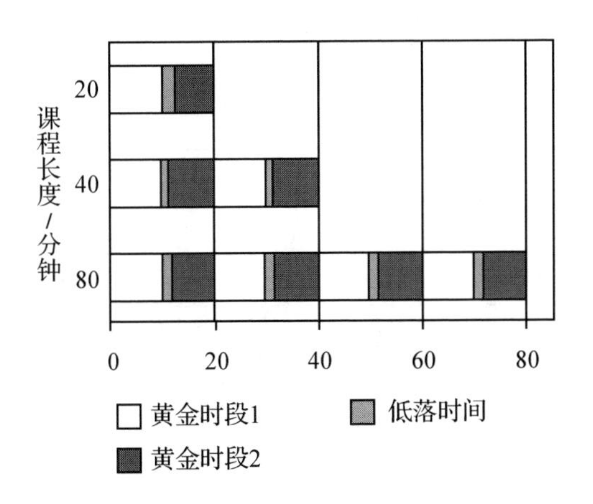

图 3.8　学习过程中黄金时段与低落时间的大致长度比例

学习段落之间

大多数老师相信，上课时最好一直都专注在学习任务上。1994—1997 年，作为西顿霍尔大学的客座教授，我让那些中学老师试着做一次行动研究。我建议他们在课堂中运用分段学习，比较在学习段落之间让学生暂停学习任务(例如，给学生讲个笑话或故事、放一段音乐、休息一下，或让学生站起来走动一下）和让学生一直进行学习任务，确认前者是否比后者有更高或更低的学习参与率，或无差异（通过测量学生回到学习任务上的速度来得出分析资料）。

图 3.9 即这次研究的结果，与东尼·博赞的研究结果相似。这个曲线图说明了老师倾向于当学生在段落之间开小差时让他们集中注意力。当然，这并不是一次经过严谨科学控制的研究，但是现今学生有更多寻求新异事物的行为，因此我对这个研究结果并不意外。那些在无间断课堂（40 到 45 分钟）中途让学生休息的老师也报告了类似的结果。

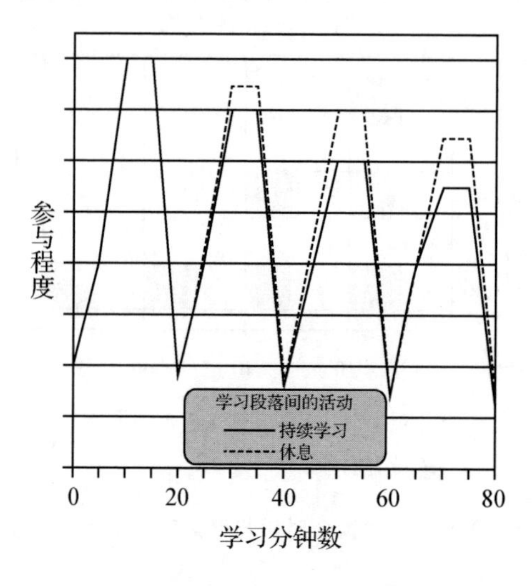

图 3.9 学习段落间休息与否的学生参与程度的对比

不同教学方法的知识保持效果

学生保留信息的能力在一定程度上取决于老师使用的教学方法。其中一些教学方法会比另一些产生更好的信息保留效果。而且，因为学生的学习轮廓不一样，仅一种主要教学方法可能会使对应学习轮廓的学生有较高的信息保留量，而没有与之对应的学生则有较低的信息保留量。让我们来了解一下现行的多种教学方法以及这些方法帮助学生记住所教知识的潜力。

讲授/直接指导。讲授目前来说仍然是初、高中主流的教学方式。在一份针对3400名高中生的调查研究报告中，55%的人回应他们的老师将二分之一到四分之三的课堂时间用于讲授，这一情况主要存在于诸如历史、数学、科学和英语等基础科目中(Wiggins，2015)。多项研究显示，与其他教学方法相比，老师的讲授常常是学生信息保持量较低的原因。研究显示，与其他教学形式相比，以讲授的形式教学，学生在三天后剩下的知识量最低(Freeman et al.，2014；Leight，Saunders，Calkins，& Withers，2012)。

这些研究发现并不让人意外，因为讲授形式也包括那些无法让学生积极参与或有心理排练的语言授课。在这种形式中，老师会一直讲课，而学生一直听课，只能做到将老师讲授的内容转化为笔记或输入电脑，之后几乎不会再认真复习。尽管已经有数量惊人的研究证据说明学生从讲授这种教学方式中所得甚少，但这仍然是目前主流的教学方式。这种讲授形式能够在短时间内呈现大量信息，没有人怀疑这一点。然而，学习问题的症结不在于呈现了多少内容，而在于学到了多少内容。

尽管已经有数量惊人的研究证据说明学生从讲授这种教学方式中所得甚少，但这仍然是目前主流的教学方式。

直接指导对于一些有学习障碍的学生很有效，尤其是在数学方面，但不是指单纯提供数学技能教学(Kaldenberg，Watt，& Therrien，2015；Shillingsburg，Bowen，Peterman，& Gayman，2015；Zheng，Flynn，& Swanson，2013)。近期有一项被称为互动讲演的讲授方法得到了改进，已经显现出效果。

在这种方法中，老师向学生提供信息和指导方向，学生在课堂时间中有周期性的机会向老师就他们的所学进行反馈。这些反馈可以通过与同伴分享、举手示意或使用电子提问工具进行，所有这些反馈都可以给老师提供重要信息。

视觉材料。在教学中加入视觉材料可以实质性地提高知识保留的机会。这是因为大脑的视觉记忆系统有着庞大的存储空间和卓越的提取能力（Magnussen，2015）。

语言和视觉信息。语言和视觉处理可以让学生更投入学习，增加知识保留量。工作记忆同时具有语言和视觉组件。每个组件将对应的信息传送至额叶前，都先进行选择、组织和处理，随后在额叶进行整合与解读（见图 3.10）。从本质上来说，学生会同时创造出以语言和视觉为基础的知识模型。这些模型随后会在前额叶进行整合，并且与学生记忆存储中原有的信息进行联结。这样感官丰富的知识整合能够帮助学生对新知识产生理解和意义，而且明显提高他们记住这些知识的可能性。

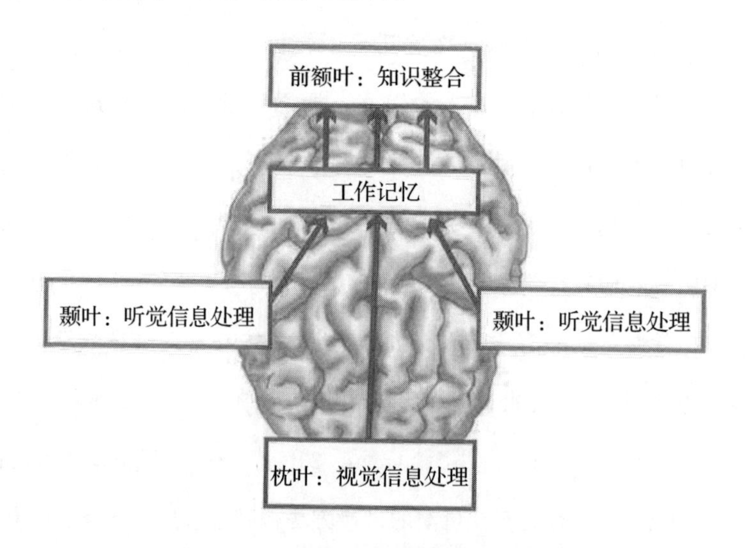

图 3.10　听觉信息处理和视觉信息处理

做中学。大量研究显示，直接进入新的学习可提高记忆效果，也就是要实践知识。在那些包括动觉和触觉活动在内的实践学习中，通常可以获得更多的感官信息输入。做中学也是问题解决导向的学习，学生可由此进入真实世界的问题中，运用他们的新知识和新技能解决问题。与讲授导向的授课方式相比，这种问题解决导向的授课方式可有效提高学生的学习动机，因为学生可以看到如何直接用他们所学的知识来解决有意义的问题。这就是电子游戏深受学生欢迎的主要原因之一。电子游戏带给学生挑战，提供直接的反馈，逐步提升难度，而且内容丰富多样。

在他人身上实践。我们很久以前就知道，最佳的学习方式就是试着教一下别人。也就是说，能够解释一个问题，也就等于学会了。这是小组学习的重要组成部分，也说明了这种教学技巧的有效性。

能够解释一个问题，也就等于学会了。

尝试多种教学方式。无人教学的方法无论何时对学生来说都是最佳的教学方式。有时候，当老师需要在短时间内向学生传授大量信息时，讲授会是一种适宜的方法。但无论是讲授还是其他方法，都不适宜一直使用。那些成功的老师总是会用各种不同的教学方式。请记住，当学生积极参与到学习中时，他们更容易学会并记住知识。

学习运动技能

大脑扫描研究显示，当一个人在学习一项新的运动技能时，会使用到额叶、运动皮层和小脑。学习一项运动技能包括一系列步骤，最终可以不用经过意识注意而能够自觉完成。事实上，当进行一项运动技能时有太多意识注意的引导反而会降低执行技能的质量。回想一下第一次打字的时候，你不仅要记住每个键的位置，而且还要专心留意那些位置以便你可以按到正确的键上。然而，经过有意练习，你不再需要回想每个键的位置，你的手指就可以自觉地按到需要的键上。不断停下来去想每个键的位置会让你的速度慢下来。

第一次学习一项技能时，显然需要投入注意力和意识。由于需要用到工作记忆，因此额叶会参与其中，端脑上的运动皮层也需要和小脑相互作用来控制肌肉运动。随着练习次数的增加，运动皮层中被活化的区域变得更大，附近的神经元也参与进来形成新的技能神经网络。然而，这项技能的记忆直到最后的练习停下来才会得到稳固(存储)。小脑中的神经整合需要几小时来完成，根据技能的复杂性决定其时间长度，并且大部分发生在深度睡眠阶段(Doyon，Albouy，Vahdat & King，2015；Witt，Margraf，Bieber，Born，& Deuschl，2010)。当大脑中主要负责运动的细胞需要进行新的运动任务时才会发生联结。其他原本协助完成此任务的神经元会减少参与的程度，并最终转而协助其他任务(见图 3.11)。当掌握一项技能后，大脑活动会转移到小脑，小脑用来整理这些完成特定任务的动作和动作时机。大脑通过程序性记忆机制处理这些技能，使它们能自动完成，而无须继续使用高层次的信息存储系统(Hirano，Kubota，Tanabe，Koizume & Funase，2015；Upson，2014)。

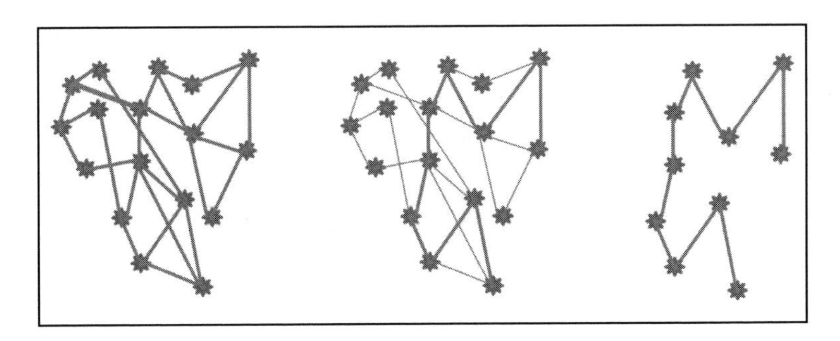

图 3.11　新的运动技能如何联结到记忆中

说明：当第一次学习一项新的运动技能时（左图），许多神经元会被激活。睡眠时（中图），主要的细胞会因该运动技能而活跃并结合到一起，强化彼此之间的联结，其他细胞则减少与该运动技能的关联，减弱彼此之间的联结。个体掌握某项技能后（右图），只有主要的细胞会在进行此运动时被激活，其他细胞则准备着学习新的任务（Upson，2014）。

持续的技能训练可以让大脑发生结构性变化，年轻学生的大脑中最容易发生这种变化（Wymbs，Bastian，& Celnik，2016）。大多数音乐或体育神童，他们很小的时候就开始训练专长技能。因为他们的大脑此时对于这些结构性的改变最为敏感，他们可以非常熟练地完成这些事情。这些技能会变成他们个人特性的一部分，在之后的生活中都难以改变。1990 年代，迈克尔·乔丹试图转型为一名棒球运动员，此前他是一名为芝加哥公牛队效力的职业篮球运动员。尽管他付出了巨大努力，但他成为棒球运动员的愿望还是落空了。乔丹从 8 岁起就开始打篮球，而且他的程序性记忆中有着发展非常丰富精细的运动技能，如此他才能成为一名职业篮球运动员。

想要在短时间内学习一项新的运动和知觉技能，并且成为一名棒球运动员，这是不可能的事情。

在目前的研究中，其中一个议题便是是否存在某种形式的训练，可以在学习一项新的运动技能之前提高学习的速度。显然，回答是肯定的。一项对照研究表明，先进行几分钟的有氧运动再进行新的运动技能训练的组别，相比于没有进行有氧运动的组别，能够更好地掌握这项新的运动技能(Singh，Neva，& Staines，2016)。研究者认为这是因为有氧运动使大脑中运动技能学习的可塑性增强，让大脑中的神经元更容易因学习新的运动技能而被激活。这是说明在学校进行体育锻炼的重要性的证据之一，因为这样既可以促进运动技能的学习，又可以促进认知功能。

同时学习两项相似的技能带来的问题

让学生同时学习两项相似的技能会导致记忆的相互干扰，以至于两者都无法学好。

从相关研究中我们有了惊人的发现，如果一个人在刚学完一项技能的 4 到 12 小时内就学习一项相似的技能，第二项技能会干扰第一项技能的掌握和巩固，反之亦然。因此，也就无法很好地完成另一项技能(Oberauer & Kliegl，2004；Witney，2004)。这种现象说明在运动技能和认知概念学习中会发生一种负向转化，即学习干扰的一种形式。对此现象的一种可能解释，就是学习相似的运动技能需要用到同一个神经网络，或至少两个重叠的网络，而且这种互相争夺还会导致两种技能都无法学好(Cantarero，Tang，O'Malley，Salas，& Celnik，2013；Ranganathan，Wieser，Mosier，Mussa-Ivaldi，& Scheidt，2014；

Rémy，Wenderoth，Lipkens，& Swinnen，2010)。思考一下如何将这种现象运用到教学中，相似性是我们用来决定教学信息和技能出现频率的主要标准。关键在于，我们要确保第一项技能可以得到很好的练习，并且要经过一段充分的时间让第一项技能能够完全存储到记忆中。此时，第一项技能才有助于第二项技能的学习——成为一种正向转化(Panzer & Shea，2008；Stevens，Anderson，O'Dwyer，& Williams，2012)。

测试题 5：两个相似的概念或运动技能应该同时被教授。这种观点是否正确?

答案：错。同时教授两个相似的概念或运动技能会导致记忆的相互干扰，以至于两者都无法学好。

一直练习就可以达到卓越吗

练习指的是学生随着时间的推移而重复锻炼一项技能。练习始于工作记忆、运动皮层和小脑对新的技能进行复习。随后，这项技能的记忆会被提取，并且进行更多额外的练习。练习的质量和学生的知识基础决定了每次练习的成果。

在一段比较长的时间内，重复练习可以使大脑对这项任务分配更多的神经元，就像电脑给较大型的软件腾出较多空间一样。这种神经元的额外分配或多或少是永久性的。举例来说，专业打字员和弦乐音乐家与普通人相比，其控制手指和手部运动的运动皮层占了更大的比例。而且，越早开始技能训练，运动皮层就会变得越发达(Schlaug，2015)。如果所有的练习都停下来，那些不再使用的神经元就会被分配到其他功能上，技能的熟练度也会下降。换句话说，就是不进则退！

古语说“熟能生巧”，并不完全正确，反而很可能即便不断重复一项相同的技能也不会有更大的进步或提高技能精度。回想一下在我所认识的人中，那些有多年驾驶或下厨经验，甚至有多年教学经验的人，他们其实不会再有什么提高。我的保龄球得分一直都低得让人尴尬，而且即使我多年来不断打保龄球也并没有什么提升。为什么会这样，答案就在上面。

持续练习一项技能而没有得到任何的提高，这种可能性有多大呢？显然还有其他因素会对此产生影响。研究者在普林斯顿大学翻查了超过150项关于个体能力与其在音乐、体育、教育和其他领域中花费的时间的研究（Hambrick，Macnamara，Campitelli，Ullén，& Mosing，2016），他们发现个体在练习某项技能上花费了时间仅能提高约12％的表现。最能体现练习效果的项目是国际象棋，可提高约26％的表现。尽管研究者无法确定是否有练习以外的因素会影响表现的提高，但是他们认为，人的天赋、自身的能力以及工作记忆的效率都是可能的因素。

有效练习的条件

如果想要通过练习提升技能，需要满足以下四个条件（Hunter，2004）。

①学生必须对想要提升技能有充分的动机。

②学生必须掌握所有必需的知识，以理解新知识和技能。

③学生必须理解如何将知识运用到特殊情况中。

④学生必须能够分析技能运用的结果，以及知道之后要提升表现需做

出什么改变。

老师可以通过以下方法帮助学生达到以上条件。

①开始时，先选择那些数量最少且最能够对学生产生意义的材料进行教学。

②在学生专注于学习的短时间里，让学生进行练习。

③观察学生的练习，并且在学生有需要时提供迅速、具体的反馈来帮助他们修正和提升表现。在一些复杂的技能学习上，反馈似乎显得尤为重要（Sidaway，Bates，Occhiogrosso，Schlagenhaufer，& Wilkes，2012；Wilkinson et al.，2015）。

指导练习、独立练习以及反馈

练习可以产生永久性的变化，因此有助于知识的保持。我们希望确保学生能够从一开始就对新知识有正确的练习。这种早期练习(指的是指导练习)的完成需要有老师在场，老师可以为学生提供正确的反馈，帮助他们分析和提升他们的表现。经过正确练习，老师可以适当分配独立练习的任务，这样学生就可以独立对技能进行复习，促进知识的保持。

这种策略可完成较完善的练习，正如文斯·隆巴迪所说的："完善的练习方能熟能生巧。"我每隔几个月都会和同一群朋友去打保龄球，这些朋友都是非常忙碌的专业人士。我们打保龄球并不是竞赛，只是一种让我们享受生活的简单手段，因此分数对我们来说并不重要，我也并没有提高分数的动机。

老师应该避免在没有对学生进指导练习的情况下就让学生开始独立练习。因为练习是会发生永久性变化的，让学生第一次练习就离开老师的指导而独立进行会有风险。如果他们在不熟悉的情况下进行了错误的练习，他们就会把错误的方法学得非常牢固！这之后会让老师和学生都遇到问题，因为要改变熟练、记忆深刻的技能非常困难，哪怕是错误的技能。

技能的强调与再学习。如果学生将错误的技能练习得非常熟练，那要忘掉这项技能或重新学习正确的技能就会非常困难。成功忘掉原有技能或重新学习正确技能的可能性取决于下列因素：

①学生的年龄(年龄越小，越容易重新学习，因为年龄越小，神经可塑性越大)。

②错误技能学习的时间长度(时间越长，越难改变，因为神经网络变得更为固定)。

③重新学习的动机强度(动机越强，越容易改变)。

有时候，那些年轻的学生可能只不过错误地练习了很短的时间，但他们会因为错误练习浪费了时间而丧失学习正确技能的动力。

避免在没有对学生进行指导练习的情况下就让学生开始独立练习。

持续进行复习和练习可以提高知识的保持

汉特(Hunter，2004)指出，老师应该随着时间的推移分散使用两种不同的练习方式(这里的练习概念包含了复习)。在一段时间里密集进行两次新知识的练习被称为集中练习。这可以产生快速学习的效果，就像当你无法写下来一个新的号码时，需要在心里复习几遍一样。这里也需要用到瞬时记忆，如果不快速进行复习，信息就会在几秒内消逝。

当老师让学生在短时间内尝试了解新知识时，要让他们有集中练习的机会。考前的临时抱佛脚就是集中练习的一个例子。材料可以快速分块并且记入工作记忆中，但如果没有持续的练习也可能很快被忘掉。这是因为材料没有对学生产生意义，因此存入长时记忆的需求就没有了。随着时间的推移进行持续的练习被称为分布式练习或间距效应，这是知识保持的关键所在。如果想要记住一个新的电话号码，你需要不时重复记忆几次。由此，长时间的分布式练习可以使个体在长时记忆中维持学习的意义理解，巩固效果，成为确保可以在之后准确提取和运用的形式。请注意分布式练习只有当学生在引导下学习并且是专注的时才有效果，这一点很重要。图3.12显示，随着时间的推移，定期复习可以提高记忆的提取。关键的信息和技能需要定期进行更高层次的复习，这就是采用螺旋式课程教学背后的原因。

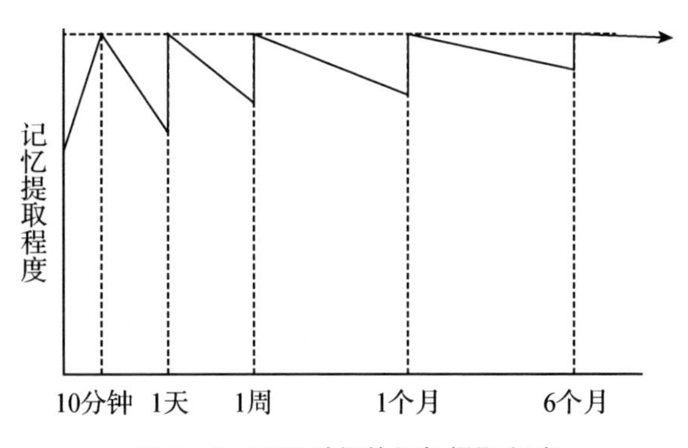

图 3.12 不同时间的记忆提取程度

一直以来，相关研究均显示出分布式练习的效果。其中一项研究发现，5岁的儿童在音乐课上可因分布式练习而进步(Seabrook，Brown，& Solity，2005)。另一项针对为期六周的分布式练习的研究发现，在美国中学生当中，与对照组相比，使用分布式练习的实验组的学习表现明显提高(Metcalfe，Kornell，& Son，2007）。研究者也发现，向美国中学生教授美国历史课程的九个月后，分布式练习可以提高他们对课程材料的记忆程度（Carpenter，Pashler，& Cepeda，2009）。用分布式练习的方法进行教学的三年级学生与集中练习的学生相比表现出更高的数学能力（Schutte et al.，2015）。在分布式练习中加入时间间隔可使八年级学生的阅读理解及社会研究能力显著提高，没有加入时间间隔的对照组学生则未表现出这种进步（Swanson，Wanzek，Vaughn，Roberts，& Fall，2015）。

开始以集中练习达到快速学习的效果，继而以分布式练习巩固后续的知识保持，如此练习才有效。由此，学生在之后多年内仍会持续练习之前学习过的技能。每次的测验都不应该只针对新的学习材料，而应该让学生复习之前的重要内容。这种方法不仅有助于知识的保持，还提醒学生日后仍可以运用现在所学的知识，而不只是为了应付当前的学习和考试。

复习与练习中的渐进放手模式

渐进放手模式是在1983年首次被提出的一种教学策略，用于帮助学生学习阅读（Pearson & Gallagher，1983）。恰当地使用这种策略可以不断提高学生的文学素养，促使学生变得更有思考的能力，更能对自己的学习和成绩负责。这个模型包含直接指导、复习和练习等内容，该模型进行的方式将某段落的学习责任从老师身上逐渐转移到学生身上。图3.13展示了这个模型的通用版本，其中包含四个主要步骤（Fisher & Frey，2008）。

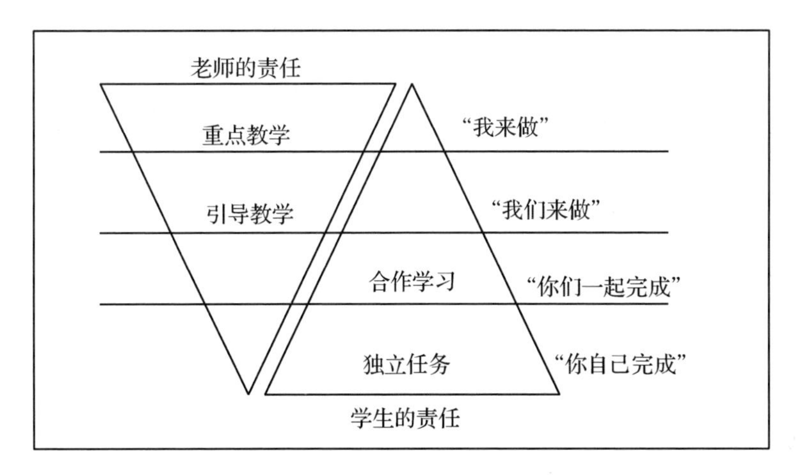

图 3.13　渐进放手模式的四个主要步骤

重点教学，或称“我来做”。老师用解说、演示以及示范的方式进行教学，在解说的过程中启发学生思考。重点教学需要运用类推策略将原有知识与新知识进行结合，再将新知识进行整合，并且与学生讨论他们容易犯的错误。

引导教学，或称“我们来做”。此阶段的学习目标是引导学生能够自行运用新的知识技能。通过标准化测验，老师可以直接对那些需要更多辅导的学生进行引导。

合作学习，或称“你们一起完成”。在这个阶段，要让学生有机会可以通过小组互相讨论、解决问题、协调合作、共同思考加深对知识的理解。他们可以通过复习、练习和应用前面在小组学习中所学到的知识与同伴互动。除小组的目标以外，每个学生都要有自己特定的学习任务，确保个体的参与性和独立性。最后的总结也是此阶段的一个重要部分。

独立任务，或称“你自己完成”。最后一步是让学生独立进行实践，进一步完成所有的学习任务。顾名思义，学生要能够将所学知识运用到不同的情境中。要统整学生的知识，老师布置的作业必须能够让学生运用所有知识和技能，将知识转化为实际，做出决策，解决问题。

需要促进学生进行复习和练习时，可以运用这个模型作为教学策略，让学生更好地对自己的学习负责，更深入地学习。这一策略能让学生更好地参与到学习中，对自己的学业更负责任，也更能激发学生的学习兴趣。

日常生物节律对教与学的影响

昼夜节律

诸如体温、呼吸、消化、激素浓度等，我们身体的大多数功能和组成都遵循日常循环而有高峰和低谷。这些日常循环被称为昼夜节律，循环的时间依大脑接触日光的程度而定。因此，其中一些节律和睡眠—苏醒循环有关，被大脑边缘系统前部一个微小区域里的神经元控制。这些神经元集群被称为视交叉细胞核，因为它们就位于视交叉(左眼和右眼视神经交汇的地方)的上方。

在这些昼夜节律中，其中有一项用来调节我们对于有意学习输入信息的专注力。它可以简称为心理—认知循环。有几项针对学生睡眠—苏醒循环的研究引起了学界的注意(Carskadon，Acebo，Wolfson，Tzischinsky，& Darley，1997；Harbard，Allen，Trinder，& Bei，2016；Killgore，2010)。研究结果显示，青春期前和成人期有着相同的认知节律，但在青春期开始得比较晚。这是因为和青春期前相比，青春期的萌发将这个特殊的生理周期向后推迟了大约一小时。进入 22 到 24 岁的成人期后，这个周期又回到了青春期前的水平。

图 3.14 展示了青春期前后和青春期时注意程度的对比。注意在这两个时期中，每天中午都会出现低峰，这是注意力在最低点的时候。在这个长度为 20 到 60 分钟的时间里仍然可以进行学习，但需要下更多功夫。我将这个低峰比喻为“学习的黑洞”。在某些文化中，人们会将这段时间定为午休，说明很久以前人们就已经了解到在这个时间段学习会有多困难。

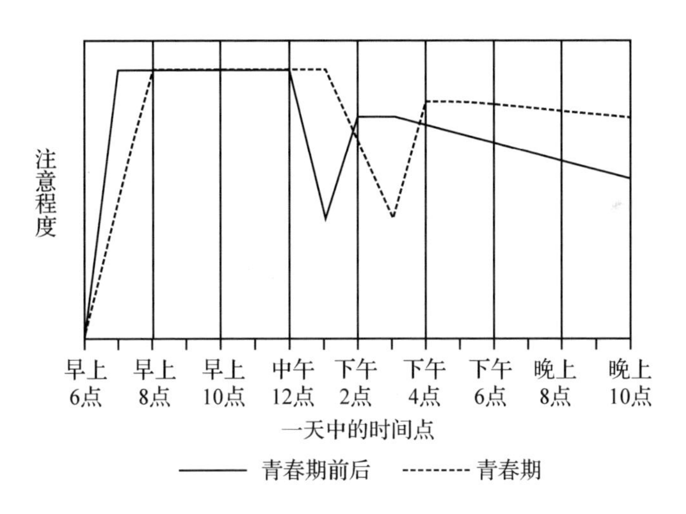

图 3.14　青春期前后和青春期的日间认知周期对比

请注意，青春期周期已经发生了转变，并且这个时期的学生无法提前一小时达到高峰。同时也请注意，青春期时，学生的第二次高峰也比其他分组的第二次高峰要平坦一些。这个图解释了相比于成年前期或成年期的人，为何青少年早上会感到比较困倦，而晚上却会比较精神。

青春期前、青春期以及老师之间不同的节律都有各种不同的运用。例如：

①小学和中学一天中开始上课的时间点和他们的节律中认知高峰的时间点有何差异？

②学生在标准化测试中的表现会受考试时间的影响吗？

③当到下午时，老师处于循环低峰而学生则处于循环高峰，这样的情况会影响高中的课堂氛围吗？

④如果高中能够晚一点再开始上课，也就是在学生更留心听讲的时候才开始，这样会降低辍学率吗？

睡眠对于学习和记忆的重要性

信息进入长时记忆的编码发生在睡眠中，更具体地说，是在快速眼动睡眠周期中。这是一个缓慢的过程，在大脑不需要处理外界刺激时更容易进行。因此，大脑在快速眼动睡眠周期时会封锁外界的感官输入(同时也封锁动作的输出，阻止我们的肢体动作把梦“演绎”出来)。当我们在睡觉的时候，大脑会复习一遍今天经历的事件和任务，比我们在处理这些事件的时候要更周全地存储起来。我们清醒时所思考和所说的很可能会影响睡眠时记忆巩固的性质和性状(Tuma，2005)。提前知道要考试能够提高巩固长时记忆的可能性吗？答案很明显，确实如此。

在一系列关于兴趣的实验中，威廉和他的实验团队(2011)发现，对知识记忆是否会在未来考试会用到的预期决定了这些记忆是否会明显在睡眠中得到巩固。这些研究者让被试在学习一些材料的十小时之后进行测试，而控制组则在之后进行突击测试。只有第一组的被试在睡眠中提高了知识的保持。脑电图显示，和无测试预期的第二组相比，第一组的被试睡眠中出现了更长时间的快速眼动睡眠，并且产生了更多与记忆存储有关的脑电活动。

你可能还记得，在第一章中，神经生成——神经元的产生——是在海马中发生的。这个过程很可能在快速眼动睡眠周期中加快了。因此，长时间的睡眠不足会阻碍大脑中新的神经发育。

青少年正面临睡眠不足的问题。这种睡眠剥夺会影响他们存储信息的能力，让他们更易怒，并且会因疲劳而引起意外。

充足的睡眠对记忆的存储非常重要，尤其是对于青少年来说。睡眠不仅可以增强记忆，减少遗忘的状况，而且可以让人在清醒时有更好的理解力（Dumay，2016）。大多数的青少年每天晚上大约需要九小时的睡眠。然而很多青少年都没有得到充足的睡眠，他们的睡眠时间被各种事情侵占了。早上，高中开始上课的时间更早。在一天结束时，他们又会进行体育和社交活动、做作业、看电视、玩游戏等。另一个原因就是青少年摄入的咖啡因越来越多，咖啡因会推迟睡眠周期。一项由 200 名高中生参与的研究显示，大约 95%的被试常会从汽水中摄入咖啡因，并且常在晚上摄入（Ludden & Wolfson，2010）。所有这些都会改变青少年的生物钟，进而推迟他们的入睡时间，而且他们的平均睡眠时间大多是五到六小时。

缺乏睡眠的问题在初中生和高中生中变得很常见，一些神经科学家和精神科学家认为这是一种流行于青少年之间的慢性综合征。睡眠时相延迟综合征的特征为持久性的夜间入睡困难和日间苏醒困难，白天疲倦而夜间警觉。睡眠时相延迟综合征受其他因素的影响加重，但主要由青少年的昼夜节律转变引起。

图 3.15 展示了青少年和成年人的睡眠阶段和睡眠周期。研究者认为，大多数信息和技能的编码都是在快速眼动睡眠阶段进行的。通常睡眠时间为八到九小时，这期间约有五个快速眼动睡眠期。那些只睡五到六小时的青少年会失去两个快速眼动睡眠期，因而减少了大脑中长时记忆巩固信息和技能的时间。这种睡眠剥夺不仅会干扰记忆的存储，而且会导致其他问题。学生在课堂上会昏昏欲睡，非常疲倦。更糟糕的情况是，他们可能会因为疲倦而降低警觉性，导致在学校和驾驶中发生意外(Meldrum & Restivo，2014；Rossa，Smith，Allan，& Sullivan，2014)。

一些研究显示，缺少睡眠的学生其考试分数很有可能会低于那些睡眠时间更长的学生的分数。睡眠剥夺的学生会更常在日间嗜睡，感到抑郁。而且，他们在那些需要更高层次大脑活动的复杂、抽象学习任务上的表现，也会由于睡眠剥夺而比他们在简单记忆任务上的表现减弱得更厉害(Kopasz et al.，2010；Kreutzmann et al.，2015)。因此让学生了解睡眠对于他们的身心健康意义巨大这一点非常重要，而且要鼓励他们重新审视每天的活动，尽量得到充足的睡眠。请注意，并不是所有的记忆巩固都需要快速眼动睡眠。后续记忆的巩固可以在清醒时进行，尤其是陈述性记忆的编码。临床研究显示，长时间给予褪黑激素一类的睡眠调节激素，有助于青少年改善睡眠时相延迟综合征的问题，让他们睡得更久，并且提高他们在学校的表现(Gradisar，Smits，& Bjorvatn，2014)。

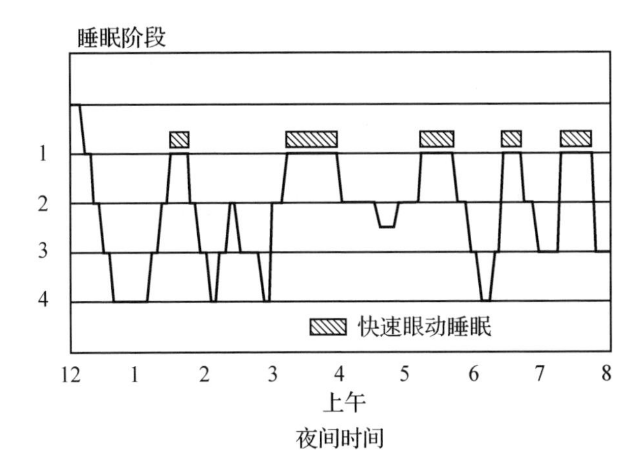

图 3.15　正常睡眠周期

说明：这张图展示了从清醒到睡眠阶段 1(过渡期)、睡眠阶段 2(浅睡眠)、睡眠阶段 3 和睡眠阶段 4(深度睡眠)的睡眠周期循环。长时记忆的存储发生在快速眼动睡眠阶段。

智力与记忆提取

智力

以我们现代的观念来看，人类智力的构成有着复杂的成长因素。至少，智力代表了多种能力和智能的复合，如从他人经验中学习的能力、解决不同类型问题的能力，以及将知识应用到新情境的能力。多年来，心理学家认为智力是一种一般心理能力，被称为 g 因素，由斯皮尔曼在 1900 年代早期首次提出(Spearman，1904)。那些在一般心理能力测试(如 IQ 测试)中取得较高分数的人，比取得较低分数的人要聪明一些。1980 年代，心理学家加德纳和斯滕伯格建议将智力分为不同的模型和不同的类别，这个针对人类智力的研究在学界迈出了重要一步。他们的研究成果改变了我们关于智力的观念，从一个单一实体变为同一个体的多面向能力倾向。许多教育工作者已经在他们的课程设计、教学和学校管理上运用加德纳和斯滕伯格关于智力的概念了。

关于智力的不同观点

加德纳。1983年，加德纳将智力确定为个人运用学习技能、创造事物，或以个体所在社会所认可的价值观解决问题的能力。这种定义包含了发散式思维和人际交往能力，扩大了我们对智力的理解。加德纳将智力和创造力区分开来，并且提出在每天的日常生活中，人们会展示八种智力中的任何一种独创性智力。八种智力分别为：音乐智力、逻辑数学智力、空间智力、身体运动智力、语言智力、人际交往智力、自我认识智力、自然智力(Gardner，1993)。

加德纳(1993)使智力的概念更为清晰。这一概念不仅说明了个体如何思维，而且涵括了个体思考所产生的材料与情境价值。那些特定智力的激活、发展和阻碍程度，会受到恰当材料的可用性和特定情境、文化下的价值观的影响。个体的综合智力是先天倾向(基因因素)以及社会对个体的影响(环境因素)的总和。

这个理论说明，每种智力的核心中都有这种智力特定的信息处理系统。运动员的智力和音乐家、心理学家的智力都不同。加德纳(1993)也提出，每一种智力都是半自主的。有着运动能力的个体可能在音乐方面缺少天赋，但却增强了运动智力。个体有无音乐智力与个体的运动智力无关，两者彼此独立。

斯滕伯格。在加德纳提出他的研究成果两年之后，斯滕伯格(1985)提出了一个与众不同的智力三元素理论：分析能力、创造能力和实践能力。有着分析天赋的人(如分析家)具有分析问题、批判问题和评估问题的能力，有着创造天赋的人(如创造家)具有特别的发现、发明和创造的能力，有着实践天赋的人(如实践家)则擅长运用和实践。

在这个模型中，智力被分为三大行为元素，在这里智力指的是个体能够准确有效地在一个或多个场域中展现其技能。根据斯滕伯格的理论，这三个方面的多种组合方式能够产生不同的智力模式。斯滕伯格对这个概念进行过数次研究，且都得到了验证。研究结果显示，以符合学生优势成就模式的教学方式并不适合他们的能力模式(Sternberg，Ferrari，Clinkenbeard，& Grigorenko，1996；Sternberg et al.，2000)。

霍金斯。掌上电脑发明者、人工智能的主要研究者霍金斯认为，人类智能可借由测量对世界模样的记忆力和预测力探得，包括数学能力、语言能力、社会情景能力和对事物特性的认识。大脑凭经验从外界接收信息，存储信息进入记忆，并且通过对比以前和现在而做出预测。换句话说，霍金斯所认为的智力是指对世界的预测力而非行为(Hawkins & Blakeslee，2004)。

> 相比于基因，儿童身处的环境可能对其智力发展产生更大的影响。

显然，目前对于智力的定义还没有一个统一的定论。然而人们普遍认为，与过去的信念相比，遗传因素只是智力构成的其中一项。基因可能决定了个体认知能力的极限，但这些限制可以通过大脑改造得到克服。因此，相比于基因，儿童身处的环境可能对其智力发展产生更大的影响。

在未来短期内，了解决定智力的主要因素不太可能通过大脑图像而有显著的进展。正电子发射断层扫描和功能性磁共振成像显示了进行特定任务时大脑活动的所在区域。然而，并没有科学依据表明特定任务要和特定智力模式相匹配。例如，视觉刺激会先在大脑中的视觉皮层中进行处理，然后在大脑中的其他部位进行空间的知觉和辨认。有大脑扫描和个案研究显示，即使是进行简单的任务，大脑也要进行不同活动的整合。尽管大多数神经科学家认为大脑中有对应特定任务的特定区域，但是正常大脑中很少有这样独立运作的区域。一些研究者提出，将大脑看作有着多个颅内系统的器官，主要处理对应每种智力的特定内容。举个例子来说，运动皮层和小脑会对与身体运动区域对应的新运动技能进行处理。

有一个有趣的发现，就是一般智力(g 因素)与额叶中关键区域的灰质有紧密关系(见图 3.16)。额叶中有更多灰质的人在智力测试中的分数会比较高(Haier，Jung，Yeo，Head，& Alkire，2004)。这就像先有鸡还是先有蛋的问题：到底是大脑早期的灰质发育让个体具有较高的智力，还是因为有了挑战性的学习经验而产生更多灰质？没有人知道答案。

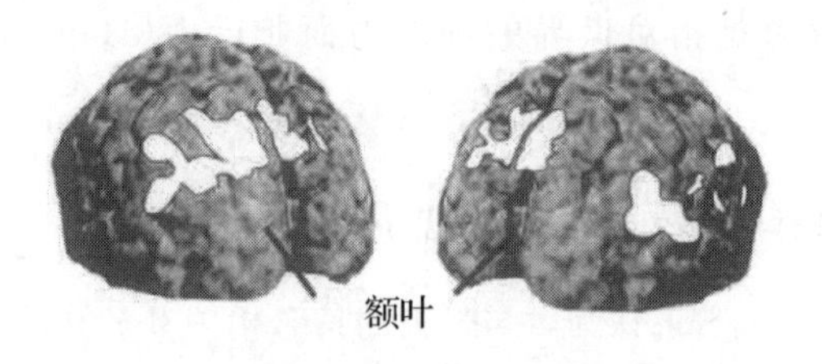

图 3.16 MRI 合成图

一些研究者发现了一种决定大脑皮层灰质厚度与智力关系的基因。这个研究团队分析了一些基因样本，并且对将近1600名14岁学生的大脑扫描图进行分析，这些学生均参与了口头和文字智力测试(Desrivières et al.，2015)。通过对处于发展各阶段中的大脑的不同基因进行分析，这个团队发现大脑中存在特殊变体的学生其左侧大脑的大脑皮层相对更薄，这些学生的智力测试分数也相对较低。研究者强调他们并未找到与智力相关的基因，但指出整体智力极大程度地受到某些基因和环境因素的影响。

神经效率。正电子发射断层扫描和脑电图也测出智力测试高得分者的脑部活动比低得分者少。这些结果意味着智力的主要测量指标可能是神经效率，即大脑最终学会以更少的神经元或神经网络来完成一个重复的任务(Nussbaumer，Grabner，& Stern，2015)。如果是这样的话，我们可以据此思考，这个概念要如何运用在改变我们分配学习时间的方式、课程设计和教学上。至少这个概念说明了我们应该适当分配学习时间以满足手头上的任务，并且在学生开始理解时就让他们进行强化练习。这种方法就是差异教学的一个基本组成。

在玩电脑游戏时，利用正电子发射断层扫描，找到了更多证明神经效率的证据。第一次玩某个电脑游戏时有大量的神经活动，但当玩家掌握这个游戏后，大脑活动的数量就明显减少了(见图3.17)。而且，玩家的智商越高，则玩游戏时神经活动减少得越快(Hamari et al.，2016)。如果有进一步的研究对这些系统做更详细的描述，并且提供一个神经系统框架，就能更好地解释神经科学数据如何证实多向智力的概念。

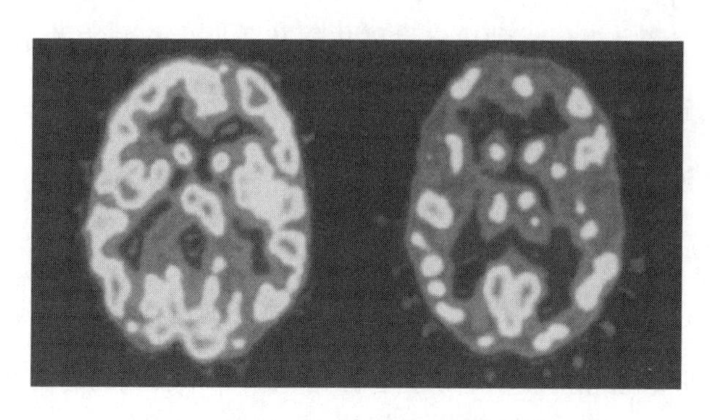

图 3.17　正电子发射断层扫描图像

说明：浅色区域表示高级的大脑活动，扫描显示专业级玩家(右图)明显比初学玩家(左图)使用更少的能量。

流体智力。当神经科学家探索智力和大脑功能、结构之间难以捉摸的关系时，他们开始注意到流体智力。这种智力类型与个人通过分析复杂关系进行推断和演绎、使用技能和知识解决新问题的能力有关。它与个体如何获得、运用知识和技能更为相关。

现在，这些新兴概念带领我们摆脱单一实体智力模型及通过词汇和阅读来测量智力等传统的观念。这些概念帮助我们理解环境对智力的影响，人类可以通过不同的方式变得更聪明。

> 在未来短期内，了解决定智力的主要因素不太可能通过大脑图像而有显著的进展。

下一步很可能就是去领悟加德纳(1993)、斯滕伯格(1985)和其他学者所提出的智力定义，这些定义包含很多技能，因此在学习过程中，大脑有多种方式可以对信息和技能进行处理。不局限于独立智力，而是扩展我们对于智力的认识，从神经科学的证实中了解智力的综合性，这样可以减少我们随意给儿童贴上“词语天才”或“音乐白痴”这类标签的行为。我们可以因此接受这种观点，即使用不同的教学技术会产生最好的教学效果，由此让学生更有机会成功。

记忆提取

如果没有记忆提取，存储在大脑中的记忆就没有用了。从工作记忆中提取一个项目只需要不到50毫秒的时间。然而从长时记忆中提取记忆则比较复杂且相对费时。有一个发现，即信息编码时使用左脑多于右脑，而记忆提取时则使用右脑多于左脑。尽管两个处理过程都用到额叶，但是它们会激活不同的神经系统。研究者在信息提取过程的研究中也有重大突破(Gilmore，Nelson，& McDermott，2015；Olson & Berryhill，2009)，研究显示，记忆的提取比我们以前想象中的要用到更多的大脑区域。

大脑从长时记忆中提取信息有两种途径，分别是再认和回忆。再认是将外界刺激与存储的信息配对，如一道选择题需要从选项中重新辨认正确答案(假设学生原本记忆过)。这个方法解释了为什么即使是知识贫乏的学生在做选择题时也会比预想的表现要好。回忆与再认不一样，而且要比再认难得多。回忆指的是将线索和提示传送到长时记忆中，从中搜索和提取信息，然后进行整合编码传回到工作记忆中的过程。

> 无论我们从长时记忆中提取了什么内容到工作记忆中，我们都需要重新学习一遍这些内容。

这两种途径都需要激活神经通路中的神经元，然后到达记忆存储的位置并再次返回工作记忆。我们越使用这个通路，它就越不容易被其他通路掩盖。那些诸如姓名、电话号码等我们常用的信息可以被快速地提取，因为神经冲动常进入记忆存储的位置，并从中传出，可以让这些神经通路保持畅通。当信息被传送到工作记忆时，我们又重新对信息赋予有效性，并且有效地再学习了一遍。值得一提的是，无论何时将之前整合过的记忆提取到工作记忆中，都很容易受到工作记忆中已有信息的影响。新的信息可能会加入并且强化原有的记忆，或是明显地改变原有的记忆。当新旧信息都被重新处理时，将要被存入长时记忆中的内容或多或少会和原本的记忆有出入。这个处理过程被称为记忆的再巩固，神经科学家也因此怀疑，长时记忆是否真的稳固(Balderas，Rodriguez-Ortiz，& Bermudez-Rattoni，2015；Bonin & De Koninck，2015)。这一点对于教学有什么作用呢？至少，这说明了无论老师何时让学生回忆学过的知识，都应该和学生工作记忆中的内容相关。

影响记忆提取的因素

记忆提取的比例取决于以下几个因素。

线索是否充分。用于刺激记忆提取的线索可能会引起准确或模糊的记忆。由于记忆并不是电子记录仪，回忆的人必须凭线索对提取的信息进行记忆重构。拥有强大的记忆力似乎并不如有用的线索重要(Smith & Moynan，2008；Uzer，2016)。

回忆者的心情和信念。研究显示，当个体处于悲伤的情绪中时更容易回忆起负面的经验，而处于愉快的情绪中时则容易回忆起正面的经验(Christodoulou & Burke，2016；Lewis，Critchley，Smith，& Dolan，2005)。人们也倾向于为过去做过的选择赋予正面特性，而为没有做过的选择赋予负面特性(Henkel & Mather，2007)。这或许可以解释为什么让个体对他们过去没有做过的选择摒除偏见并且正面看待那么困难。

记忆提取的情景。如果记忆提取时的情景和学习信息时的情景非常接近，则比较容易准确回忆(Hockley & Bancroft，2015)。这就是大家所知道的情景线索记忆。因此，如果测试的信息位置和学习时的一样，就可能更容易提取。

存储系统。陈述性记忆可存储于大脑的各个结构，大多数会存储在输入刺激知觉和处理的区域。因此，学生的兴趣和过去的经验会影响那些为包罗记忆而建构的大脑神经网络的类型。

学生能否在不同的神经网络中存储相同的事物信息，取决于他们如何将信息与过去的学习联结。这些记忆存储决策影响着之后信息提取所需的时间长度。这就解释了为什么有一些学生比另一些学生需要更多时间来提取相同的信息。当老师让先举手的同学回答问题时，相当于让其他提取信息较慢的同学停止了信息提取的过程。这种教学策略主要有三个缺点：一是提取信息较慢的同学觉得没有得到老师的认可，进而降低了他们的自我概念；二是他们由于没有把信息提取到工作记忆中，错过了重新学习一遍的机会；三是给学生留下了提取信息较快者比提取信息较慢者聪明的印象。

学习和记忆提取的比例

有的人学习某一内容的时候会比其他人快一些或慢一些，这已经不是什么秘密了。个体学习认知信息，并且对这些信息能被整合到长时记忆中有足够的信心，这个过程所需要的时间长度被称为学习比例。同一个体可能有不同的学习比例，因为学习比例受动机、情绪、注意程度和学习情景的影响。

在图 2.1 的信息处理模型中，学习比例以从左至右的信息箭头、从感觉通过感觉存储器到达瞬时记忆和工作记忆的过程来表示，提取比例以从右至左的信息移动回忆箭头、从长时记忆到工作记忆的过程来表示。这两种比例彼此独立。有一些经典学说认为，提取比例和学习比例有强烈的关联，而且是基于基因遗传的，上述这个彼此独立的观点和那些经典学说非常不同。那些经典学说通过以答案提取速度为成功和智力的主要衡量标准的小测验，在社会中得到了进一步发展。事实上，记忆提取与学生记忆存储方法的本质——学习技能显著相关，而与学习比例无关。正因为这是一种学习技能，所以是可以学会的。现在为了更快和更准确地提取记忆，可以发展一些技术，用来帮助我们完善长时记忆的存储方法。

学习比例和提取比例是相互独立的，因此个体可以选择成为快速或慢速的学习者、快速或慢速的提取者，或任意两者兼具。尽管大多数人都会落在中间值上，但是仍有一些人会落在极端值上。事实上，我们不仅了解了同时兼具两种极端值的学生的经验，而且创造了一些标签来描述他们。既是快速的学习者又是快速的提取者，我们称这样的个体为天才。这样的学生能够快速提取答案；他们常常是第一个举手回答问题的人，他们的答案也往往都是正确的。当老师想要让课程继续的时候就会让他们来回答问题。

如果一个学生既是快速的学习者，又是慢速的提取者，我们会称之为后进生。老师会对他们说："来，约翰，我知道你能够回答出来，再试一下。"我们常常会对他们失去耐心，并且劝告他们多学习。我们称慢速学习与快速提取兼具的学生为优等生，这些学生的反应速度很快，但他们的答案可能是错的。老师有时候会误认为他们为学习那些超出能力范围的东西而过于努力。

对于那些既是慢速学习者又是慢速提取者的学生，我们可能会有一大串贬义的标签来形容他们。更遗憾的是，我们通常将慢速学习解读为“无法学习”，即慢速学习者无法在我们随意分配的时间里完成学习。

我们通常将慢速学习者解读为“无法学习”。

所有这些标签都是令人遗憾的，像是学生和老师无法控制推动成功学习的主要因素等错误的观念，都会因为这些标签而一直存在。

有一些教学策略可以引导学生决定新的学习内容该如何整合、该整合到长时记忆的何处，老师可以运用这些策略帮助学生提高他们的提取比例。之后我们会讨论其中的一种策略——组块化。

学习比例和提取比例两者相互独立。

测试题 6：学生从记忆中回顾所学内容的多少与他们的天赋很有关系。这种观点是否正确？

答案：错误。记忆提取的比例和智力无太大关系，而与信息原本如何存储、存储于何处有关。

组块化

我们的推理能力和思考能力在注意广度、工作记忆和长时记忆方面都是有限的。我们有可能有意识地增加工作记忆中处理的事物数量吗？答案是可以的，我们可以通过组块化的方式来达成(也被称为压缩)。当工作记忆将知觉到的一系列信息作为一个整体来知觉的时候就是组块化，就像我们将“information”知觉为一个单词(也就是一个整体)，就算它其实是11个不同字母的组合，我们仍能将其知觉为整体。这种组块的能力是人类与生俱来的特性，大多数都与人类大脑用于寻求环境中生存模式的能力有关。即便是婴儿都已经能够展现出组块的能力(Kibbe & Feigenson，2016)。

让我们回到第二章的数字记忆练习，一些人可能确实按照正确顺序记住了10个数字。这些人可能在记忆电话号码上花过一些功夫。当他们看到一串10个数字的号码时，他们的经验会帮助他们按照区号、首字母和分块等方法将数字分组。因此，他们会将第二行数字“4915082637”看作“(491)－508－2637”，这样就变成了三个组块，而不是10个数字。由于三个组块并没有超出工作记忆的容量限制，因此这些数字可以准确地被记起来(Brady，Konkle，& Alvarez，2009；Campitelli，Gobet，Head，Buckley，& Parker，2007；Sargent，Dopkins，Philbeck，& Chichka，2010)。

研究发现，组块化有两种机制(Gobet et al.，2001)。其中一种机制是由学生有目的地、刻意地开始和控制分组。例如，在学习一首诗的时候，我们可能会复习诗的第一行，然后第二行、第三行……逐步增加组块的规模，直到我们了解了整首诗。另一种机制则是比较微妙、自动化、连续化的，并且和知觉过程有关，如会出现在我们学习阅读的时候。大脑会逐步扩展一次处理过程中的单词数量，从一个单词变为两个，再变为一个短语，继续扩展。脑成像研究显示，在这个过程中，额叶里工作记忆将学习内容编码为更大容量组块的大脑活动数量有所增加(Bor，Duncan，Wiseman，& Owen，2003)。

组块化让我们可以处理数个较大容量的组块，而不仅是很多小片段。

解决问题需要从长时记忆中提取大量的相关知识到工作记忆中，而这种技能的关键就是组块化。一个人在特定领域越能够运用组块化，就越擅长这个领域。各领域的专家都有着运用自身经验将各种信息进行分组和分块转化为可理解模式的能力。在学习复杂的步骤时，如果学生在执行这些步骤时能够大声朗读出来，组块化也会是一种非常有价值的策略(Duggan & Payne，2001)。对于学习一种新的语言，尤其是当组块与图像组合时，组块化的策略就会非常有价值(Solopchuk，Alamia，Oliver，& Zénon，2016)。

比起卓越的知觉能力，组块化的能力更是对专业知识基础组织方式的反映。经验可以改变专业人士的大脑，比起非专业人士，他们可以将相关信息解码为更细节、更完整的内容。由于获得了经验，他们就会分组、连接起更多的信息模式，而专业知识就变得更不需要意识的努力。这里有一些例子可以说明。

①一位有经验的医生在诊断一项医学病症时会比实习生花更少的时间。

②专业的服务生更能记住套餐而不仅仅是菜单上的单一菜式。

③专业的音乐家更能记住较长的乐段，而不是单一的音符。

④象棋大师更能将棋局作为功能性集群来记忆，而不是片段。

⑤专业读者可将文字以短语为组块来理解，而不是逐字理解。

测试题 7：一个学生一次能同时处理多少信息与他们的基因遗传有关。这种观点是否正确？

答案：错。学生一次能够处理的信息量与学生将事物以组块形式输入工作记忆中的能力有关，这是一种可以习得的能力。

过去的经验对组块化的影响

让我们来看看过去的经验是如何影响组块化的。首先，我们来看一下下面这个句子：

Grandma is buying an apple.(奶奶正在买苹果。)

这个句子一共有22个字母，但实际上只有5组(或者说单词)信息。因为这个句子完整地表达了一个意思，大多数人的工作记忆会将它理解为一个整体。在这个例子中，22个字母成为一个组块(完整的意思)。另外，视觉型学习者还会根据这句话在脑海中描绘出一个正在买苹果的奶奶。

现在，让我们在工作记忆中多加入一些信息。观察下面这个句子大约10秒，然后闭上眼睛，试着回忆一下这两个句子。

Hte plpae si edr.

这个句子比较难记忆是吗？那是因为这个句子让人根本无法理解，而且工作记忆会将它们理解为13个字母和3个空格，也就是16个东西(再加上第一个句子，也就是17个东西了)。工作记忆那小小的容量很快就不够用了。

那让我们来重新组合一下第二个句子的每一个字母：

The apple is red.(苹果是红色的。)

再观察这个句子10秒，然后再次闭上眼睛，试着回忆第一个句子和这个句子。大多数人都会同时记得这两个句子，因为它们不再是17个东西了，而只是两个，而且它们之间的意思是相关的。再强调一次，经验可以帮助工作记忆决定如何将事物分组。

这里有一个常用的例子可以说明经验是如何有助于信息组块化和提高

成绩的。请再次取出纸和一支铅笔，观察下列字母大约 7 秒，然后移开视线在纸上按照正确的顺序和分组写下这些字母。

DNAN BCT VF BIU SA

检查一下你的答案，你能够按照正确的顺序和分组写下这些字母吗？很可能无法做到，但没关系，大多数的人都无法在这么短的时间内只是用观察的办法就保证 100％正确。

让我们再试一次，还是同样的规则。

DNA NBC TV FBI USA

这一次你的表现如何？大多数的人在这一次的表现都会比之前好。现在比较这两个例子，请注意这两个例子中的字母都是相同的，而且连顺序都一样，唯一的变化就是第二组字母的分组方式符合我们过去的经验，这样有助于工作记忆处理和保持这些信息。工作记忆通常会将第一组字母视为 14 个字母加 4 个空格(分组非常重要)，或 18 个东西，这比工作记忆的容量要多得多。但第二组字母可以被工作记忆快速辨认为只有 5 个可理解的事物(空格就不再重要了)，因此在工作记忆有限的容量内。一些人甚至会将 NBC 和 TV 连接，FBI 和 USA 连接，这样他们实际上就只要记住 3 个组块。这些例子说明了记忆中过去经验的力量，其中一种被称为知识转化的原理，我们将在下一章详细讨论。

组块化可以有效扩展工作记忆的容量。我们大多数人都是通过分组学习 26 个字母的——有的人可能会这样分组：abcd，efg，hijk，lmnop，qrs，tuv，wxyz。组块化将 26 个字母转化为更少数量的组块，让工作记忆能够进行处理。人们甚至可以对信息进行分组，如情侣的名字(如罗密欧和朱丽叶)，只要记住其中一个名字，就能唤起对另一个名字的记忆。尽管工作记忆的单次处理对于数字组块有功能上的容量限制，但是一个组块中事物的数量似乎没有限制。教导学生(或你自己)如何运用组块可以有效提高他们的学习和记忆。

> **测试题8**：通常来说，不太可能在同一个时间段内增加工作记忆能够处理的信息数量。这种观点是否正确？
>
> 答案：错。通过增加每个组块中事物的数量，我们可以增加工作记忆中单次处理的信息量。

临时抱佛脚＝信息组块化

考前或面试前来一次临时抱佛脚是组块化的另一个例子。学生尽可能多地把需要了解的信息存入工作记忆中，这些事物中会产生不同程度的临时联结。对这些事物下了一定的功夫、赋予了意义，因此它们可以存储在工作记忆中一段时间，直到需要用为止。如果这些临时抱佛脚的内容源于学生的课本或笔记等事物以外，则这些信息可能无法转入长时记忆中。这个现象(我们中的很多人都经历过)解释了学生可以如何在一天之内表面地熟悉考试相关的内容(将内容存储在工作记忆中)。但他们对于这些内容几乎不理解，几天以后就会因为在工作记忆中消逝而遗忘。学生无法回忆那些没有存储起来的事物，老师可以对此做些什么呢？第二章的实践角介绍了更多内容。

遗忘

如果问老师他们对于自己所教的内容希望学生能够保持多长时间，他们一定会回答：“永远。”然而，这并不总是能如愿。大部分在学校教学的内容都会随着时间的推移而被遗忘，有时候几天后就会被忘掉。遗忘通常被认为是学习的敌人。但是，从另外一个角度看，遗忘对于推动学习和促进回忆有重要作用。

人类的大脑每天都要处理大量的输入信息。这些信息大部分只会在短时记忆中停留短暂的时间，很快便会消逝。例如，你刚刚碰到一个人，这个人的名字会在你的记忆中停留几分钟，然而你最好的朋友的名字则会转入你的长时记忆中并且终生都会记住。为什么我们会忘掉大部分而只保留那么一小部分？遗忘有两种途径：因新近获取的信息而被舍弃；因为没有与长时记忆中已存的内容进行联结而消逝。

遗忘新的信息

第一项关于遗忘的重要研究是由德国心理学家艾宾浩斯进行的，他的研究使遗忘曲线得到了发展。这是一条说明新的经验如何消逝的数学曲线。随后的研究对他的发现略做了修改。当大脑面临新的信息时，在学习任务结束后就会遗忘大量的信息，然后剩余的信息在第一天迅速减少。没有理解的信息是最先被遗忘的。尽管随着时间的推移，我们每次回忆的内容都会改变，但是那些创伤性和生动的经验几乎不会被遗忘。

对于大多数的信息来说，两周后，当信息已经没剩多少可以被遗忘时，遗忘的速度就会慢下来。

早期学习内容的干扰可导致新材料的遗忘，这是知识转化过程的一个组成部分。就连个体如何获得新知识也会影响遗忘的发生。对于大多数人来说，忘掉听过的东西比忘掉看过的东西要容易。当听到新的信息时，外来的声音会转移大脑的注意力。但阅读是一项需要更多注意力的活动，因此受外来事物的影响会减小（见图3.10）。压力和缺乏睡眠也会导致遗忘，因为大脑会更多地将注意力放在处理压力和失眠上，而不是运用资源处理那些看起来似乎没那么重要的信息。

遗忘有几个特定的优势。当大脑中呈现了大量信息时，遗忘可以避免不受相关信息的干扰。通过筛选不重要的信息，重要的资料和经验就有机会完整地被整合到长时记忆中。遗忘也可能是折腾人的，但它更像是一种适应生存的记忆能力。把发生在我们身上的所有事情都记起来没什么好处，遗忘那些不重要的事物可以为更重要和有意义的经验腾出空间，这些经验会塑造我们，使我们形成独特的个性。

当然，老师认为他们在课堂上教学的材料都不是无关紧要的。为什么学生却不这样认为呢？我们在第二章中已经给出了答案。你可能还记得，事物的意思和意义是影响新信息是否会被记住的关键原因。

遗忘那些不重要的事物可以为更重要和有意义的经验腾出空间，这些经验会塑造我们，使我们形成独特的个性。

遗忘记忆

想象一下，如果我们的大脑记住了一生中的所有事情将会如何。光是试着回忆一下童年好友的名字就显然是一个挑战了，大脑不得不从散落在长时记忆的各个角落的几千个名字中努力搜索。最好的结果是，经过一段长时间的搜索最终记起这些名字；最坏的结果是，可能会混淆而记起错误的名字。随着逐步遗忘那些不再重要的名字，回忆也变得更有效率。遗忘也有助于更新陈旧的信息。举个例子，当一个人换了工作和住址时，诸如地址和电话号码等新的资料会改写原本的资料记忆，旧的资料可能仍然停留在长时记忆中，但如果这些信息没有得到复习和回忆，它们最终都会变得难以记起。

随着时间的推移，大脑中的陈旧记忆到底发生了什么，至今仍没有答案。一些研究者认为，如果记忆很长时间没有被提取，那特定经验的记忆就会丧失。他们认为，这种情况会导致大脑记忆区域中的神经细胞网络缓慢而稳定地解离。最终，这些神经网络失去了完整性，也就是丧失了这段记忆，甚至很可能永远地丧失了。对于这个过程，研究者认为这是释放了记忆空间，以便存储新的信息(Bauer，2015；Wixted，2004)。

其他研究者则认为对陈旧信息的记忆是保持不变的，只是因为某些原因而被封存了。这些原因可能包括医学治疗、药物、中风和阿尔茨海默病。有研究也发现，一些人可以坚持自主地封存那些不想要的陈旧信息，继而发生遗忘(Delaney，Goldman，King，& Nelson-Gray，2015)。遗忘是记忆存储的变质还是神经通路的丧失，这有什么不同吗？无法从记忆中提取就是相同的结果吗？当然，结果都是一样的，但随着我们对记忆存储过程的理解，找到了一些方法可以试着提取记忆。我们可以通过使用一些治疗术找回原来的神经通路或是替代通路以到达记忆的存储区域。

在这里举个例子，假设你要试着回忆在中学时遇到的老师的名字。通往那些名字记忆的神经通路已经好久没有用过了，除非你在近期想到过它们。这些神经通路被新的通路封锁，导致你很难找回它们。那些名字仍然在大脑里，但是需要你花几天的时间。你很可能会在最意想不到的时候突然想起来这些名字。

再举另外一个例子，假设你开始盘算着要找一件很多年不见的毛衣。如果你认为你已经扔掉了，甚至都不会去找。同样，如果你认为你忘掉的那些记忆是因为它们随着时间的推移而受损，也会如此，你甚至都不会尝试去回忆它们。如果你确信毛衣就在某处，那你付诸行动去寻找，找到那件毛衣也不过是时间问题。你很可能会最先回想最后一次穿这件毛衣时的情景。这种记忆处理过程和治疗大脑损伤个体所用的方法一样。这种治疗可以帮助病人寻找其他神经通路，找到记忆存储原来或替代的通路。

应用于教学。科学家在总结出导致对陈旧信息的记忆遗忘的机制前，还需要更多的研究。与此同时，老师可以从已知的规律中获益。换句话说，对于学生已经学会的重要信息，如果能够随着年级的增长定期进行回顾或复习，那这些信息可能更准确、牢固地被存储在长时记忆中。那些重要的信息往往只会教一次，学生却被要求一辈子都要记住。

如果那些重要的信息有目的地在学生整个学校生涯中反复出现，那这些牢固整合的记忆在之后的很长一段时间都可以为学生所用。

这些信息甚至可能在学生最初学习的几年以后出现在他们的考试中。那些值得记住的内容也同样值得重复学习。如果那些重要的信息有目的地在学生整个学校生涯中反复出现，那这些牢固整合的记忆在之后的很长一段时间都可以为学生所用。

虚构：好像不是这么回事

你是否曾经试过和某人讨论一段共同的经历，却因为一些细节吵起来？长时记忆是记忆搜索、定位、提取和转入工作记忆的过程。回忆那些死记硬背的内容是非常容易的，尤其是那些诸如你的名字和地址这样常用的信息。这些神经通路非常明确，提取的时间也非常短。而提取更为繁复和比较少用到的概念则要复杂得多。它需要通过详细的阐述来通知多个记忆存储区域，在凌乱的神经通路之间整合内容，最终将内容解码然后传送到工作记忆中，准确性会因此下降。首先，大多数人无法百分之百留住详细的经验，如那些丰富多彩的假期经验。其次，我们会将经验分别存储在很多存储区域中。

当提取这类经验时，长时记忆可能无法定位所有需要的事件，可能因为时间不够，也可能因为这些信息从来就没有被存储。旧的记忆可能因为个体获得新的记忆而发生改变或扭曲。在记忆提取的过程中，记忆会无意识地通过选取下一步能够想起来的最靠近的记忆，而将遗失或不完整的信息编造进去。虚构与大脑将不存在的视觉模式化为光学幻觉没有什么不同。看一下图 3.18，尽管你好像看到了一个三角形，但实际上它并不存在。这是大脑为了理解这个模式而虚构的内容。

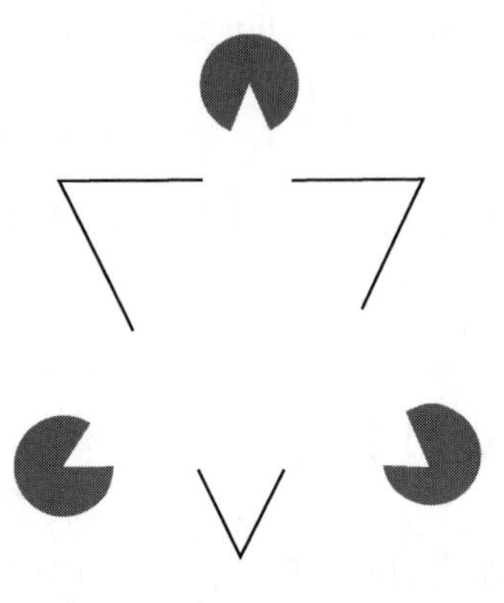

图 3.18 大脑的虚构

虚构并非说谎，因为它是无意识的，而且个体相信这些编造的信息是真实的。这解释了两个共享某段经历的人为什么后来回忆时会有不同的版本。如果每个人对这件事存储了 90％的记忆，两者各自 90％的记忆也不会完全一样。他们遗失的 10％的记忆就会变成编造的信息，导致他们相互质疑对方记忆的准确性。记住的信息越少，大脑编造得就越多。随着时间的推移，这些编造的部分就会被整合到记忆网络中。我们的记忆还会通过虚构进行微小的编造。渐渐地，原来的记忆会转化和解码为一个不一样，但我们却坚信其准确性的版本。我们每次都会成为虚构的受害者，大脑特定区域的损伤会引起慢性和极端的虚构，使回忆的内容明显偏离事实，或所谓回忆的事件根本从未发生过（Nahum，Bouzerda-Wahlen，Guggisberg，Ptak，& Schnider，2012）。

应用于教学。课堂中同样会出现虚构。一种情况是，当需要回忆复杂的学习内容时，学生并没有觉察到哪些部分缺失了，因而会进行编造。越年轻的学生，就越容易编造出不一致的内容。老师可以考虑学生是否故意编造答案，并进行适当的管教。另一种情况是，一系列类似的词语或概念可能会触发学生虚构出原本没有的词语和概念，这是一种常见的现象。在这些情况中，老师应该警惕虚构的可能性，确认编造的部分，向学生提供必要的反馈，帮助他们改正不准确的内容。通过练习，学生会整合准确的内容并且将其转入长时记忆中。

虚构也已经被应用到法院系统中。目击者在法庭审问中需要作证和被迫提供完整的信息，比起承认不存在的内容，此时大脑编造信息的倾向更容易使目击者在压力中造成严重后果。目击者回忆陈旧的记忆和不愉快的事件时，虚构也会引发准确性的问题。实验已经证明，要篡改近期事件的回忆或编造记忆非常容易。在缺乏单独核实的时候，人们无法确定在那些“压抑的记忆”里回顾的事件中，哪些是确实发生过的，哪些是虚构的(Patihis，Lilienfeld，Ho，& Loftus，2014)。

我们的大脑会编造一些我们信以为真的信息和经验。

关于大脑训练项目

现在市面上有为数不少的所谓大脑训练项目可供选择，据说这些训练项目可以增强学生的注意力、工作记忆以及其他所有与学业表现相关的能力。有人坚称他们的训练项目可以让人避免罹患注意力缺乏、大脑损伤和痴呆等疾病。但这些人所声称的大多都没有实证研究证据的支持。其中一些公司会将这些项目推出市场销售，并且坚称已进行过实验，证明确有效果。然而，2013 年的一项元分析回顾了 23 项与工作记忆有关的研究，尽管确实有一些增益效果，但是不能长久有效（Melby-Lervåg & Hulme，2013）。而且这种提高似乎对注意力控制、口头语言和文字能力、遣词造句、算术能力和一般认知过程没有起到什么作用。其他类似的研究也说明了相同的结果（Redick et al.，2013）。

美国联邦贸易委员会对这些项目夸大的效果提出了异议，并且针对这些项目对大众所造成的误导给予了批评。利用游戏提高心智和大脑能力的观念已经蛊惑了民众，而且连那些对于“实证研究证据”并未深刻理解的教育工作者也受到蛊惑。但有一些研究表明特别紧张、刺激的游戏确实能够提高归因和情节记忆的认知能力。要深入了解这个领域，我们还需要更多的研究。到目前为止，大多数神经科学家都认为那些商业大脑训练项目所标榜的效果远未达到，而体育锻炼才是提高个体健康和大脑活力的有效办法。

接下来……

教育的一个重要目的，就是教会学生在未来面对某些情况时如何运用所学知识，也就是学习迁移。学习迁移会影响新旧知识的记忆和提取。对于学习迁移的力量和本质如何帮助或阻碍教学，我们将在下一章详细讨论。

实践角

情绪大脑教学指南

情绪对于学习和记忆的意义重大，在教学过程中绝不能忽视其造成的影响。尽管老师无法控制所有影响学生情绪的因素，但是仍然有努力的空间。唤起让学生在课堂中感到安心的情绪，同时让这种安心的情绪与学习的内容联结，可让学生更深刻地理解学习的内容，并且促进长时记忆。

这里是一些为情绪大脑而设的教学指南。

课堂氛围

确保课堂的氛围积极向上，可以通过以下方法实现：①在学生当中营造积极友好的氛围，让他们彼此和谐共处，真诚聆听彼此，尊重彼此不同的观点；②与学生建立友好关系，让他们感受到你不仅关心他们的学业，而且也关心他们本身；③建立清晰简明的课堂规范和制度，尽力为学生提供良好的学习环境。

定期和学生进行一对一的访谈，了解他们在课堂中是否感到安心、是否彼此友好相处、是否能很好地融入集体和课堂。根据学生的反馈做一些必要的调整，不断改善教学氛围。

教学

运用一些元认知活动，让学生反思他们在课程中了解到的一些学者的能动性，这些学者可以是有名的科学家、研究人员、作家、艺术家和数学家等。鼓励学生发表他们对这些学者的看法。

让学生反思所学内容时，要注意运用一些照顾情绪的策略。例如，可以问"当我们讲到这个主题的时候，你的感受是什么?"或"你对此的看法是什么？为什么?"当情绪大脑做出反应之后，可转而讨论课程中与认知、理性思考相关的内容。

提问为什么可以让讨论的焦点从单纯的数据和现实转到情绪和动机上。例如，"为什么这件事会发生"比"何时"或"哪里"更能引起情绪，让学生更有思考的动机。

记忆通常是前后相关的，因此引起情绪的教学策略可以有效帮助学生在真实世界中面对类似事件的时候回忆起所需的信息。这一类策略可以是角色扮演、情景模拟和合作计划等。

记住这一点：大脑对于新的知识，情绪反应会先于理性反应。因此，任何能够引起学生对新知识产生积极情绪的教学策略都是有助于激发学生学习兴趣的工具。

避免同时教授两种相似的运动技能

当一个学生练习一种新的技能时(以挥动棒球棒为例)，运动皮层(位于大脑的顶部)协同小脑建立神经通路，神经通路整合各个动作形成技能。在学生停止练习后，大脑需要花费 4 到 12 小时(低落时间)进行整合。在学生睡觉时，大脑会形成更多的记忆神经通路。第二天再来练习这种技能就会变得容易得多，而且更精准。

如果在之后的 4 到 12 小时的低落时间里让学生练习第二种类似的技能，两者的神经通路就会混淆，结果这两种技能学生都无法学好。

避免在同一时间段教授两种相似的运动技能。在感到无法抉择的时候，试着列出两者的相似和不同之处。如果相似之处远多于不同之处，最好不要同时教授。

到了要教第二种技能的时候，先从不同之处入手。这样可以确保在学习的黄金时段 1 中了解两者的不同之处，因为黄金时段 1 是记忆的最有力阶段。

运用复习强化知识的保持

复习指的是学生对新的信息进行重复的处理，尝试确定其意思和意义。复习有两种形式。一些信息只有在准确记忆的时候才有价值，如字母表中的字母顺序、单词的拼写、诗词、电话号码、笔记、歌词和乘法表。对这种信息的复习被称为死记硬背式的复习。这种信息可以快速产生意思理解和意义，而且进入长时记忆的可能性非常大。大多数人都能在很多年以后背出当年记住的诗词和电话号码。

学生要产生联结、形成关联需要更为复杂的概念形成意思理解和意义。因此，为了找到新的联结，信息需要重复处理数次。这种复习形式被称为精心思考式的复习。在精心思考式的复习中用到的意思理解越多，联结就越可靠，长时记忆存储大幅上升的可能性就越大。这就是为什么学生在学习时要讨论所学知识、建立视觉模型如此重要。

复习需由老师开展并引导。老师需要明白，复习是知识保持的必要组成。在设计课程、授课时需要注意：

死记硬背式的复习

简单重复。对于较短系列的事物(如电话号码、名字、日期等)，简单大声重复几次直到记起正确的顺序。

重复累积。对于较长系列的事物(如一首歌、诗词、战役等)，学生会复习前几项内容，然后在第一组事物上加上第二组事物进行复习，并以此类推。例如，要记住四句诗，学生可以从复习第一句开始，然后单独复习第二句，接着将前两句合起来一并进行复习。在此基础上，单独复习第三句，然后将前三句合起来一并进行复习，最后单独复习第四句，然后完整复习四句诗词。

精心思考式的复习

释义。学生用自己的话口头重述所学的内容，然后将其变成之后存储的线索。运用听觉形式可以帮助学生产生意思理解，提高知识保持的可能性。

选择性记笔记。学生复习课文、图示和讲义，然后决定哪些概念是比较重要的。他们根据老师、作者和其他同学给出的标准做出这些决定，然后对这些内容进行释义，并且将其记入笔记中。加入手写的动觉联系有助于知识的保持。

预测。在一段学习结束后，让学生根据学习内容尝试预测之后的内容，或老师可能会提问的问题。这种预测的方法可以让学生对新的内容维持注意力、增强学习兴趣，帮助他们将知识运用到新的情景中，由此有助于知识的保持。

提问。在学习内容结束后，让学生根据内容提问。为了达到效果，这些问题的范围应该涵括从较低层次的简单回忆、理解、应用到较高层次的分析和综合运用各种问题。当学生设计出不同复杂程度的问题时，他们相当于进入更深入的认知过程、概念阐明、意义预测和联结产生中，所有这些都有助于知识的保持。

总结。让学生在头脑中对课程中新的材料和技能进行总结和反思。

这通常是学生能够对新知识产生意思理解和意义的最后也是非常重要的一步。

通用准则

如果说课堂以外的新知识或技能的保持是教学的重要期望，那么复习就是学生处理知识过程中的关键环节。进行复习时，需要注意下列事项。

指导学生复习的进行和策略。当意识到死记硬背式的复习和精心思考式的复习的差异之后，他们就会明白对不同的学习材料要选择适当的方式有多重要。经过练习，学生可以快速意识到事实信息和资料的获得需要死记硬背式的复习，而概念分析和评估则需要精心思考式的复习。

提醒学生持续练习复习的策略，直到其成为他们日常的学习习惯。

进行相应的复习。有效的复习更多依赖对现有知识产生个人意义，而不是在没有以学生为中心进行联结的情况下浪费时间和精力。任何只和老师经验相关的联结都无助于与学生产生关联。

记住，花时间独自复习并非可靠的有效方法。对新知识产生意义联结的程度要比分配时间的效果明显得多。

让学生向同学或老师口头叙述他们所学的新材料，可以提高知识保持的可能性。

提供更多的视觉和上下文线索，让复习更有意义、更成功。语言能力有限的学生会更关注视觉和具体的课程内容以辅助进行复习。对于那些不是以英语为母语的学生尤其如此。

开展不同的复习策略，让学习内容有更多新奇的事物。如果一直使用同一种复习方法(如让学生一直和同一个学伴分享)，学生很快就会感到厌倦。

PRACTITIONER'S CORNER

在课堂中运用首因—近因效应

首因—近因效应描述了这样一种现象：在一段学习时间里，我们会倾向于将开始的部分记忆得最多（黄金时段 1），而最后的部分次之（黄金时段 2），对中间的部分记忆得最少（低落时间）。正确运用这个效应有助于课程内容的记忆。

下面是两种课程的简介（见表 3.2），分别由蓝老师和绿老师来教学。按顺序学习他们的课程，体验首因—近因效应在其中的应用。

表 3.2　两种课程

蓝老师	课程顺序	绿老师
“准备一下，等一下告诉我昨天讨论的美国内战的两大起因。”之后，他说：“今天我们将会学习美国内战的第三个起因，也是最重要的一个，在这之后的 140 年里，我们仍然受此影响。讲课前，我们先来收一下今天的作业，还有把昨天缺席的两个人的名字记入考勤，然后有一段简短的公告要宣读。”	黄金时段 1	“准备一下，等一下告诉我昨天讨论的第一次世界大战的两个起因。”之后，他说：“今天我们将会学习第一次世界大战的第三个起因，也是最重要的一个，在这之后的 30 年里，世界仍然受此影响。好，这是第一次世界大战的第三个起因。”（老师演示第三个起因，举出例子，并且与昨天的两个起因做联结。）
“这是美国内战的第三个起因。”（老师演示美国内战的第三个起因，举出例子，播放一段相关视频，并且将这个起因与昨天学习的两个起因做联结。）	低落时间	“现在和你所在的小组讨论一下第三个起因，将它与之前学习的另外两个起因做联结，并且思考一下我们之前学过的其他战役。它们之间有什么相似和不同之处？”
“好，现在我们还剩 5 分钟，你们今天听课很投入，所以这 5 分钟留给你们安静地做一些你们想做的事情。”	黄金时段 2	“花两分钟时间自己安静地复习一下今天学到的第三个起因。等一下跟同学们分享你的想法。”

如果在这两个老师的课堂中，大多数时候都按照上述的顺序进行授课，学生会比较可能记住哪个老师教的内容呢？为什么？首因—近因效应在课堂中还可以有怎样的应用？

以下是在课堂中运用首因—近因效应的其他一些注意事项。

先教新的内容。要在黄金时段1中先教新的内容。这个时间段的知识保持可以产生最佳效果。即使不教新的内容，如果学生有理解起来比较困难的内容，此时也是再教一次的绝佳时机。这时可运用多种方法，如直接讲授、视听演示、展示相关网站等方式。

避免在上课开始时就提问。如果学生对于准备要教的内容有了一些了解，请避免在上课开始时就提问学生。如果这是一个新的主题，要假设大部分学生都不了解它。然而，总有一些学生对于猜测跃跃欲试——不管多不相关。因为这个时间段是知识保持的最佳时机，包括错误信息在内，大多数此时说过的内容都很有可能会被记住。此时应该讲授那些保证绝对正确的信息和例子。

避免浪费宝贵的黄金时段。要避免把宝贵的黄金时段浪费在课堂管理上，诸如记考勤之类的事情。你可以在集中学生的注意力之前或是在低落时间做这些事。

运用低落时间。让学生在低落时间练习新知识，或通过与旧知识做联结进行讨论。记住，低落时间中还是可以记住东西的，只是要更专注、更花功夫。

在黄金时段2做知识整合。这是学生对新知识产生意思理解和意义、做决定和确定如何、在何处转入长时记忆的最后机会。学生的大脑需要在这个时间段做这些事情，这非常重要。如果你希望做一下复习，那就在知识整合前完成复习，这样可以提高知识整合的准确性。不做知识整合而代之以复习，对于学生的知识保持没有什么价值，因为你正在完成所有的工作。

试着将学习内容分块(或分段学习)。在一个学习时段中，将学习内容分为每 20 分钟一个段落。根据课堂全部可用的时间来整理分段学习(40 分钟的课堂可分为两个 20 分钟的小节，1 小时的课堂可分为三个 20 分钟的小节，等等)。

时间分段学习的策略

现在有更多的高中(有一些初中也是如此)将以前40到45分钟的标准日常课堂时间转变为更长的课堂时间，然后进行分段教学，通常需要80到90分钟。尽管这种时间的分段有不同的形式，但改变的主要目的都是让学生投入课堂的时间更长。

这种方法有很多好处：减少在学校的碎片时间，在学习中投入更多时间，使知识转化得以产生；而且也有更多的时间开展需要动手的活动，如一些学习计划。同时，它还可以让老师对学生的学习进行更多课业表现的评估，减少对书面考试的依赖。

如果老师需要了解新奇性的价值和学生的需求，则时间分段的策略很可能更成功，而且能够抵挡住成为整段时间的焦点的引诱。若要进行与大脑性质相适应的课堂时间分段，这里给读者提供了一些建议。

记住首因—近因效应。连续进行90分钟的教学意味着将有35分钟处于低落时间。将课程设计为4个20分钟的段落，低落时间可因此减少为大约10分钟。低落时间也不会浪费，同时还可以用来让学生对新知识进行讨论。

只在一个段落对学生进行直接指导。老师可能会希望在某一个课堂段落中对学生进行一些直接的指导。如果是，请在第一个段落进行，然后在其他段落中将学习的责任转到学生身上。记住，大脑确实工作了才能真的学到什么。

在段落之间暂停教学。图 3.9 展示了段落间的休整可以提高学生重新回到学习上时的专注程度，这是因为新奇刺激的影响。如果老师选择让学生继续进行学习，那么试着运用一个与教学内容相关的笑话、故事或卡通进行调节，这样仍然能够使学生受到新奇刺激的影响。

消除不必要的事物。时间分段的设计是为了让学生更深入地了解所学的概念。为了争取时间达到这个目的，就要舍弃那些潜藏在课程中不那么重要而又占用时间的内容。我们都知道并不是课程中的所有内容都同等重要，需要定期进行选择性的舍弃。

与你的同事一起工作。时间分段活动给老师提供了一个绝佳的机会让他们可以共同设计更长的课程。同事一起努力的过程可以非常有趣、非常有成效，老师共同设计出课程尤其如此。这种课程实际上可以是学科内或是跨学科的。

不同种类的分段方法。新奇性意味着要找到一些方法使每个学习段落都变得不一样，而且要多重感官化。这里向读者提供几个分段活动的例子，可以将其运用到课程中。

老师讲课	课外人士演讲
做调查	影片、电影、幻灯片
共同学习小组	录音
阅读	反思时间
同侪互助	拼图组合学习

实验室	小组讨论
使用电脑	角色扮演和模拟
写文章	教学游戏和猜题

多种评估技术。时间分段可以让学生有机会运用不同的方法探索课程内容。因此，评估技术也因不同的方法而有多种技术，这样让学生可以用不同的方法展示他们所学的知识。这里向读者提供了一些评估技术的例子。

书面考试	面试
问卷	文章
组合小组	演讲
展览会	拍影片
做示范	制作立体模型
给知识建立模型	音乐和舞蹈

有效运用练习

练习未必能够达到完美，但可以使学生更加熟练。进行练习让学生可以在新的情景中充分、准确地运用刚学到的技能，这样学生可以正确地记忆所学内容。在学生开始练习之前，老师应该对练习需要用到的思考过程进行建模，并且指导学生了解新知识应用的每一个步骤。

通过练习，学生可以变得熟练。在练习的早期，老师应该进行监控，确保学生准确地进行练习；而且要向学生提供及时的反馈和修改意见。这种指导性的练习有助于消除刚开始的错误，而且让学生在运用新技能时能够对关键步骤有所警惕。这里引用亨特(2004)对初始指导性练习的一些建议。

练习的材料数量。学生练习用到的材料或技能应该最少化而且要与所学内容密切相关。这可以让学生在运用新知识时能够对意思理解和意义进行整合。

练习的时间量。应该让学生在工作记忆处于黄金时段的短暂、紧张的时间里进行练习。当练习的时间较短时，学生更有可能专心于学习所练习的内容。

练习的频率。在刚开始时应该不时地对新知识进行练习，这样可以快速地将知识组织起来，这种练习被称为集中练习。如果我们期望学生能够将信息保持在一个活跃的存储区域中，并且能够将其准确运用，应该持续进行练习，练习的间隔可适当逐步延长。这种练习被称为分布式练习，它是随时间的推移仍能准确记忆和运用信息与技能的关键所在。

练习的准确性。当学生进行指导性练习时，老师应该对练习正确与否及其原因提供及时、具体的反馈。在这个过程中，学生的理解程度可以让老师了解到非常有价值的信息，从而决定是继续还是强调一些对于学生来说有难度的概念。

通过回忆进行重复学习

每一次从长时记忆中提取信息输入工作记忆中，都是进行了一次重复学习。因此，老师应该使用那些能够鼓励学生定期回忆之前所学内容的课堂策略，这样他们就可以重复学习。其中一项策略就是让学生在课程的整个过程中持续参与，被称为积极参与。这项策略原则上试图让学生的精力始终专注于教学内容，或者通过公开或隐秘的活动进行知识回顾。

这种公开的活动包括老师让学生回顾之前所学的内容，并以某种方式表达一遍，可以这样说："思考我们昨天学过的内战结束后美国的境况如何，准备一下，然后用几分钟时间说出来。"用这种说法提醒学生回顾的内容会被提问。这种提问能够增加学生回忆和重复学习需要的内容的可能性。同时，如果老师需要提问每个人，确认他们是否记得这些内容，那上述的方法可以减少这种需要。等待一段时间后，可以用公开的方式确认学生自己私下回顾知识的质量。

以下是一些有效运用积极参与的建议。

解释问题，并且在提问学生前给予其思考的时间。你在提问第一个学生以前，让所有的学生真正进行知识回顾。

对学生需要回顾的内容给予清晰、具体的指导。将注意力放在课程内容上而不是活动上，除非这个活动对于学习至关重要。可以用不同的说法或语言组织重复问题。这样可以增加学生从记忆中搜索提取所用到的线索数量。

提问学生时，**避免可预测性地点名，**如按照字母表顺序、行或列，或举手的同学。这些方式会让学生知道他们何时会被提问，从而可能导致他们在被提问的前后都没有进行问题思考。

昼夜节律在学校和课堂中的影响

本章解释了青春期前后和青春期昼夜节律的不同之处(见图3.14)。青春期的昼夜节律延迟一小时，这种差异可以应用在小学和初中阶段。例如：

小学课程设计。中午刚过去，下午的学习刚开始时，大部分人在这个时候会打瞌睡，这是一件不可避免的事情，因此我们要想一下如何解决这个问题。这里有两点需要注意。

第一，很多小学老师可以决定在一天当中的什么时间教授特定的内容，避免在每天下午刚上课的时候都教授同样的内容。因为此时的注意程度很低，很多学生会对上课感到厌倦和乏味。老师应该在这个时间段教授多种内容，增强课堂的新奇性和趣味性。

第二，缩短每一段时间的分配，并且不时地就所学内容提问学生。例如，不要花30分钟而应该分配5分钟来让学生安静地阅读，然后布置一些与阅读内容相关的具体作业。你可以说：“用5分钟阅读第12页和第13页，然后思考一下这个的主要特性还有什么，并且解释为什么。等一下点名回答。”反复进行四到五次这样的迷你课程，比完整单一的30分钟课程更有效。

上课开始时间。由于昼夜节律的转换，有些学生在早上会比较困倦，而在夜间会比较清醒。他们来学校时大多睡眠不足(他们中的很多人都有睡眠时相延迟综合征的困扰)，而且常常没有吃足够的早餐(缺少大脑运转所需的葡萄糖)。与此同时，有些学生常常需要坐很久的车才能早一些来到学校。学校领导需要考虑重新调整开始上课的时间以及课程时间安排，调整至更贴合学生的生理节律，提高学生成功学习的可能性。那些把上课时间适当延后的高中皆反映取得了良好的效果。同样，这种正面结果也可以应用到小学中。

教室的照明。青少年之所以会发生睡眠时相延迟综合征，是因为体内有大量的褪黑激素(促进睡眠的激素)。其中一种减少褪黑激素的最佳办法就是增加照明。让教室的灯都保持照明，打开窗帘，调亮色调，让学生可以接触到外面的自然光线，尤其是早上的光线(Lewy，Emens，Songer，& Rough，2009)。

测验。学校可以经常给学生做一些标准化测验。高中生在晚一些的时候会比早一些的时候在问题解决和记忆任务上有更好的表现。大多数高中生无法在测验中表现良好很可能是因为考试的时间安排。一些学校表示，在上午较晚时段和下午较早时段进行测验可以提高学生的表现和分数。

课堂氛围。如果老师的状态在午后已经过了顶峰，而那些高中生的状态仍然处于顶峰，则可能会出现课堂氛围的问题。老师可能会变得急躁，学生轻微的违纪问题可能很容易升级为冲突。高中的纪律管理人员常常说刚到下午的时候学生的转变很明显。高中老师解决这类问题的一个方法就是在这段时间里让学生进行主导课程的活动，比如说让他们完成一些电脑任务、模拟剧、共同学习小组和调查计划等。这些策略可以将学生的经历重新定位到有效的学习任务上。与此同时，老师也需要在教室中走动，这样不仅可以监督学生的学习，而且可以调整此时低能量的状态。

使用适当的等待时间来提高学生的参与程度

等待时间是指老师提问后安静地等待直到第一个学生回答问题之间的时间。玛丽·巴德·罗(1974)曾就这个问题进行了研究，其他相关研究也显示高中的老师平均等待时间约为一秒，而小学老师的平均等待时间约为三秒。尽管仅有少数相关研究完成，但这些研究的发现也确认了老师的等待时间并没有延长(Stichter et al.，2009；Sun & van Es，2015)。这可能是因为老师需要教授大量的课程内容，而很多学校也将重点放在准备高难度测验上。即使改变，等待时间也只会缩短而不是延长。

一秒到三秒对于提取记忆缓慢的人来说远远不够，他们当中的大多数人都知道正确答案，他们将答案存储在长时记忆中，要提取到工作记忆中比较缓慢。而当老师让第一个学生回答问题时，其余的学生就会停止记忆提取的过程，也就失去了重复学习这些信息的机会。罗发现当老师增加等待时间至五秒或以上时，会出现以下情况。

①学生回答问题的质量提高了。

②记忆提取较慢的学生中出现更好的问答参与情况。

③学生会使用更多的证据支持他们的推论。

④会出现更多更高层次的答案。

这些结果在各年级、各种教学内容中都会出现。

罗同时也指出如果老师始终延长等待时间，他们的行为会发生正面改变。尤其是，罗观察到老师会做出下列事情。

①使用更高层次的提问方法。

②表现出更灵活的答案评估。

③提高了对缓慢学生表现的期待。

使用等待时间的一个有效方法就是结伴分享。使用这种策略时，老师让学生思考一个问题，在适当的等待时间后，学生各自结伴并且分享彼此思考的结果。其中一些学生可以向全班分享他们的想法。

运用组块化学习提高知识的保持

组块化是大脑将数个事物知觉为一个整体的过程。词语就是组块化的常见例子。Elephant 是一个由八个字母组成的单词，但是大脑会将这些信息知觉为一个整体。在一个组块中放入的信息越多，我们一次在工作记忆中处理和记忆的信息也就越多。组块化是一种学习技能，而且是可以习得的。这里有几种不同类型的组块化学习。

模式组块化。当我们对要记忆的材料找到保留的模式时，模式组块化是最容易完成的。

例如，我们想要记住这串数字 3421941621776，如果没有特定模式，这 13 个数字就会被我们认为是各自独立的，而且数量也超过了工作记忆的容量限制。但我们可以将这些数字组合，使它们具有意义——例如，342(我家房号)，1941(美国参加第二次世界大战的年份)，62(我爸的年龄)，以及 1776(美国发表独立声明的年份)。现在这 13 个数字就变成了四个有意义的组块：342 1941 62 1776。

下面这个例子虽然是人为组织的，但是显示了组块化可以有不同程度的作用。我们需要记住下列这一行单词。

COW　GRASS　FIELD　TENNIS　NET　SODA　DOG　LAKE　FISH

我们需要用一些方法来记住这些单词，因为九个单词已经超出了工作记忆的容量限制。我们可以将这串单词按照顺序组编成一个简单的故事。首先，我们看见一头牛(COW)在田野(FIELD)上吃草(GRASS)。在田野上还看见两个人在打网球(TENNIS)。其中一个人将球打出了网(NET)外。他们在喝汽水(SODA)时，他们的狗(DOG)因为追一个皮球而掉进了湖(LAKE)里，小狗溅起的水花吓到了湖里的鱼(FISH)。

学习绑鞋带、将信息从光盘中转移到硬盘中等都是模式组块化的例子。我们将事物按照顺序排列，然后在心里复习这些顺序，直到这些顺序变成一个或数个组块。练习这些步骤还可以增加组块里的信息量，而且之后进行这些步骤时只需要少许注意力。

分类组块化。这是一种更为复杂的组块化过程，即学生通过建立各种不同形式的分类，帮助整理大量的信息。学生不断回顾信息，寻找可以将复杂材料分类为简单类别或排列的标准。不同的分类形式包括以下几种。

好处和坏处。将信息按照正面概念和负面概念进行分类，如能量的使用、全球变暖、转基因作物、堕胎和极刑等。

相似和不同之处。学生比较两个或两个以上概念的相似和不同之处，如比较邦联条款的权利法案、质量称重、细胞的有丝分裂和减数分裂、美国内战和越南战争等。

结构和功能。这些分类可有助于记忆那些有不同功能部分的概念，如记忆动物细胞的各个部分、一个简短的故事或人类的消化系统。

分类法。这个分类系统将信息按照特性属性分到各层级中，如生物的分类(界、门、类等)、学习的分类(认知、情感、心理动力等)以及政府官僚机构等。

排列。建立排列分类并不总是合乎逻辑，因此比分类法少一些顺序性，但它需要将更多可观察的特性作为根据。例如，人类可以按学习风格和个性分类；小狗可以按大小、形状和毛发长度分类；衣服可以按材质、季节和性别分类。

运用助记符号来促进知识的保持

对于记忆一些不相关的信息、模式或规则，助记符号(来自希腊语，意为“记住”)是一种非常有用的工具。在还不能实际书写的时候，古希腊人就发展出这种方法来帮助他们记住戏剧里的台词并传达信息给其他人。现在有很多种助记符形式，普通人也可以通过适当的策略和练习提高他们的记忆表现。这里有两种可以方便运用到课堂中的策略。老师可以和学生一起发展这些助记符号的形式，以适应课程内容。

押韵助记符。押韵是记住规则和模式的简单而又有效的方法。如果你忘记押韵的其中一部分或记错了其中一部分，这种方法就会产生效果，词语中出现音韵或韵律的缺失就意味着出错了。要记起遗失或错误的部分，你可以将押韵助记符从头开始记一次，这样可以帮助你重新学习一次。你是否曾经试过没有从头开始却要记住一首歌或一首诗的第五行？这很难做到，因为每一行都是下一行的听觉提示线索。

我们其实曾经学过一些押韵的常用例子：“I before e，except after c…(拼写单词时I在e的前面，除非I前出现了c)”“Thirty days hath September…(九月有三十天)”以及“Columbus sailed the ocean blue…(哥伦布航行过蓝色的海)”。这里有一些押韵的例子可以帮助学生学习其他领域的知识。

The Spanish Armada met its fate(西班牙无敌舰队遇上了它的命运)

In fifteen hundred and eighty-eight.(在1588年。)

Divorced，beheaded，died；(离婚，砍头，死了；)

Divorced，beheaded，survived.(离婚，砍头，活了下来。)

(这是亨利三世的六任妻子的命运，按照时间顺序的排列)

The number you are dividing by，(你将要除以的数字，)

Turn upside down and multiply.(先上下颠倒然后相乘。)

(这是分数除法的规则)

这看起来像是一个笨拙的系统，但却非常有效。试着独自或者和你的学生一起建立你自己的押韵助记符，帮助你和你的学生更快速地记忆信息。

缩略助记符。在这种措施中，你将大量的信息体系减少为一个简短的形式，并且用一些字母来代表每一个缩短的部分。这些字母既可以组成真实或人造的单词，也可以组成一个简短的句子。例如，单词HOMES可以帮助我们记忆美国几个大型湖泊的名字：Huron(休伦湖)，Ontario(安大略湖)，Michigan(密歇根湖)，Erie(伊利湖)，以及Superior(苏必利尔湖)。BOY FANS则帮助我们记忆英文里的并列连词：but，or，yet，for，and，nor和so。ROY G BIV则有助于我们记住光谱的七种颜色：red(红)，orange(橙)，yellow(黄)，green(绿)，blue(蓝)，indigo(靛)，以及violet(紫)。

这里还有其他一些例子。

①Please excuse my dear Aunt Sally.（请原谅我亲爱的萨莉阿姨。）

解代数方程的顺序：parenthesis，exponents，multiplication，division，addition，subtraction（括号、指数、乘法、除法、加法、减法）。

②In Poland，men are tall.（在波兰，男人都很高。）

细胞进行有丝分裂的过程：interphase，prophase，metaphase，anaphase，以及 telophase（间期、前期、中期、后期、末期）。

思考的关键点

在这一页上快速地记下一些关键词、重要概念、策略以及你想要在之后复习的资料。这一页可以成为你个人的知识小结并且帮助你唤起记忆。

Chapter 04 | 第四章

学习迁移的力量

学习迁移是所有创造、问题解决和做出满意决定的基础。

——马德琳·亨特(Madeline Hunter)

本章亮点：本章对学习和学习迁移中最有力的原则进行了解释，考察了影响学习迁移的一些因素，以及老师如何运用过去的知识有效地改善教学和未来的学习。

大脑是一个动态的创作体，常常在接收新的刺激时对已有刺激进行组织或重组。更多的神经网络形成原生材料，然后整合成新的模式。就像乐队里的音乐家将个人演奏的乐器之声以悠扬的方式进行新的整合，大脑也会将各种本不相关的想法组成美妙而和谐的整体。我们可以增加美感和清晰度，将彼此独立的想法打造成壮观的景象。

学习迁移是让这种惊人的创造力得以展现的一种过程。它还拥有将一个情境里学习到的知识以改造或通用的方式运用到其他情境的能力。学习迁移是问题解决、创造性思考和其他高级心理过程、发明以及艺术创造的核心。同时它还是教学的一个终极目标。

什么是学习迁移

学习迁移是学习的一项原则，它分为两部分。学习过程中的迁移指的是新知识的处理和获得过程受原有知识的影响。学习知识的迁移指的是学生将新知识运用到之后的情境中的程度。

1998年，帕金斯和萨洛蒙提出了低层迁移和高层迁移。在他们的模型中，低层迁移指的是两个任务彼此非常相似时的习得，而且是几近自动化的技能学习迁移。例如，一个孩子已经学会了如何给一双运动鞋系鞋带，那他可以将这项技能迁移到给皮鞋系鞋带上。操纵汽车和打字也是如同系鞋带一样的低层迁移的例子。而高层迁移则包括对任务的慎重考虑和学习，确定哪些过去所学的知识和技能可以运用到新的情境中。因此，高层迁移需要花更多的时间和心智努力。

学习过程中的迁移

当新知识进入工作记忆后，长时记忆(多数是受海马中的信号刺激)便同时从存储区域中搜索任何与之相似或相关的旧知识。如果新旧知识存在相似或相关经验，记忆神经网络就会被激活，而相关的记忆也会重新被整合到工作记忆中。

过去的学习对于学生在另一种情况下获取新知识和技能的能力有着强大的影响力，这种的现象被称为学习迁移。换句话说，也就是信息处理系统根据过去的学习对新的信息进行关联、理解和处理。这种对过去信息的不断循环流动不仅对原有存储的信息进行了强化和额外的复习，而且有助于对新的信息赋予意义。对新知识赋予意义的程度决定了在长时记忆中新知识之间、新知识和其他信息之间的关联。思考下面这些信息：

①一周有七天。

②力＝质量×加速度。

③他们同时也招待那些只是站着等待的人。

上述每个例子的信息意义都取决于经验、教育以及读者的心理状态。

事物的意义常常取决于语境。学习迁移不仅为此提供解释，而且常常有一些细微之处或暗意导致不同的意义理解。“He is a piece of work!”(“他是一个难缠的人!”或“他是一个了不起的人!”)既可以理解为恭维，也可以理解为讽刺，这完全取决于语气和语境。

这些关联让学生在应对未来的新情境时可以有更多的选择(见图 4.1)。

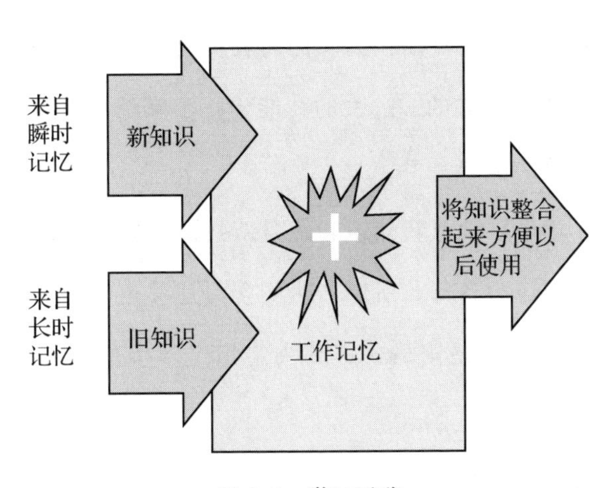

图 4.1 学习迁移

说明：新知识和旧知识会一起进入工作记忆中成为学习迁移的一部分。而学习迁移的另一部分则是学生对于知识之间产生的关联的理解在未来的使用。

学习迁移的类型

正面学习迁移。当过去的知识能够帮助学生处理新知识的时候，即发生了正面学习迁移。假设一位小提琴演奏家和一位长号演奏家同时学习类似于小提琴的中提琴，谁更容易学会新的乐器呢？小提琴演奏家已经具备了有助于演奏中提琴的知识和技能，而长号演奏家有完善的长号演奏技能，但可能缺少有助于演奏中提琴的知识和技能。同样，米开朗琪罗、达·芬奇和爱迪生都能够将他们拥有的大量知识和技能进行迁移，创造出伟大的艺术作品和发明。他们先前学习的知识让他们的伟大成就成为可能。

负面学习迁移。有时候旧知识会干扰对新知识的理解，导致疑惑或出错，即负面学习迁移。例如，如果你之前开过自动挡的车，当第一次驾驶手动挡的车时会很惊讶。如果驾驶自动挡的车较多，则会很难适应手动挡的车的驾驶。换句话说，自动挡的车的驾驶员大脑对于左脚的技能分配并不是驾驶手动挡的车所需的。过去的技能干扰了新情境下技能的习得，这就是负面学习迁移的例子。

在课程中，学生在学习新知识和练习新技能时要不断地与学习迁移打交道。因为学生的经验各异，所以产生的学习迁移也千差万别。无论学习迁移是新知识的助力还是阻碍，都是决定每个学生成功完成课程的主要因素。

例如，向英语为母语的学生教授罗马语的老师常常受益于正面学习迁移，也会因负面学习迁移而困扰。法语“rouge”(红色)和西班牙语“mucho”(很多)的掌握分别有助于学习英语单词“red”(红色)和“much”(很多)。但是当学生看到法语单词“librairie”，而且告诉他们这是可以找到书的地方时，经验会促使他们认为这个单词的意思是图书馆(library)，但这个法语单词的真正意思是书店(bookstore，法语中表示图书馆的单词为bibliothèque)。永远不要低估学习迁移的力量，过去的知识常常会影响新知识的获取。

要注意的是，正面学习迁移一词和负面学习迁移一词也分别用于描述是否正确地将所学应用到新的情境中。

永远不要低估学习迁移的力量，过去的知识常常会影响新知识的获取。

学习知识的迁移

作为寻找特定模式的物体，大脑运用各线路来使用过去的信息和技能解决新的问题。学习知识的迁移在某种程度上是受纹状体控制的。纹状体是一组位于中脑的神经元组合体。在fMRI的研究中，研究者发现当参与者遇到需要之前学过的信息的新学习任务时，大脑中的这个部分会被激活(Dahlin，Neely，Larsson，Bäckman，& Nyberg，2008；Gerraty，Davidow，Wimmer，Kahn，& Shohamy，2014)。纹状体对于更新工作记忆非常重要。在校园中，迁移是如何发生的呢?

对任何课程的一次复习都说明学习迁移是学习过程中不可分割的一个部分和目标。每天老师有意无意地转回到过去的知识中，让新知识更容易理解，更具有意义。长久来说，老师期望学生能够将他们在学校学习中所获得的知识和技能迁移到日常生活、工作以及校外的企业等。写作和说话技能可以帮助他们与其他人沟通，科学知识可以在环境和健康问题上辅助他们做决定，而他们对历史的理解则有助于指导他们对现代的一些个人层面、社会层面及文化层面等问题做出回应。显然，学生从学校可以迁移到每天生活情境中的信息越多，他们成为好的沟通者、明智的公民、具有批判性思考的人、成功的问题解决者的可能性也就越大。

学生需要更好地理解所拥有的技能和知识如何运用到其他课堂或校外情境。学生常常能够从一门课程自发地推论到另一门课程，但他们并没有足够的推论支持成熟的学习迁移。举例来说，他们在数学课堂上学到的计算技能很难被迁移到科学课堂的问题解决上。一项研究显示，高中生不认为在写作课中预期要学到的写作技能可以用在其他课程上(Bergmann & Zepernick，2007)。

这些与学习迁移相关的研究都证明学生将知识应用到新情境的能力非常有限。显然，我们对于刻意要使学习迁移的关联增强新学习的效果做得还不够。学生在新旧知识之间产生的联结越多，他们越可能理解意思和产生意义，进而记住新学习的知识。当这些联结能够从不同的课程领域中得到拓展时，它们就会建立起一个彼此关联的神经网络架构，以便日后需要解决问题时进行提取。

主题单元和综合课程学习都可以强化学习迁移。

主题单元和综合主题单元学习都可以强化学习迁移。这种方法能为学生提供更多的刺激经验，并且帮助他们看到多种主题之间的一些共性，因而可以加深学生对于未来应用的理解。例如，主题单元可以关注环境(如温室效应等)、历史(如美国内战等)、科学(如电力资源、探索太空、生态系统等)和人文艺术(如现实主义小说、诗歌等)等议题。综合主题单元跨越了不同的课程领域。网络是综合主题单元构想的绝佳资料来源。图 4.2 就是可以适用于小学和初中年级的综合主题单元的例子。除了重组课程，现在还有一个问题：我们该如何选择教学方法，确保产生学习迁移的效果？

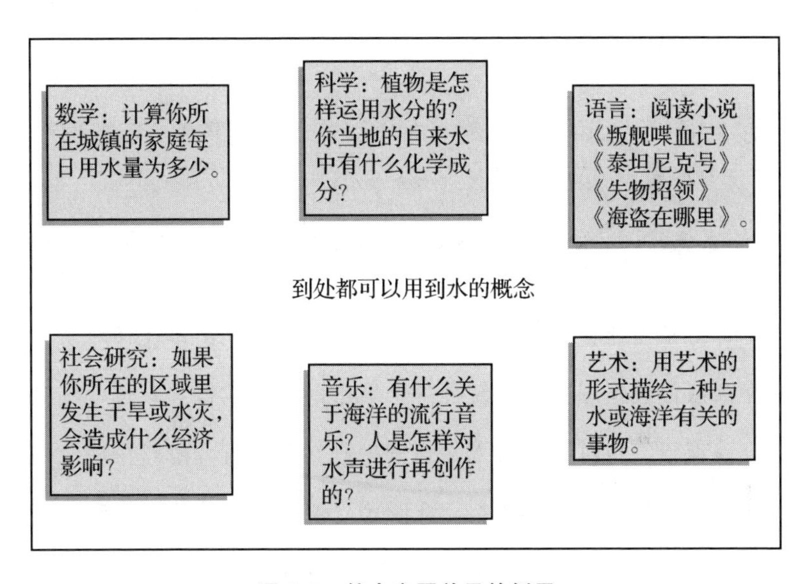

图 4.2 综合主题单元的例子

说明：这里是一个关于水的综合主题单元的例子。学生可以有机会深入理解水是如何直接影响他们的日常生活的。这种方法可以增加他们在之后的情境中产生知识学习迁移的可能性。

学习迁移的教学

相比于学生自己有意识地进行，学习迁移更多由环境激发。你试过在听到一首歌的时候被带起一串回忆吗？你可能无法控制这种回忆，除非环境中有什么事情瞬间吸引你的注意力，如你的孩子正在哭泣或火警铃在响。学生在学校时，环境中最具代表性的事物是什么呢？当然是老师了！老师常常是学生进行学习迁移的激发者。如果老师意识不到这一点，他们可以很容易在学习情境中激发学生的正面学习迁移，但也同样很容易在不经意间激发学生的负面学习迁移。

测试题 9：大多数时候，一个学生可以有意识地从长时记忆中提取信息。这种观点是否正确？

答案：错。学习迁移更多由环境激发。

文学课上学习迁移的例子。下面这个例子说明了学习迁移对学习课程内容的阻碍或促进作用。我曾经在一个城市的高中学校观察过一个英国文学的高年级课程。当时是四月末，当学生进到教室时，他们在讨论即将到来的期末考试、舞会和毕业典礼。此时第二遍上课铃响了，老师训诫学生让他们集中注意力："今天，我们将学习威廉·莎士比亚的另一部戏剧。"当老师威胁学生说要撕毁他们快要到手的毕业证时，学生嗡嗡的讨论声才减弱了。从他们的反应和自发的想法来看，学生对过去关于莎士比亚的经验的知觉几乎都是负面的。老师并没有意识到这一点，因此激发了学生的负面迁移，让学生建设性地专注在这部新的戏剧上恐怕就没那么容易了。

当天下午，我在另一个老师的英国文学课堂中发现了自己的影子。学生一进教室就被教室前面大大的电视机和录音机吸引。老师让同学们"看电视屏幕，然后讨论看过的内容"。之后的 15 分钟，电视上出现了从电影《梦断城西》中经过精心剪辑的片段。学生可以从充分的故事情节里了解剧情，而且音乐也足以吸引学生的注意力。学生被迷住了，其中一些人甚至跟着唱了起来。当播放到托尼和玛丽亚的哥哥要决斗的时候，老师暂停了播放。学生开始抱怨，他们想要知道谁会胜出。老师说在现代来说这确实是一个古老的故事集，但他有原版电影的文字脚本。演员的名字和都已不一样，但剧情是一样的。当学生在讨论他们在电影中看到的内容时，老师把莎士比亚的戏剧《罗密欧与朱丽叶》的文字脚本发给学生。很多学生都迫不及待地翻开试着找到这场决斗的结果！老师对于正面学习迁移的理解很透彻，并且也成功地运用了这种迁移。

要有效地运用学习迁移，老师需要有目的地确认那些有利于学习的因素（正面学习迁移），而减少或消除引起干扰的因素（负面学习迁移）。

老师常常是学生进行学习迁移的激发者。

影响学习迁移的因素

在学习情境中，学习迁移发生的速度取决于信息检索的速率。如前所述，信息检索的速率在很大程度上是以学生所创造的存储系统和知识原本存储的状态为基础的。在长时记忆存储中设计出归档系统是一种可以习得的技能，在高度组织的神经网络中可以运作。工作记忆所运用的线索，能够对含有类似内容的神经网络中的材料和文件进行编码。

死记硬背的学习方法并不能促成学习迁移。

这种线索帮助长时记忆进行定位、确认以及选择之后用来提取的材料，这与文件夹上用来定位和确认文件内容的标签作用相似。学生如果要回忆一个复杂的概念，需要从不同的存储区域中找到信息，将其输送到额叶中进行组装、校验和解码，然后进入工作记忆中。学习系统中的很多因素都会影响学习迁移过程的性质。研究者已经确认了以下四点：①原来学习的情境和程度；②相似性；③关键属性；④关联。

每一种因素都非常重要，而且常常相互作用(Hunter，2004)。

原来学习的情境和程度

在进行新的学习时，学习迁移的质量取决于原来学习的质量。我们大多数人都可以很容易地回忆自己的身份证号码，或记得很小的时候在学校学过的一首诗。如果原来的学习是良好而且准确的，那它对新的学习的影响就会更有建设性，而且有助于学生取得更高的成就。举个例子来说，如果某个学生没有很好地掌握一些科学方法，这个学生就很难在实验分析上表现出色，也很难将这些学习内容迁移到今后的学习中。

如果某些内容很值得教授给学生，那这些内容就值得好好地教。死记硬背的学习方法并不总能促成学习迁移，但是通过理解学习却可以做到。因此，过快地学习太多概念可能会阻碍学习迁移，因为学生没有机会将学习内容组织成一个有意义的形式以及与之前相关的内容进行联结，因而很容易只记住一些彼此独立的内容。

我们让学生对新的学习和适合的学习情境有所意识，就是在帮助他们为之后的回忆建立联结。当新的学习内容和学习情境的联系过于紧密时，学生可能会无法将学到的知识和技能迁移到其他情境中。例如，如果学生觉得只有英语写作需要注意语法的正确性，那他们在其他课程上的写作就会变得粗心。

我们在前面几章讨论过，如果学生有多个机会对信息进行复习或使用，他们就会记住这些信息。但我们的时间往往只够让学生对一个主题有低层次的掌握就跳到下一个主题了。针对学习迁移的研究也显示，与只学习一次相比，学习迁移可以在学生常常浏览重要主题时得到提高。

运用学习迁移时，我们先让学生回顾以前的学习内容。如果老师对过去的内容教得比较好，可以有助于学生获取现在的知识，而今天所学的内容又成为之后回顾的内容。如果老师对现在的内容教得比较好，所产生的正面学习迁移就会强化明天的学习。也就是说，今天学习的内容是明天学习迁移的内容。

如果某些内容很值得教授给学生，那这些内容就值得好好地教。

相似性

学习迁移的产生取决于正在学习某个内容的情境与知识迁移的情境之间的相似性。因此，在一种环境下学习的技能会迁移到相似的环境中。例如，商业喷气机飞行员真正坐在真实飞机的驾驶舱之前，都要在飞行模拟器中进行训练。模拟器精确复制了真实飞机，在模拟器中的所有训练和学习都可以迁移到真实的飞行情境中。这种正面学习迁移可以帮助飞行员快速适应真正的飞机，并且减少犯错。如果你曾经租过车，你会发现不需要太多时间就可以适应这辆车，然后开走。因为这辆车的构造与你自己的车类似，大多数重要的部件都在你熟悉的位置上。不过你可能需要一点时间确认雨刮和灯光切换器的位置。

教授新的材料时，老师常常运用相似性。他们可能会让学生同时学习拼写相近的单词，如 beat，heat，meat，neat(节拍，热量，肉类，整齐)。学生可能会运用他们寻找路径地图上某些地方的位置的技能将数字标记在图上。同时展示两个过于相似的信息会促进记忆的保持。消防演习是运用相似性的另外一个例子。就连在学生学习课程材料的地方对学生进行测验也是运用环境的相似性来达到正面学习迁移的效果。

感官模式的相似性是学习迁移的另一种形式。使用红色来表示危险能够警告我们注意交通信号灯、火警箱的位置或危险的区域。感官模式的相似性还会导致犯错。学生可能会对这几个词感到困惑：there，their 和 they're(那里、他们的、他们是)，因为这几个词的发音很相近。如果没有上下文语境，学生就辨别不了某一单词的准确读音。

工作记忆与新的学习内容关联的细节线索越多，长时记忆就越容易确定这些内容是正在探寻的内容。这个过程会产生关于长时记忆和记忆提取的有趣现象：我们通过相似性存储信息，通过相异性提取信息。也就是说，长时记忆通常将学生认为包含相似特性或关联性的内容存储在同一个神经网络。这种神经网络的识别是工作记忆在复习和整合过程中产生的其中一种联结。要想提取一个事物，长时记忆要在这个神经网络中识别这个事物和其他所有事物之间的相异性(见图 4.3)。

例如，你会怎样在人群中认出你的朋友呢？绝对不会是凭借你的朋友有两条手臂、两条腿、一个脑袋和一个躯干。这些特性只会让你的朋友和其他人类似。要从其他更细微的不同之处着手，如脸部特征、走路姿势和声音，这些可以让你将你的朋友从其他人中区分出来。你的朋友独一无二的特性就为他的关键属性。如果你的朋友是同卵双胞胎，且他们同时出现在人群中，你就可能很难辨认出你的朋友。同样，如果两个概念之间具有高度的相似性而只有很少的相异性的话，学生就会很难区分开。

按道理，两个非常相似的概念不应该同时被教授。

两个过于相似的事物所导致的问题。思考一下经度和纬度的概念。这两个概念的相似性远远超过两者的相异性。这两者都使用同一个测量单位，都对应指南针上的四点，都是虚构的线，都位于地球表面的某些点上，而且发音和拼写也都很相近(longitude 为经度，latitude 为纬度)。它们唯一的区别就是空间指向不同。同时讲授这两个概念会很困难，因为它们之间有太多共性而遮掩了它们的不同之处。相似性的问题无处不在，因为课程设计上常常会把相似的概念编写在一起进行教学。事实上，课程编写委员会在改写课程时，一种做法是列出所有学生认为困难的概念，然后辨认因同时教授两个相似的概念或运动技能而导致的困惑。请参阅本章实践角的内容，了解这种情况在何时会成为问题，并且了解如何解决这个问题。

关键属性

提取特殊属性(关键属性)的时候会发生学习迁移。关键属性指的是让某个想法变得与众不同的特性，它们是事物彼此区分的线索，学生会将其作为记忆存储过程的一部分。像“两栖动物既可以住在陆地也可以住在水里”“同音字指的是发音相近但意思和拼写都不一样的词”以及“要发出声音，必须使某个物体振动”这样的陈述都是识别某个概念的关键属性的例子。

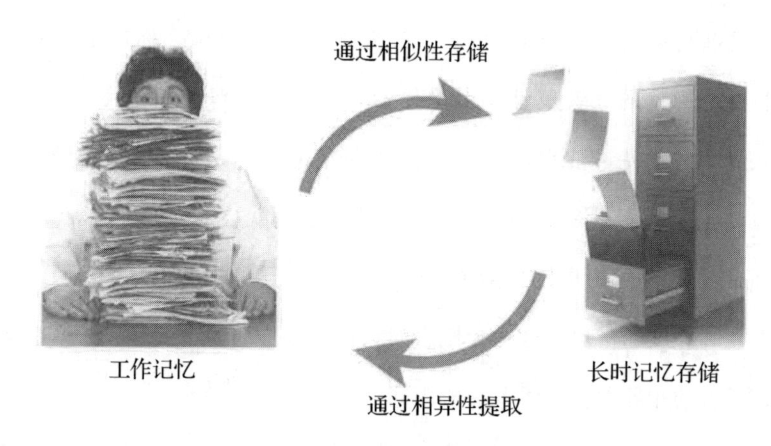

图 4.3　信息的提取

识别某个概念的关键属性是一种有力的记忆工具，但并非易事。我们所在的文化追求人人平等。这种文化以相似性为价值所在，而非相异性。因此，我们的大脑神经网络从很小就开始将相似性组织起来，而且老师也常常在课堂中运用相似性教授新的知识。通过识别这些概念的不同之处完成记忆存储区域中信息的提取。因此，老师可以通过让学生识别那些事物的独特属性，帮助学生准确地处理新的学习内容。例如，探险家的关键属性是什么？这些关键属性可以用来区分瓦斯科·达·伽马和拿破仑·波拿巴吗？学生可以运用关键属性对概念进行分类，以便将这些内容和适当的线索一起存储到具有逻辑性的神经网络中。这会有助于长时记忆的搜索，提高学生准确识别和提取所需概念的可能性。

对于教学委员会而言，另一种做法就是更新课程，将教学内容中所有主要概念的关键属性纳入其中。如果委员会的成员无法对一个特定主题的关键属性达成共识，试想一下学生也会面临这个挑战。

关联

当同时学习两个事件、活动时，就称两者互为关联，或互为联结，这样在回忆其中一个的时候，也会自发地回忆起另一个。就像想到罗密欧也会想到朱丽叶，在音乐厅听到过的一首歌可能会引出你关于这首歌的一些事件的回忆。以前一位很亲近的朋友身上的古龙水味道会触发你对这段关系的情感。诸如麦当劳的金色拱门这类商标和产品符号就是用来让人回忆起麦当劳的商品的。尽管这两个事物之间并没有相似之处，但是人们同时了解这两个事物，因此也会同时回忆起来。

这里有一个关于学习迁移的简单例子。看着下面的这些单词，在右边的线上写下你看到左边的单词时脑中浮现的一到两个词语。

星期一　＿＿＿＿＿＿＿＿

牙医　＿＿＿＿＿＿＿＿

母亲　＿＿＿＿＿＿＿＿

假期　＿＿＿＿＿＿＿＿

婴儿　＿＿＿＿＿＿＿＿

紧急情况　＿＿＿＿＿＿＿＿

金钱　＿＿＿＿＿＿＿＿

星期日　＿＿＿＿＿＿＿＿

你在线上写下的词语代表了你对列表中每一个单词关联的想法。这里有一些人对星期一写下的相关词语：工作、感伤、开始。而对于母亲一词则是爱、苹果派、照护、重要、安全感、父亲。你写下的词语和这些相似吗？可能相似，也可能不相似。让你的家人和朋友也来完成这个活动，并且注意他们的回答。我们每个人都会根据我们独特的经验对这些概念产生不同的关联。这个活动说明了人们会对相同的概念有不同的关联。

建立关联会增强大脑保持信息的能力，在神经元之间形成新的联结，并且编码新的见解。和大树长出新的树枝非常相似，我们所记住的每一个事物都会变成另一些记忆可以依附的树枝。我们学习和保持的事物越多，我们可以学习和保持的内容也就越多。

我们学习和保持的事物越多，我们可以学习和保持的内容也就越多。

和学习关联的情感。当感受或情感与学习产生联结的时候，所产生的关联尤为有力。早前我们提到过当情感信号强烈且与长时记忆之间存在纽带时，大脑的杏仁核会将这些信号进行编码。我们同时也要注意，情感常常比认知过程对注意力有更高的优先使用权，像是流产、大屠杀、极刑等词语常常会唤起人们强烈的情感。数学焦虑就是与数学相关的有强烈感受(很可能是挫败感)的一种例子。一方面，一些学生会逃避学习数学的新情境，避免因此而引起的负面感受。另一方面，一些学生会为他们的爱好花上数小时，因为他们在这些爱好上关联了愉快和成功的感受。因此，老师应该努力让正面的情感和新的学习内容产生纽带，让学生觉得可以完成并且享受这个过程。老师在做下列事情的时候，就可以让新的学习内容和正面的情感产生关联。

①运用幽默(而不是讽刺)作为课程的一部分。

②设计并且讲一些故事来增进对概念的理解。研究显示故事可以激活大脑的所有部分，因为它们可以触动学生的经验、感受和动作(Scott-Simmons，Baker，& Cherry，2003）。

③在课程中包含一些对学生来说有意义的真实例子和活动。

④要说明老师自己是真的在乎学生的成功与否的。这意味着老师在课堂纪律和测验中花费更少的时间，而花费更多的时间在询问学生这些问题上："你学得怎么样？什么样的教学方法对你更有效果？"

学习新的概念很少会遵循非常平稳流动的线性发展，反而是一个有着时断时续、时而成功建立正面情感、时而导致负面情感的动态过程。当学习停止了运转时，老师要帮助学生克服与挫败有关的负面情感，向他们提供支持，将他们引向成功——不管这个成功有多么微小。

教学方法

老师不要假设学生得到充分的信息基础后就能够自动发生学习迁移。明显而高效的学习迁移只发生在当我们的教学确实有效果的时候。亨特（2004）、梅斯特（2002）、帕金斯和萨洛蒙（1988）、威金斯（2012）以及其他人都曾指出，如果老师理解了影响学习迁移的因素，他们就能够设计出运用正面迁移帮助学生更快学习、解决问题、培养创造力和创作艺术作品等丰富学习经历的课程。

为了让教学达到学习迁移的效果，我们需要思考这两个主要因素：时间的顺序以及学习内容之间学习迁移联结的复杂程度。时间的顺序指的是老师运用时间的方法及学习情境的迁移。学习迁移可发生在过去与现在之间，也可发生在现在与未来之间。

过去与现在之间的学习迁移

过去的学习→老师的帮助→现在的学习

在这个模式中，老师将学生过去的学习内容与现在的学习内容做一些联结，可以促进学生的意思理解和意义理解。选择清晰、明确而且密切相关(不只是有关而已)对现在的学习内容非常重要。例如：

①英语老师使用电影《梦断城西》作为课堂导入，这样学生可以将他们关于街头帮派和争斗的知识进行迁移，帮助他们理解莎士比亚的戏剧剧情。

②科学老师让学生回忆关于植物细胞的内容，帮助学习植物细胞与动物细胞之间的相似和不同之处。

③社会研究的老师让学生思考引发美国内战的起因，了解他们是否能够解释越南战争的起因。

现在与未来之间的学习迁移

现在的学习→老师的帮助→未来的学习

老师尽量将现在的学习情境营造成未来能够用到迁移知识的情境。为了让学习迁移达到应有的效果，学生必须对原来的学习内容(现在的学习内容)的掌握达到一定高度，而且能够认识到造成情境相似或相异的关键属性和概念。例如：

①学生学习一些事实和观点的关键属性，这样他们可以将这些学习内容迁移到之后需要评估公告、新闻报告、选举活动等类似活动的情境中。

②学生学习如何阅读曲线图、饼图和表格，这样他们之后可以评估那

些需要分析和据以采取行动的数据。

③学生学习个人安全的人际关系实践，以此来保护自己。

设计一些诸如桥接和衔接这类的教学技巧，用来帮助学生在过去和现在之间、现在和未来之间进行创造出学习迁移的联结。这些教学技巧可以用在所有科目领域中，而且既可以用在认知概念上，也可以用在心理运动技能上。读者可以在本章实践角的内容中找到关于这些教学技巧的例子。

学习内容之间联结的复杂性

在某个学习情境中，学习迁移发生的方式可以从非常表面化的关联到非常复杂、抽象的关联。例如，当要租车的时候，只需要几分钟来适应车的模式、找到雨刮和灯光切换器，然后开走。解读关于学校经费预算的饼图，需要回忆先前在数学课堂中学到的曲线图分析技能。学生将新的学习环境感知为与过去曾经实践过的环境相似，而且这样的相似性会自动激发相同的学习行为。

隐喻、类比和明喻。学习迁移的联系在新的学习情境中可以是复杂的，需要学生对知识或技能做到抽象应用。隐喻、类比和明喻对于推动抽象学习迁移是非常有用的工具。隐喻是指对一个物体或概念的词语或短语并不从字面上与他者进行比较。如果有人说："外面在下猫咪雨和小狗雨，我都要被淹死了！"显然，不可能会下动物雨，这个人也没有被淹死。这个人只是在比喻，而这个用来比较的喻体实质上与本体并不相似。类比则是比较两者的部分相似性，如将心脏比喻为泵。而明喻则是比较两个完全不相似的东西，如她就像一朵玫瑰。

隐喻常常可以像文学语言一样良好、快速地传达抽象材料的意思。隐喻有助于解释复杂的概念或过程。地质学家在描述冰川移动时，会把它比喻成平底锅上流动的面糊，而冰川则像土地上的一把巨大的犁。将长途旅程比喻为生活，这也是一种隐喻。我们让学生将道路上遇到的情景和生活中遇到的情景进行比较。道路突起、弯路、路标、广告牌和我们曾经观光、经过或停留一段时间的地方，这些事物和生活之间又该如何比较？复杂的学习迁移模式可以帮助我们回顾过去：当我遇到一个可以帮助我决定现在应该选择什么课程的重要转折点时，我用了什么样的思考策略？这些迁移模式还可以帮助我们展望未来：旅程计划应该在需要为更重大的计划做出重要决定时帮助我做好准备。

这些策略具有丰富的意象，而且通过鼓励学生寻找他们平常不会想到的关联，增强他们的思维过程。他们会在这些想法的关系中进行内省，从而对新的学习内容有更透彻的理解。在第五章中还有更多类似的意象。

隐喻常常可以像文学语言一样良好、快速地传达抽象材料的意思。

日记法

当学生有机会对他们新的学习内容进行思考时，学习迁移更有可能发生。这种反思时间可以在知识整合期间进行，而且如果可以让学生做一些具体任务，学习迁移更有可能发生。写日记是一种非常有用的整合技巧，因为这不仅可以帮助学生对之前所学的知识进行联结，而且可以

日记法是知识整合和学习迁移的一种有效策略。

将概念组织成神经网络并最终得以保存。这种策略只花费数分钟，但就增进理解和知识保持而言，却可以有巨大的收获。请参阅本章实践角的内容，了解成功运用日记法的详细步骤。

学习迁移与建构主义

频繁、适当地运用学习迁移，极大地促进了建构主义的学习方法。持建构主义的老师会做以下这些事情。

①依据学生的反应对教学策略和内容进行修改。

②培养学生进行对话。

③在学生分享他们自己的见解之前，先了解他们的理解程度。

④鼓励学生阐述他们最初的反应。

⑤让学生有足够的时间建立关系并且创造一些隐喻。

在这里和前面章节中，我们都讨论过这些策略，而且这些策略也是那些精通学习迁移运用并在课程中刻意使用学习迁移的老师常用到的。

英语学习者与学习迁移

在本章前面的部分，我们曾经讨论过学习迁移对那些英语学习者的影响。老师如果想要成功地对英语学习者进行教学，应该对学习迁移的影响有很好的理解。由于英语学习者会试着在英语教学课堂上获得课程内容，老师需要考虑面对他们时会遇到的挑战。这些学生的大脑需要处理两种心理词典，一种是他们自己的母语(非英语)，另一种则是英语(见图4.4)。随着这些学生年龄的增长，以及接受英语教学程度的变化，他们的社交英语词汇量可能会比课程英语词汇量多。这种跨语言的学习迁移数量主要取决于他们的母语和英语之间语法和写作系统的相似程度。例如，以西班牙语为母语的学生，他们会比以俄语或汉语为母语的学生学起来容易一些，因为后面两者的语言语法规则和写作系统与英语都非常不一样。

不管他们的母语是什么，英语学习者都必须掌握和理解那些专业英语。要真正掌握那些变成以正确的英语表达的新的信息内容，他们需要将他们用母语进行过处理的知识内容进行翻译。这种心理负担会通过学习迁移的影响而减弱或加重。这些英语学习者自身的文化背景也有重要作用。一些文化价值和行为很容易可以迁移到北美的社会文化上，另一些可能不那么容易。英语学习者常常为远离自己的文化而感到不舒服，而且也不情愿与其他以英语为母语的同学混在一起，因为那些同学可能会由于习惯、衣着或外表等避开他们。他们可能会害怕失去对他们的文化认同。成功的老师会意识到哪些文化价值容易迁移，哪些不容易迁移。这些老师会在课程中整合多元文化，认可、接纳那些学生的多样性，将它们也纳入课堂和校园环境中。要了解更多关于如何处理英语学习者问题的信息和策略，请参考其他内容(Sousa，2011)。

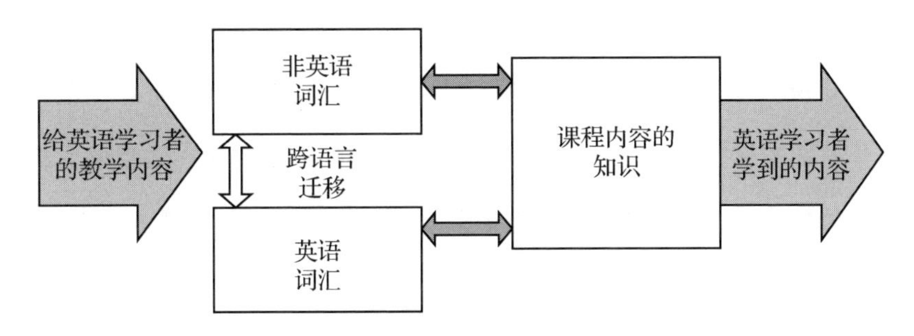

图 4.4　两种心理词典

说明：由于英语学习者会试着在英语教学课堂上获得课程内容，跨语言迁移可以促进或阻碍他们的理解。老师应该对这种学习迁移的问题保持敏感度，并且根据他们的需要设计课程(Sousa，2011)。

科技与学习迁移

科技正快速地改变着教室的环境。流媒体视频让老师可拥有成千上万比课文更引人注目的视频剪辑资源，这些视频剪辑可用于展示课程概念。而网络则让学生可以有很好的机会向世界各地的学生和专业人士分享他们学到的内容。例如，当学生在现实生活的数学课上遇到困难时，他们可以和建筑师、工程师、科学家、其他可以向他们演示实际工作中数学应用实践的人交流。与学习迁移有关的活动还有与学生分享现代和其他时代中的全球性议题，如气候改变、环境污染和人口过多，以此了解不同社会的观念和角度。加入这些议题可以让课程内容变得更有意义，而且可以提高新知识的记忆和未来应用的可能性。

在课堂上运用一些与学习内容相关的电子游戏往往可以让学生更积极

地了解所学知识与真实世界的联系。学习动机和兴趣是鼓励学生更好地理解所学知识、更深刻地进行思考和理解的良药。稍微了解一下那些电子游戏，你就能知道它们是如何被设计成逐渐增加挑战性，并在适当的时机给予反馈的模式的。学生进行这些电子游戏的时候所习得的思考和运动技能，也可以转化为帮助他们解决未来在现实世界中可能遇到的问题的方法。

关于学习迁移的其他概念

学习迁移也可以指“那么所以”式的学习。学生学习某些信息和技能时的情境常常与他们应用这些知识时的情境不一样。如果学生没有知觉到这些信息和技能在将来的应用，他们可能会不怎么专注，并且少花一些功夫。2015 年，一项针对超过 90 万名初中生和高中生的盖洛普民意调查发现，学生在初中和高中阶段变得更加不投入，因为他们的老师并没有让他们觉得学校的学习很重要(Gallup，2015)。这个认知调查说明了如果学生进行初段学习时是以促进深入理解材料的方法进行的，而不是强调表面上的生搬硬套，学习迁移就会更容易发生。当老师让学生参与到说明尽可能多的关键属性的例子中时，他们能帮助学生达到深入的理解。

当然，还是需要花点时间来进行一些死记硬背式的记忆，以促进学习迁移。事实上，那些关于阅读和早期数学发展的研究显示概念学习和死记硬背(如用于阅读的解码能力、早期数学需要的数字概念等)同样重要。

在本书中提到的各种教学策略都可以增进学习迁移。例如，运用音乐和歌曲，或为特殊概念演示一些身体动作等，都可以让学生对这些概念和动作、音乐等产生联结，并且有助于他们在未来提取这些内容。

学习迁移与考试。对问责和考试的持续关注可能确实与提高学习迁移的努力相悖。为考试而教学可能会强调生搬硬套的方法，而取代学习迁移所需的促进深入理解材料的方法。我们需要设计出促进知识产生学习迁移的考试。例如，电脑程序可有助于设计出能够看到深层概念处理过程的评估方法。那些关注未来学习预防(如解决一个相对复杂的新颖问题)的评估方法比那些过分关注在独立学科领域中解决肤浅问题的方法更能够显示出学习迁移的作用。

接下来……

在过去几十年中，关于大脑的一个有趣的发现就是某些大脑区域为处理特定功能专门化了。一些后续研究也让研究者对大脑如何组织以及认知过程所需的广泛线索有了一些有趣的见解。大脑组织也催生出一些延续至今的神话和故事。我们对于左脑和右脑有哪些认识，产生了什么误解？为什么这些信息对于老师和家长如此重要？我们掌握了哪些有关大脑如何进行阅读和数学运算的基本事实？这些关于大脑组织的问题的答案将在下一章揭晓。

实践角

迁移教学指南

学生要想将所学知识应用到新情境中来解决问题，学习迁移必不可少，学生应该在没有任何提示和帮助下独立解决问题。就像足球运动员运球的同时要考虑哪些队员在他身边、哪里有空间可以走动、距离目标有多远，然后才能决定哪一条路线能够让他得分。由于各种方法都不会完全相同，因此运动员必须将平常在练习中所学到的知识技能应用到全新且不断变化的情境中。

要产生学习迁移的效果并不容易，需要学生试着以不同的方式解决类似的问题，这可以让学生加深对课程以外的真实世界的理解。很多学生无法在考试中得到高分，因为他们并不了解考试内容与所学知识之间的关系。

在进行学习迁移教学的时候，可参考下列指南。

①大脑偏好模式化的内容，因此可以试着将教学内容以概念框架的形式展示，这样学生可以了解各知识片段如何彼此联结。但当内容较为复杂的时候，以固定的步骤教授相关的内容就不一定能够促进学习迁移了。

②试着帮助学生从更高层次的思考角度看待问题，并将分析和评估等要素融入其中。这样可以帮助大脑扩展与新知识相关的神经网络，进而激发之后的学习迁移。

③列举几个学生将来可以类比或应用新知识的情境。这种举例的方式可以让学生更理解所学的知识。

④鼓励学生定期观察并反思自己的学习策略，像是解决问题的办法、如何备考以及制定下一阶段的目标等。元认知的练习可以提高学生成功在新情境中迁移所学知识的概率。

⑤运用开放式提问促进学生进行发散性思考，这是让学生将所学知识应用到其他情境必不可少的阶段。例如，可以提问“解释一下我们是否还活在美国内战的影响下”，这样的问题比单纯提问战争何时爆发和结束、说出主要战役的名称等更能激发学生思考，更具有复杂性。“如果”类的问题可以更好地激活大脑神经网络，促进学生进行更深层次的思考。

⑥在布置作业时，让学生试着搜索与新知识在非典型情境下应用相关的例子、类比和应用。

⑦总结也是必不可少的。对知识进行总结可以让学生有机会以自己的方式回顾所学知识，进而与过去所学的知识产生联结，加深理解，并且更了解如何将知识进行迁移。

迁移教学其实是所有学校教育的目的。学生可以从知识在现实世界生活的应用中体会到所学知识的价值。当老师进行迁移教学的时候，学生就会了解所学知识的意义，也会在学习、生活中更好地运用它。

与过去学习内容联结的策略

学习迁移可以帮助学生将他们已知的知识和新的学习内容之间做联结。必须记住，只有当联结和学生过去的知识相关时，这种联结才有价值，而不是与老师过去的知识相关。这个过程也有助于老师找出学生对新材料已经掌握的部分。如果学生对即将讲授的内容已经掌握了，那老师就应该对此做出判断，并且继续往下教(有些课程内容在不同学科领域、不同年级中有太多的重复)。这种方法让老师可以对那些干扰新内容的旧知识(负面学习迁移)保持敏感度。这里有一些建议可以用来了解学生已知的内容，这样就可以让旧知识促进新知识的学习(正面学习迁移)。注意，这些活动运用了新奇刺激和转移学生任务负担的方法，要根据各年级的需要适当选择合适的方法。

短故事。让学生写一个简短的故事来描述他们对某个议题已经掌握的知识。这可以用在任何学科领域中，因为写作是一种需要持续训练的技能(注意：这个活动不仅仅只是写日记，而是有其他不同目的的)。

访谈。让学生组成学伴分享小组，访谈对方，确认彼此掌握知识的程度。

图文组织。让学生选择一种适当的图文组织方法解释并关联他们过去所学的内容。

壁报或拼贴。让学生制作壁报或拼贴报，与同学交流当前学习的内容。

音乐活动。让学生写一首描述所学知识的歌。

模型。让学生构建或画出表达所学知识的模型。

学生自己的方法。学生也可以提议其他展示所学的方法，如写一首诗、画一幅画、创作一个问答表演等。

避免同时教授相似的概念

老师在讲授新的内容时常常使用相似性。他们会说："我们之前上课的时候，你们已经学过这个主题的相关内容了……"这有助于学生通过从长时记忆中回忆有助于学习新知识的相似内容来达到正面学习迁移的效果。但如我们在前面所讨论过的，在学习运动技能时，相似性会成为一个问题。

当两个概念的相似之处多于不同之处时，如经度和纬度、有丝分裂和减数分裂或明喻和暗喻等，学生很有可能会无法区分两者。实际上，相似之处多于不同之处会导致学生将相同的回忆线索关联到两个概念上。因此，当学生之后运用线索进行信息提取时，可能会提取两者之一或两者都提取，而学生可能无法辨认哪一个是正确的。

如何解决这个问题。当需要把两个相似概念设计在同一个课程中时，要列出两者的相似之处和不同之处。如果相似之处和不同之处的数量相当，学生觉得困惑的可能性就会减小，而如果相似之处的数量远多于不同之处，学生很可能就会感到困惑。在这种情况下，可以尝试这样做：

在不同时间教授这两个概念。先教第一个概念，确保学生完整理解并且可以准确运用。然后再教一个相关的概念，让第一个概念有时间进行准确的整合，并且完整地存入长时记忆中。一周之后再教第二个概念。现在关于第一个概念的信息在学习第二个概念时就变成了正面学习迁移。

先教授两者的不同之处。另一种选择就是从两者的不同之处开始进行教学。这种方法对年龄较大的学生会比较有效，因为他们已经有足够的基础对知识之间的微妙不同进行辨别。例如，向学生讲授经度和纬度的唯一差别——它们在空间中的方向不一样，这在确定一个位置时可能会引起混乱。关注差别并且对差别进行练习可以提醒学生注意，并且在他们需要区别两个相似概念以及之后的准确辨认时提供线索。

两个相似的概念应该同时教授这一点看起来很符合逻辑。于是，这么多年来，老师在同一门课中讲授这些相似的内容时都经过了一番努力：经度和纬度，有丝分裂和减数分裂，隐喻、类比和明喻，余角和补角，以及小写字母 b，d，p，q。但这些概念之间的高度相似导致了记忆提取的问题。

要想了解相似性如何影响你的工作，可以尝试这些方法。

A. 思考并列出两个或以上非常相似且会引起困惑的概念。

B. 思考怎样展示这些概念可以让困惑最小化。

确定关键属性以得到准确的学习迁移

关键属性指的是使一个概念区别于其他所有概念的特性。老师需要帮助学生确定这些属性，这样学生可以运用这些属性进行最后的准确回忆。亨特(2004)提出了以下五个步骤。

确定关键属性。假设学生的学习目标是理解哺乳动物和其他动物有何不同。哺乳动物的关键属性就是它们需要用乳房对后代进行照顾，并且它们有毛发。

由老师提供一些简单的例子，如人类、猫、狗等，说明哺乳动物这个概念。重点在于要由老师来举例，而不是学生。因为是在记忆最高点的黄金时段1中讲授这些新的知识，所以要确保所举的例子必须是正确的，同时符合以上关键属性。

由老师提供一些复杂的例子，如海豚和鲸鱼这些生活在水里而与大多数哺乳动物不太一样的例子。此时重申一遍关键属性的应用很重要。

由学生举例。此时老师可以检查学生对概念的理解，确保他们正确运用了关键属性并且掌握到位。学生也必须证明他们所举的例子确实符合关键属性。

介绍关键属性的限制。学生必须意识到关键属性也会有一些限制，并不是每一个例子都适用。在这个课程中，凭这些属性可以准确辨认所有哺乳动物，但也可能误认一些非哺乳动物。例如，鸭嘴兽不仅有哺乳动物的特性，而且也有鸟类和两栖动物的特性，它们属于另一种分类。

检查一下你要教授的主要概念，运用上述五个步骤确认这些概念的关键属性。这些属性可以帮助学生清楚地了解概念之间的不同之处，同时也是对学生日后准确回忆非常有价值的线索。

通过确认关键属性，学生学会了相似概念之间为何不同。这可以帮助学生产生更清晰的理解，有助于概念的掌握，培养将新概念与其他概念适当联结的能力，以及提高准确存储、保持并回忆的可能性。所有科目领域的主要概念的关键属性都需要清晰确认。这里向读者展示一些例子。

社会研究

法律：政府规定，用于控制行为、维持治安，如果违反会受到惩罚。

文化：可通过特定的饮食习惯、衣着、艺术、宗教和音乐确认的群众的普遍行为。

民主：一种政府系统，民众可通过民选代表施行民权。

科学

原子：元素中维持其属性的最小部分。

哺乳动物：有毛发和乳腺组织的动物。

行星：围绕恒星并且绕其轴心旋转的自然天体，无法自己产生光。

数学

三角形：二维的三边封闭图形。

素数：大于1的整数，而且只能被其本身和1整除。

直方图：显示特定区间内数值大小的条状图。

语言艺术

十四行诗：有十四行的诗，以具有特定韵律模式的五步抑扬格写作。

明喻：一种比较两种不同事物的修辞手法。

夸张：不能按照字面意思理解的故意夸大。

试着完成下面这个活动(见图4.5)，确认你的教学内容或学习经验中那些重要概念的关键属性。

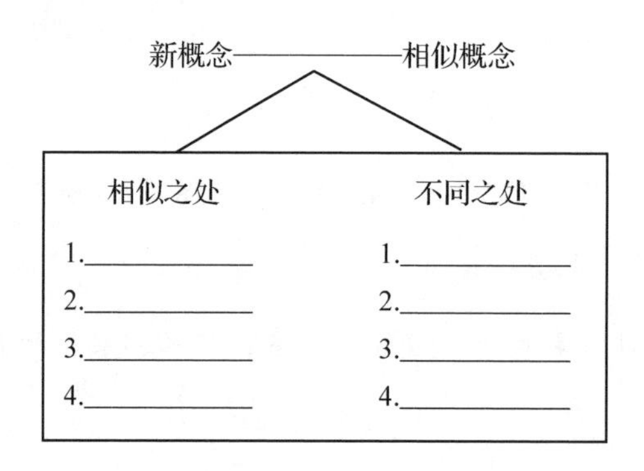

图4.5 概念的类比

A. 和学生合作完成下面“确认独特性与不变的元素”的测试。通过使用上述类比图，找出两个相似概念之间的不同之处。

B. 完成测试后，想一想，通过确认这些独特性和不变的元素能让学生得到什么益处。

C. 列出一些你的课程中适用这个策略的概念。

确认独特性与不变的元素

确定一个主要概念并且思考它的独特性和不变的元素。

概念：______________________________

1. 它的确认独特性与不变的元素是：

____

____

____

2. 举出一些简单的例子：

____

____

____

____

3. 举出一些复杂的例子：

____

____

____

____

4. 学生可能举出的例子：

____

____

____

____

5. 这些独特性和不变的元素(如果有)的限制：

____

____

____

____

学习迁移教学：桥接

在所有研究者中，帕金斯和萨洛蒙(1988)曾给老师提出多种可以达到正面学习迁移效果的教学技巧。其中一种技巧被称为桥接，老师通过帮助学生了解他们已有的知识和其他新的内容之间的关联和抽象化概念，以达到迁移的效果。要实现这种目的可以有多种方法，这里是一些例子。

头脑风暴。在介绍一个新的主题时，让学生思考一下这些新知识可以用在其他哪些场合。例如，学生能否使用刚学过的知识对图表进行分析？他们对于供求规律的理解还可以怎样运用？了解核能发电和替代能源未来还有什么样的价值？

类比。学过一个主题后，运用类比对两个系统之间的相似之处和不同之处进行考察。例如，让学生进行比较：经历越南战争后的越南与经历内战后的美国有什么异同？苏联解体后的俄国与革命战争后的美国有什么异同？

元认知。在解决问题的时候，让学生探讨解决问题的方法以及讨论每种方法的优劣之处。举个例子来说，在人口稠密的地区，要如何解决日益增长的电力需求？还有哪些可用能源是安全、经济而又实用的？政府可以采用什么样的区域化策略提高政治效能和经济服务水平？这会给当地政府带来什么样的影响？让学生讨论，如果采用了他们的解决方法，这些方法的成效会如何，他们下次会如何改进这些方法提高成功率。

桥接。通过联结学生已知的知识与新的内容和情境达到迁移的效果。选择一个概念(如能源、民主、平衡、寓言)，并且使用下列策略将之与学生过去的知识进行关联。

①头脑风暴(将新知识应用到其他情境中)。

②类比(考察相似和不同之处)：此处可以借用类比地图。

③元认知(通过考察替代方案的优劣解决问题)。

学习迁移教学：衔接

由帕金斯和萨洛蒙(1988)提出的衔接法，指的是运用相似性，让新的学习情境更接近之后需要学习迁移的情境。这是一种较低层次的迁移，而且当遇到新的情境时需依赖学生几乎是自动的反应来完成。老师应该确保情境的相似性能够让学生运用的知识和技能得到迁移。当学生使用单词搜索拼图确认特定法语动词书写的前后顺序，并不意味着他们也会理解这些书面或口头使用的法语动词。衔接的意思就是让新的教学内容与环境以及学生将来可能面临的要求尽可能接近。这里有一些方法可以辅助设计衔接课程。

模拟游戏。这些游戏可有效帮助学生在不同情境中练习新的角色。学生可以使用辩论、模仿、审讯、侦查等方法解决复杂的法律和社会问题。

心理练习。当学生无法对即将到来的情况进行复制时，此时学生对可能发生的情况进行心理练习会很有帮助。学生可以复习不同情境的多种潜在可能性，并且设计处理不同情境的心理策略。假设一个学生要为校报面试一位行政候选人，除了预先准备好的问题外，这位学生根据候选人的反应还可以提出什么样的问题？如果候选人沉默或改变了提问进程又该如何？

偶然性学习。当学生问及解决某个问题时有什么信息或技能是必需的时候，就让他们学习这一点。例如，如果学生要建构一个演示气体定律的模型，要设计并在合理的经费范围内构建这个模型，学生还需要学会什么能够让模型有效演示出气体之间的关系？

衔接。让新的学习情境和未来期望发生迁移的情境尽可能相似。选择一个概念(或与你在桥接练习中一样的概念)，并使用以下策略了解这个概念在之后情境中的运用效果。

模拟游戏(在不同情境中练习新的角色)：

____

____

____

____

心理练习(为解决不同问题设计一些心理策略)：

____

____

____

____

偶然性学习(需要用第二次学习来补足第一次学习)：

____

____

____

____

运用隐喻增强学习迁移

隐喻可以和书面语言一样快速、良好地传达意思。它们通常都有丰富的意象，是非常有用的桥接策略，而且既可以应用在内容学习上，也可以应用在技能学习上。韦斯特、法默和沃尔夫(1991)提出了在课程设计中运用隐喻的七个步骤。

选择隐喻。选择符合拟合优度(隐喻对目标概念或过程的解释度)的适当的隐喻。

强调隐喻。必须在课堂中时常强调隐喻。学生对形象化的隐喻更为敏感，对字面上的隐喻则不敏感。

建立环境。正确解释隐喻需要老师营造运用隐喻的环境。隐喻不应单独使用，尤其是当学生对隐喻的背景知识缺乏理解的时候。

提供意象引导。学生需要通过老师的指导从隐喻的丰富意象中获益。“为这个概念建立一个意象”会是一个好方法。

强调相似和不同之处。隐喻是把一个已知的物体或程序与另一个物体或程序之间的相似之处做对比，因此老师应该强调隐喻与新知识之间的相似之处和不同之处。

提供机会让学生进行复习。运用死记硬背和精心思考两种复习策略，帮助学生辨认隐喻和新知识之间的相似之处和不同之处，并且还可以加强学生的理解，丰富联结的种类。

注意混杂的隐喻。隐喻是一种非常强大的学习工具，因此要保证谨慎地选择。混杂的隐喻会引起学生的困惑并导致误差。

我们在设计信息处理模型时也用过隐喻的方法。现在让我们练习一个不一样的概念。

指导语：和你的同伴一起，选择一个概念，然后决定什么样的隐喻会有助于你或你的同伴更好地记忆这个概念。

概念：____________

隐喻：____________

运用日记法促进学习迁移和知识保持

日记法是一个可以非常有效地促进正面学习迁移和知识保持的方法。它几乎可以应用在所有年级和科目中，而且在进行知识整合时尤为有效。运用这种方法时，使用纸笔做记录会比使用电子设备的效果更好，因为近期有研究表明，相比于使用电子设备打字录入，学生使用纸笔对所学内容做记录可以更好地记忆、理解和应用。之所以如此，是因为纸笔书写相对于打字时的机械录入需要大脑对所记录的内容进行更多思考和总结(Mueller & Oppenheimer，2014)。学生过于习惯使用电子设备打字，以至于亲手书写时会下笔迟疑。因此应该向学生解释和打字相比书写的好处是什么，让学生了解这样做可以让他们更好地记住所学内容。

老师可能不太愿意使用这个技巧，因为他们认为这种方法会花费太多的课堂时间，而且会增加他们批改作业的工作量。然而，这种策略其实一次只需要3到5分钟，每周只需要2到3次。也就是说，老师只需要定期抽查这些日记。学生所获得的知识理解和知识保持会非常值得他们做这个小小的时间投资。这里向读者提供一些将日记法的运用效果最大化的建议。

学生应该在每一个课堂或学科领域中都保持写日记的习惯。

在将日记用作知识整合时，让学生记下他们对这些问题的答案。

“我今天学了关于________(此处为学生特定的学习内容)的知识。”要避免提问“我今天做了什么”，因为较年轻的学生会很容易关注活动，而不是学习的内容。这个问题可以帮助学生理解。

“今天所学的内容和已知的内容________(填入可以帮助学生产生正面学习迁移的旧内容)之间有什么关联?”可以给学生一些提示来引导他们思考。我们最终都是希望促进他们准确记忆。这个问题可以帮助学生将新知识组块化，并存入已有的神经网络中。

“这些知识对我们有什么帮助？我们今后可以如何运用这些知识和技能?”如有必要可以给学生一些提示。这个问题可以帮助学生找到知识的意义。

你可以将一天的日记作为进入下一天内容的预热活动，并且提供新的相关内容。

思考的关键点

在这一页上快速地记下一些关键词、重要概念、策略以及你想要在之后复习的资料。这一页可以成为你个人的知识小结并且帮助你唤起记忆。

Chapter 05 | 第五章

大脑的组织与学习

尽管有无数例外，但是大部分分裂脑研究都已经揭示出大脑的高度偏侧化。也就是说，大脑的每一个半球都有特定的功能分化。

——迈克尔·加扎尼加(Michael Gazzaniga)

本章亮点：本章探索了关于大脑区域如何为处理特定任务而分化的研究，考察了我们如何学习说话、阅读和数学运算，并说明了这些研究结果如何应用到我们的课堂教学、学校课程和结构上。

到了本书的后半部分才开始介绍大脑功能——大脑区域是如何分化的，可能会有点奇怪。但正是这些功能分化让那些使人类成为独一无二个体的特性得到发展，如不同的学习风格和复杂的口头表达及写作等。这些卓越的特性很大程度上取决于记忆系统和学习迁移。因此，本部分需要读者首先回顾一下记忆和学习迁移的效果，进而更好地理解大脑组织的本质及其对学习的影响。

大脑的偏侧化

人类大脑的其中一个奇妙的特性，就是整合成不同部分的能力。看似在大脑不同分化区域中互不相关的活动却是一个统一的整体。大脑扫描显示了大脑的特定区域在处理和进行特定任务时是如何活动的。举例来说，听觉皮层对输入的声音做出反应，额叶对认知复习做出反应，大脑左半球的一些部分则对口头语言做出反应。大脑的特定区域对应独特功能的能力被称为大脑特异化(cerebral specialization)。如果大脑活动局限在大脑的某一侧，则被称为大脑偏侧化。

越来越多的研究证据说明了大脑区域的分化，即使是早产的新生儿，其大脑也显示出区域分化(Kwon et al.，2015)。现在，研究者大多都赞同大脑是由一系列用于处理特定任务的模块化单元组成的这一点。根据这个模块化模型，大脑是各种用于心智信息处理(如语言模块、数学运算模块、脸部识别模块等)的单元的组合，而不是由各个能够发挥功能的部分所组成的独立个体(Dwyer et al.，2014；van den Heuvel & Sporns，2013；Yamaguti & Tsuda，2015；Yang & Shah，2014)。

在扫描技术发展以前，就已有人发现了大脑的偏侧化。1950 年代末，神经外科医生认为，帮助严重癫痫发作病人的最佳办法，就是切断他们大脑的胼胝体，而胼胝体是一个由超过两亿条沟通两侧大脑的神经纤维组成的粗壮缆线。这种治疗方法将两侧大脑割裂开来，导致受损大脑半球中的癫痫发作无法传送到对侧大脑。他们曾对患癫痫的猴子进行手术试验，试验结果令人满意。1960 年代早期，外科医生已经准备将这种技术应用在人类身上。这方面的其中一位先锋是加州理工学院的斯佩里。在 1961 年到 1969 年期间，外科医生伯根和沃格尔成功地在斯佩里的指导下完成了几次手术。

尽管这些手术减弱或消除了癫痫发作，但是没有人确切地知道这会对那些被切断了两侧大脑之间桥梁的割裂脑病人造成什么样的影响。斯佩里和他的学生加扎尼加对这些病人进行了试验，并且发现了一些有趣的事情。大脑因割裂似乎变成了两个独立的意识领域，当遮住病人的眼睛并且把铅笔放在他左手中(受右侧大脑控制)的时候，这个病人无法说出手中的是什么。然而当铅笔转移到他的右手中时，病人可以马上说出这是什么。似乎每一侧大脑都知道另一侧在做什么，并且如斯佩里(1966)所说的那样运作："每一侧大脑都会根据它自己的记忆争取控制权。"

如试验所示，斯佩里(1966)绘制出每一侧大脑显现出来的特性。他总结道，每一侧大脑似乎都有自己独立、私人的感觉，有自己的知觉以及自己行事的冲动。这项研究显示出左侧和右侧大脑有各自明显不同的功能，不容易互换。同时，这项研究也揭开了胼胝体的奥秘。胼胝体的作用就是统一意识并且让两侧大脑共享记忆和学习。斯佩里在这项研究中的贡献为他赢得了1981年的诺贝尔生理学或医学奖。

左右两侧大脑的运作(偏侧化)

对割裂脑病人的持续试验以及对正常个体(全脑状态)的大脑扫描都一致显示出大脑的两个部分用不同的方法对信息进行存储和处理。大脑对任务的分别处理就是大脑偏侧化。大量大脑偏侧化的研究结果为我们了解每一侧大脑的运作处理提供了更多信息，加深了我们对这种明显分工运作的理解(Gotts et al.，2013；Wang，Buckner，& Liu，2014)。图5.1和表5.1总结并展示了大脑半球在处理每秒都需要进行评估的大量新旧信息时所运作的具体功能。

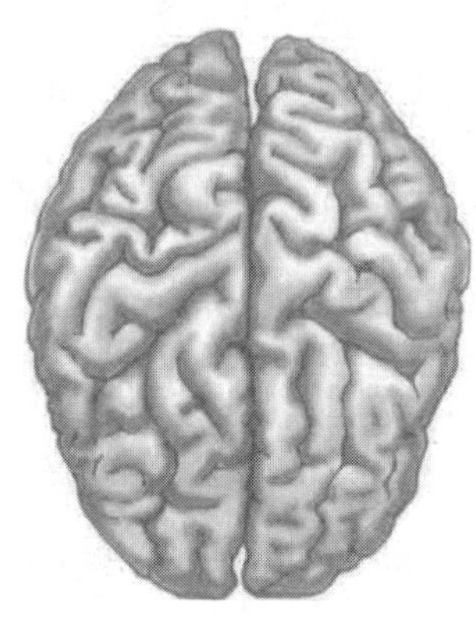

图 5.1　左右两侧大脑的功能

说明：大脑的左右半球经过分化以不同的方式处理信息。在进行复杂的任务时，需要同时用到两侧大脑。

表 5.1　左右两侧大脑的功能

左侧大脑的功能		**右侧大脑的功能**
与右侧身体相连		与左侧身体相连
以序列和分析的方式处理输入的信息		更整体、抽象地处理输入的信息
时间感觉		空间感觉
组织口头语言		通过手势、脸部表情、情感和肢体语言理解语言
进行恒定的数学运算	胼胝体	进行关联性的数学运算
经分化能够识别词语和数字（如词语的一般识别）		经分化能够识别脸部、位置和物体
活跃于建构虚假记忆		回忆更真实的记忆
为事件起因寻找解释		以空间格局处理事件
为处理外部刺激而更好地唤起注意		更擅长处理内部信息

资料来源：Costanzo et al.，2015；Gazzaniga，1998a；Nagel，Herting，Maxwell，Bruno，& Fair，2013；Semenza et al.，2006；Stemmer，2015；Sweeney，2009.

左侧大脑

大多数右利手的人用左侧大脑监控语言区域。一些左利手的人的语言中心在右侧大脑(Duffau，Leroy，& Gatignol，2008)。左侧大脑用于理解词语的书面解释，并且可以识别词语、字母和写成文字的数字(Ellis，Ansorge，& Lavidor，2007；Ossowski & Behrmann，2015)。它具有分析性，以理性的方式对事实材料进行评估，以视觉处理方式知觉细节，并且会侦测时间和顺序。它也可以进行简单的数学运算(Zamarian，Ischebeck，& Delazer，2009)。左侧大脑的另一个特性还在于它不仅可以唤起注意力，处理外部刺激，而且可以处理如愉快之类的正面情绪(Hecht，2010)。

右侧大脑

右侧大脑更多地从图画而非词语中获取信息，并且会寻找视觉模式。它并不会通过字面意思对语言进行解释，而是通过语言情境——肢体语言、情感语境、语音语调等进行解释(Campbell，2006)。它通过分化不仅可以处理知觉，识别脸部、位置和物体，而且还可以专注于处理诸如几何和三角学等的关系和数学运算(Ashkenazi，Black，Abrams，Hoeft，& Menon，2013)。右侧大脑同时还可以处理悲伤和忧郁等负面情绪(Hecht，2010)。

大脑分化的原因

没有人确切地知道为什么大脑会分化，尽管它的性能看起来能够让它可以处理大量感觉信息而不超载。为何我们会需要两个语言中心或脸部识别区域？按说如果已经有一个区域分化了，便不需要在另一侧大脑半球复制另一个分化区域。而且，大脑分化也许可以让我们同时进行两项任务，因为不同的大脑区域控制着不同的功能(Lust，Geuze，Groothuis，& Bouma，2011)。大脑为何会分化则是另一个问题，要回答这个问题，答案可能隐藏在大脑的构造和线路分布中。神经科学家普遍认为，大脑对于特定功能有固定分配，如语言表达，这种固定分配是区域化的。

另一种可能性就是它会以时间为中心，为了让神经信号进入大脑而分化。有研究使用了一种神经网络模型，对大脑半球的分化提供了可能的解释(Ringo，Doty，Demeter，& Simard，1994)。这些研究者指出，大脑半球中的神经纤维比运作于两侧大脑之间的胼胝体中的神经纤维要短。结果就是，神经信号在大脑半球中的输送速度比在大脑半球之间要快。于是，看起来似乎大脑已经发展成让每一侧大脑半球自身都可以快速地提取信息，但在需要穿过胼胝体来回沟通的情况下的反应则比较缓慢且有限。这种时间延迟与大脑半球之间的沟通会限制它们之间合作的程度，但会促进大脑半球的分化。

大脑分化的原因也可能是左侧和右侧大脑半球生理上的不同。大脑半球由被称为灰质的大脑皮层组成，它底下的支持组织为白质。左侧大脑的灰质更多，而右侧大脑的白质更多，左侧大脑中神经元的联结更紧密，能更好地处理紧张细致的工作。而右侧大脑白质的神经元中有更长的轴突，可以联结更远的模块。这些远程联结有助于右侧大脑提出更广泛但模糊的概念。来自每一侧大脑的信息都会通过在胼胝体中输送信号而汇集。

分化并不等于排他

研究数据证实了每一侧大脑半球都有自己的一套特定的信息处理以及思考功能。这些功能几乎都不会排斥另一侧大脑，即使简单的任务也是如此，两侧大脑可能会同时参与。尽管某一侧大脑可能更擅长，但很多任务都可以由任意一侧大脑进行处理。

在典型个体中，分别处理的结果会通过胼胝体交换到对侧大脑。两侧大脑的目标一致，并且它们在所有活动中都是相辅相成的。因此，个体可以从这种由两侧大脑完成的整合处理中获益。例如：

①创造力或知觉并非右侧大脑所独有。在右侧大脑广泛受损后，创造力虽然有所减弱，但是仍然能够保持。

②无法只对一侧大脑进行教学，因为在正常大脑中，两侧大脑的功能并非独立运作。

③分化并不等于排他。没有任何证据表明人们完全只用某一侧大脑。大多数人的某一侧大脑可能比较活跃，不过活跃程度不同。

④两侧大脑都可以进行综合推理，也就是说两侧大脑都可以将多种信息组合成一个有意义的整体。

分化的例子

假设你是右利手的人，你的左手边就有一支笔在桌子上，有人让你把笔递给他。因为这是一个简单的任务，你会用左手流畅地将笔拿起来并且递给那个人。你不太可能会伸出你的右手穿过身体或扭转身体去拿起笔。然而，如果那个人让你把笔扔掉，你很可能会用右手完成，因为这个动作要难一些。

在学习的时候，两侧大脑都同时参与，通过各自的分化区域处理信息或技能，然后通过胼胝体将处理结果交换到对侧大脑。因此，如果某人朝你扔过来一支笔，如果你同时使用双手而不是只用右手(优势手)，你成功抓住笔的可能性就会增大。

了解两侧大脑处理信息的不同可以解释为什么我们在某些任务上能成功，而在另一些任务上则不能，尤其是当我们尝试同时完成不同任务的时候。例如，大多数人可以在散步(右侧大脑以及小脑进行活动)时进行对话(左侧大脑进行活动)。在这种情况下，每个任务都由不同的大脑半球控制。然而，如果尝试在房间里和某人聊天的同时也要在电话中进行对话就会非常困难，因为它们属于同一侧大脑的功能，会彼此干扰。

老师可以采用的分化应用

大脑分化对于个人的学习情况也许是一个形成因素，尽管证实这一点的神经科学研究证据并不多。然而，有经验的老师对以不同形式干扰学生学习的行为进行了观察，如果没有实质性的研究证据就不能否定这些观察。

当老师理解了这些区别后，他们在计划课程时可以迎合不同的学习偏好。

性别的关联性

科学家多年前已经知道，男女之间除了基因不同以外，他们的大脑之间还有结构性、发展性和性能的差异(见表 5.2)。从 1970 年代早期开始及其后续的研究都显示大脑的特性和容量存在性别差异。例如，正电子发射断层扫描和功能性磁共振成像研究都显示，在完成相似的任务时，男性和女性会使用不同的大脑区域(Cahill，2005；Ruigrok et al.，2014)。在讨论这些差异的意义之前，先让我们来看看有哪些差异。记住，这项研究是针对一群男性和一群女性的，对于特定的个人来说，这个研究结果并非总是有效对应的，因为个体之间也会有巨大差异。而且，当两个族群之间出现差异时(在本例中，族群差异为性别)，我们应该避免认为其中一个族群天生就优于另一个族群，而且也不应该认为差异因此无法消除。

表 5.2　男性大脑与女性大脑之间结构性、发展性和性能的差异

名称	女性	男性	资料来源
灰质	灰质的比例高于男性，两侧大脑中灰质的比例相当	灰质的比例低于女性，左侧大脑中灰质的比例高于右侧	Groeschel，Vollmer，King，& Connelly，2010；Ingalhalikar et al.，2014；Ruigrok et al.，2014；Tang，Jiao，Wang，& Lu，2013
白质	白质的比例低于男性	白质的比例高于女性，两侧大脑中白质的比例相当	Chen，Sachdev，Wen，& Anstey，2007；Ingalhalikar et al.，2014；Ruigrok et al.，2014

续表

名称	女性	男性	资料来源
胼胝体	女性的胼胝体更大且更粗壮	男性的胼胝体更纤细	Gur et al.，1999；Ingalhalikar et al.，2014
语言区域	主要位于左侧大脑，右侧大脑中有额外的语言区域。其语言区域中的神经元比男性更为密集	几乎是左侧大脑独有的。其语言区域中的神经元不如女性密集	Cahill，2005；Gur et al.，2000；Lindell & Lum，2008；Shaywitz，2003
杏仁核	青春期时，女性杏仁核的生长速度比男性慢，并且最终的尺寸小于男性。接受情绪刺激时仅激活左侧大脑的杏仁核	青春期时，男性杏仁核的生长速度比女性快，并且最终的尺寸大于女性。接受情绪刺激时仅激活右侧大脑的杏仁核	Cahill，2005；Kreeger，2002
海马	青春期时，女性海马的生长速度比男性快，并且最终的尺寸大于男性	青春期时，男性海马的生长速度比女性慢，并且最终的尺寸小于女性	Ingalhalikar et al.，2014；Kreeger，2002
测验	在总体认知表现上与男性无差别，但在知觉速度、言语流畅性、确定对象的位置（顺序）、确认物体的具体属性、精密手工任务及算术运算中的表现优于男性	在总体认知表现上与女性无差别，但在诸如心理旋转等空间任务、目标导向运动技能、在复杂图表中嵌入点状物、数学推理中的表现优于女性	Bailey Littlefield，& Geary，2012；Cahill，2005；Gur et al.，2000；Hyde & Linn，2009；Njemanze，2005
脸部识别与表达	更多地使用左侧大脑	更多地使用右侧大脑	Baron-Cohen，2003；Fine，Semrud-Clikeman，& Zhu，2009

结构性与进化性的差异

男性的左侧大脑中灰质(这层薄薄的大脑皮层中大多数为树突)的比例高于女性，而女性两侧大脑中灰质的比例相当。然而女性灰质的总体比例更高，而男性白质(主要为位于皮层下的有髓鞘的轴突)和脑脊髓液的总体比例更高。而女性的胼胝体(沟通两侧大脑的缆线)也相应地比男性更大、更粗壮(Gur et al.，1999；Ingalhalikar et al.，2014)。所有这些差异都进一步证明了女性的大脑半球间比男性能够更好地沟通。

对于大多数右利手的男性和女性来说，语言区域都在其左侧大脑。但女性在右侧大脑中同时还有一个活跃的语言处理器(见图 5.2)。与男性相比，女性的语言区域拥有更为密集的神经元(Burman，Bitan，& Booth，2008；Gazzaniga，Ivry，& Mangun，2002；Gur et al.，2000；Shaywitz，2003)。这些差异或许可以解释为什么女性比男性更容易从中风引起的语言障碍中康复。

相比于青春期女孩，青春期男孩的杏仁核(回应情绪刺激的区域)与睾酮受体结合，其成长速度更快，而男性的杏仁核也大于女性的杏仁核。这至少部分解释了为什么男性比女性更倾向于表现出外向攻击行为。正电子发射断层扫描显示，在接受情绪刺激时，女性倾向于只激活左侧大脑的杏仁核，而男性则倾向于只激活右侧大脑的杏仁核。后续研究也发现，女性比男性更能记住情绪事件的细节(一种典型的左侧大脑功能)，而男性则更能记住情境的中心或要点(Cahill，2005；Kreeger，2002)。

对于充满了雌激素受体的海马(负责记忆的形成和巩固)，青春期时，女孩海马的生长速度比男孩要快得多(Ingalhalikar et al.，2014；Kreeger，2002)。这可以解释为什么青春期的女孩普遍在语言、算术运算以及具有顺序性的任务中表现得更好，这一切都归功于高效的记忆处理。

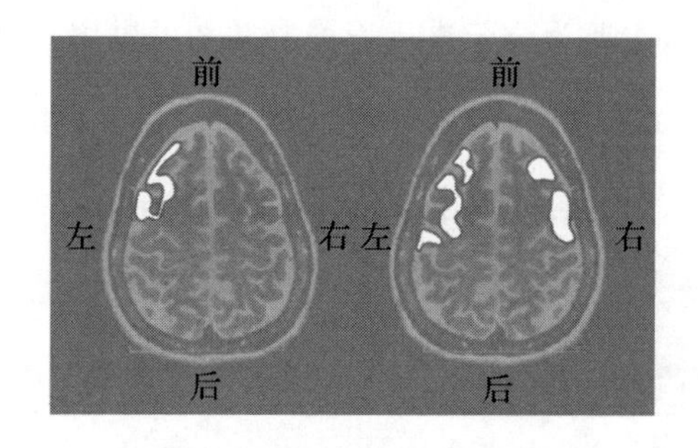

图 5.2　男性和女性的语言区域

说明：在处理语言时，功能性磁共振成像显示男性(左图)是使用左侧大脑区域进行处理的，而女性(右图)则是使用两侧大脑区域进行处理的。

性别差异

总体认知表现无明显的性别差异。然而，在具体技能上，更多女性在知觉速度、言语流畅性、确定对象的位置(顺序)、确认物体的具体属性、精密手工任务及算术运算中的表现优于男性。而更多男性在诸如心理旋转等空间任务、目标导向运动技能、在复杂图表中嵌入点状物、数学推理中的表现优于女性(Bailey，Littlefield，& Geary，2012；Cahill，2005；Gur et al.，2000；Hyde & Linn，2009；Njemanze，2005)。

在回忆情绪时，女性比男性运用更大部分的大脑边缘系统。同时，由于女性能够更高效地运用镜像神经元，因此她们能够更好地辨别不同的情绪(Baron-Cohen，2003)。

在脸部识别与表达任务上，男性更多地使用右侧大脑，而女性更多地使用左侧大脑(Baron-Cohen，2003；Fine，Semrud-Clikeman，& Zhu，2009)。

这些研究及其他进一步研究的结果显示更多女性倾向于使用左侧大脑，而更多男性倾向于使用右侧大脑。为何会如此？先天(基因组合)和后天(环境)在何种程度上影响了这些结构性和性能的差异？尽管没有人确切地知道，但是研究证据还是说明了产前激素、自然选择和环境都可以解释这些结果。

引起性别差异的可能性

性染色体的结构。你可能还记得，生物老师在课堂上说过关于受精卵的概念，在受精卵中有23条染色体来自母亲的卵子，另外23条染色体则来自父亲的精子。在这些染色体中，其中有两条形态迥异的性染色体分别被称为X染色体和Y染色体。当受精卵中有两条X染色体时就会发育为女性，而有X染色体和Y染色体各一条时则会发育为男性。由于只有精子能提供Y染色体，因此父亲决定了孩子的性别。

X染色体和Y染色体几乎完全不一样(见图5.3)。X染色体中有超过1000个基因，而较小的Y染色体中大约有100个基因。结果就是，女性的基因比男性更为复杂。男性的X染色体完全来自母亲，且X染色体上的多数基因都包含了大脑功能，如完成更高层次的认知处理及其他与天赋相关的因素(Check，2005；Nguyen & Disteche，2006)。这意味着如果男性的

X染色体受损，他就必须承受这个后果。如果女性的X染色体受损，通常她能够忽略这一损伤，因为还有备用的X染色体。这可以解释为什么男性比女性更容易出现学习障碍和智力低下。

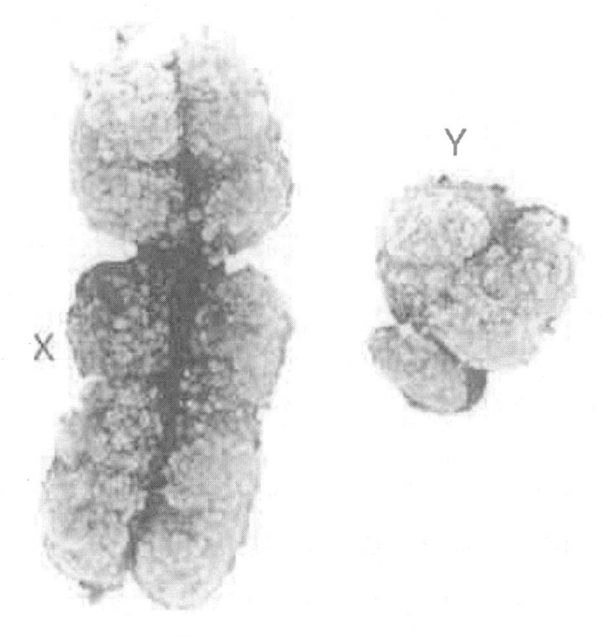

图5.3　X染色体和Y染色体

激素的影响。造成大脑发育性别差异的其中一个原因就是激素的影响，如睾酮和雄激素。随着这些激素冲刷婴儿的大脑，这些物质会引导大脑形成线路和组织，并且刺激特定区域中神经元的成长和聚集。例如，睾酮似乎会延缓男性左侧大脑的发育，因此女性的左侧大脑会领先发育；而男性则因此更依赖右侧大脑的使用(这或许可以解释为什么左利手的男性多于女性)。这种对激素的早期接触似乎永久改变了个体的其他大脑功能(如语言获取和空间知觉)。随着青春期的到来，激素的回潮可能会进一步重构青少年的心理组织，尤其是伴随着他们的情绪转变而出现的新的社交压力(Cahill，2005；Derntl et al.，2009；Hollier，Mayery，Keelan，Hickey，& Whitehouse，2014；Lutchmaya，Baron-Cohen，& Raggatt，2002)。

自然选择的影响。在我们进化的过程中，另一个相关解释是自然选择影响了我们的大脑特性。数千年来，男性和女性有清晰的分工。在史前，男性肩负起在长距离中进行狩猎、制作武器、防守动物和捕食等责任。而女性则负责照顾家庭和儿童、准备食物以及制作衣服。这样的分工需要男性和女性有不同的大脑操作。男性需要更多的空间能力和寻路能力，以及更好地锁定目标的能力。而女性则需要更多的精细动作技能和计时技能，这样的技能可以让女性维持其从事家务的能力和语言能力，让她们得以凭母语将技能传授给后代。能够很好地展现各自技能的男性个体和女性个体，可以存活比较长的时间，并足以将其基因传递给他们的后代。此外，任何新的基因合并最后都会导致大脑和身体其他部位的构造改变——具体体现在每一种性别上。

环境的影响。一种盛行的解释认为性别差异是不同方式的性别发育及与环境交互作用综合的结果。首先，对男性婴儿和女性婴儿的研究显示，感官敏锐程度的发育存在性别差异。也就是说，女性的听觉和触觉(由左侧大脑控制)发育较快，而男性的空间视觉(由右侧大脑控制)发育较快。其次，父母对待男孩和女孩的方式不同。最后，在儿童的成长过程中，6～12岁的男孩和女孩的课外活动非常不一样，女孩比较倾向于在室内活动。

在这种结构化的环境中，女孩通过广播和电视接触更多的语言，而且也因为时钟、媒体和其他家庭成员等而对时间更有意识。心理学家认为，这种环境促进了她们的语言发育。男孩更多地将时间花在户外活动上。在这种非结构化的环境中，相较于女孩，男孩更依赖空间，他们会设计出自己的游戏，在游戏中会使用更多视觉和口语能力，并且仅在特定的情境中有限度地使用语言来完成任务。这种行为促进了视觉技能、空间技能和时间技能的发育。

移情化的女性与系统化的男性。科恩(2003)曾经总结了偏侧化至关重要的差异，他提出女性大脑的线路形成以移情化为主，而男性大脑的线路形成则以系统化为主——理解并建构系统。根据他这一有趣的理论，人类(无论男女)的大脑类型可分为三类：更擅长移情化的个体是E(empathizing)类型，更擅长系统化的个体是S(systemizing)类型，两者擅长程度相当的个体则是B(balanced)类型。科恩以及其他研究者(Frank，Baron-Cohen，& Ganzel，2015；Lai et al.，2012)均认为，产前发育和产后早期发育时，激素在很大程度上导致了这些性别差异。然而，这些研究者也承认基因性状和环境同样发挥着影响力。

在我们学习人类大脑的差异时，科恩(2003)正确地指出了一些我们应该全面记忆的观点：性别并不独立决定个体大脑的组织形成。有些男性的大脑组织更接近女性的大脑组织，而有些女性的大脑组织更接近男性的大脑组织。不同类型的大脑都可以通过各种各样的努力取得成功。

研究表明，我们不应该再从先天和后天的角度考虑，而是应该更周全地看到这些推动力之间的关系。基因会影响行为，而在儿童的发育和成长中，行为也会影响基因。在发育早期，先天和后天的综合因素会优先于其他因素导致男性和女性大脑有不同的组织方式。有人可能会说这些性别差异彼此互补，从而提高男性和女性结合的可能性——有助于物种的永存。

大脑组织很可能是形成学习风格的主要原因，承认这一点会带来一些问题。学校的氛围和课堂教学设计是否迎合了不同的学习风格而让所有学生都能因此成功？这些学校是否很可能在不经意间设计出只迎合某一种学习风格的课程而忽略了其他学习风格？

在过去的数十年中，诸如游戏和电脑等科技已经明显地影响了儿童度过休闲时光的方式和地点的选择。这种影响很可能已经开始缩小现有的大脑组织的性别差异，并且之后仍会持续产生变化。从发育早期到形成期，男性大脑和女性大脑组织就已产生了差异，形成了不同的学习偏好。年轻女性比男性有更好的语言能力，而年轻男性比女性有更好的视觉和空间能力。

语言导向的学校

花一些时间思考一下从幼儿园到九年级的整个学习进程，在回顾的过程中，回头再看一次左侧大脑和右侧大脑功能的列表(见表 5.1)。这十几年的学习进程是否最大限度地符合了左侧大脑、右侧大脑或双侧大脑的各种特性？大多数教育工作者都会毫不犹豫地承认这些学校主要是以语言教学为导向的，尤其在小学阶段。学校是一种结构化的环境，按照时间表按部就班地开展教学，促进事情和规则成为模式，并且主要提供口头讲授教学，初中阶段尤其如此。由于老师运用科技辅助教学的现象越来越常见，因此口头讲授就越来越少了。

这意味着那些擅长语言学习的学生（主要是女生）在这种环境中会感到更为舒适。这些学生的语言能力越强，他们就会越成功。相反，擅长视觉或空间学习的学生（主要是男生）就会感到不适应。他们的这些能力越强，环境似乎就对他们越不利。这可以解释为何大多数老师都认为他们在面对男生时要比在面对女生时处理更多的纪律问题。这项研究可能说的是并非男生（更准确地说，是指那些擅长视觉或空间学习的学生）生来就带有“邪恶基因”，而是他们往往被放在一个他们并不适应的环境中学习，这让他们表现出叛逆。

在使用现时流行的各种不同的教学风格概念时，应该考虑到那些男生和女生的大脑并不会同时成熟。在考虑到不同学习风格并且据此采取个性化教学的学校中，更多男生会获得成功。当老师能够迎合两种性别各自的优劣而有目的地计划使用教学策略时，所有的学生都能学到更多。

对数学与科学课程的影响

扫描研究显示，男性和女性的大脑在处理数字和运算时彼此不同（Keller & Menon，2009）。为数不少的研究也显示，运算处理的差异在青春期更为明显，而当大脑进行高等数学处理时，这种差异就变得不那么明显了。换句话说，当接受教育后，基因组成（先天）就不再有显要的作用了（Lindberg，Hyde，Petersen，& Linn，2010），社交和文化的影响力似乎更强大。在初中阶段，家长和老师都会鼓励男生更多地学习数学和科学，因此他们在这个领域中表现得更好。人们常有女性并不擅长数学这种刻板印象。研究显示，女性在数学测验上的表现差于男性只是因为有这种刻板印象的存在，这被称为刻板印象威胁。当消除了这种刻板印象威胁后，女性在数学上的表现便会提升(Deemer，Thoman，Chase，& Smith，2014；Rydell，Van Loo，& Boucher，2014)。

好消息是这种性别差异正在缩小。女性参与各种数学和科学课程的比例正与男性持平，甚至超出男性的比例，而全球女性的平均测试分数仅与男性有几分的差距，而且并不具有统计显著性(National Center for Education Statistics，2014)。这真是一个鼓舞人心的趋势。对于这个结果，老师在课堂中使用电脑和其他科技产品可对此解释一些部分。男性和女性在一个相对公平的竞技领域中，电脑课程的设置与否和之前的成功与否无关，它代表了一系列新的技能，男性和女性都可以在早年接受这方面的教育。此外，电脑和相关科技非常吸引人，有助于实现人们对成功的期望。

现在，我们的责任就是确保教育工作者和家长了解男生和女生的学习偏好之间存在差异，但他们都有同样的能力学好数学和科学。为了达到这个目的，我们需要消除过去对于某性别的个体只能参与特定学科的刻板印象。大量证据表明，当这些女生受到鼓励，而且动机强烈时，她们也可以擅长科学和数学这些科目(Flore & Wicherts，2015)。这里值得重申一下，科学研究告诉我们实验组的一些平均值，没有任何数据表明任何个体一定会在某个领域中成功或失败。

口头语言专门化

很多动物都已经在物种内发展出与其他物种成员沟通的方法。鸟类和猿类通过弯腰和摆动肢体进行沟通；蜜蜂通过跳舞指出食物的位置；有些动物能够通过发出一系列化学信号与附近的动物进行沟通。与之相比，人类已经发展出意思明确而复杂的口语。口语确实是多方原因造就的非凡成就，至少它可以作为我们形成记忆以及表达想法的形式。人类能够发出的所有元音和辅音允许人类大约能说出6500种语言。通过练习，人类的发音变得非常精细，可以在每100万次发音或每100万个词语中仅出现一次错误(Pinker，1994)。

在扫描技术诞生很久以前，科学家在大脑损伤证据的基础上，对大脑如何产生口语做出了解释。1860年代，法国外科医生布洛卡指出额叶左侧受损会引起大众熟知的失语症，病人的特征为他们会发出喃喃的声音或丧失完整表达的能力。布洛卡区的大小约等于一枚25美分硬币的大小。布洛卡区受损的人能够理解语言，却无法流畅地表达。

随后德国神经学家威尔尼克描述了另一种不同的失语症——病人无法理解他们说出或听到的词语。这些病人的左侧颞叶受损。威尔尼克区(见图5.4)的大小约等于一枚1美元硬币的大小。威尔尼克区受损的病人能够流畅地表达，但他们说出来的话却让人无法理解。由此推论，布洛卡区负责母语的词汇、语法和句法处理，而威尔尼克区则负责母语的语义处理。

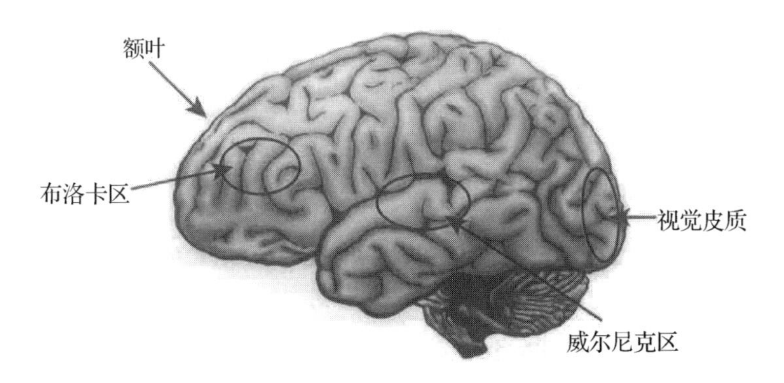

图 5.4 大脑中的一些专门化区域

说明：位于左侧大脑的布洛卡区和威尔尼克区是大脑主要的语言处理中心。视觉皮层穿过两侧大脑的后方，用于处理包括阅读在内的视觉刺激。

近期一些使用扫描仪器进行的研究显示，口语表达远比我们以前所想象得复杂。当个体准备要说出一个句子时，大脑不仅使用了布洛卡区和威尔尼克区，还同时使用了其他位于左侧大脑零星的几个神经网络。名词处理通过一系列的模式进行，而动词处理又通过另外一系列的模式进行。句子的结构越复杂，被激活的区域就越多，甚至包括右侧大脑的部分区域，尽管这种情况发生在女性身上多于男性身上。

学习口头语言

尽管早期的语言学习始于家庭，但学校仍是儿童口头语言发展和阅读教学的重要场所。儿童口头语言的发展决定了大脑学习阅读的速度和成功率。因此，理解认知科学对于大脑如何获取并处理口语单词所揭示的内容非常重要。图 5.5 展示了儿童发育前三年口头语言的发展趋势。这个图只是一个大致说明。显然，其中一些儿童的发展会比图上所显示的要快一些或慢一些。尽管如此，这个图对于父母和老师了解儿童语言学习进程中的技能进展仍是非常有用的指导(National Institute on Deafness and Other Communication Disorders，2010)。

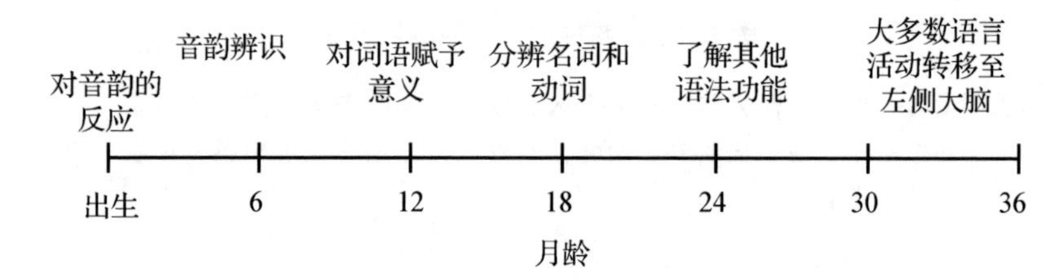

图 5.5 口头语言的发展

说明：图为儿童三岁前的口头语言发展的平均时间进程。儿童个体之间有很大的差异。

学习音韵

婴儿大脑内的神经元能够对语言的声音做出反应。婴儿出生时(有人说甚至在出生前)首先会对母亲的韵律产生反应——节奏、声音的抑扬顿挫和声调，而非单词。口语表达由最小的被称为音韵的声音单位组成，这些声音单位组合成音节。例如，在英语中，辅音/t/的声音和元音/o/的声音都是音韵，它们组合成单词 tomato 中的音节 to-。从某些语言中仅有 15 个音韵，到英语中有超过 40 个音韵，不同的语言有不同数量的音韵。在全世界的语言中，音韵的数量超过 200 个，这代表了人类声音器官所能创造的声音数量的最大值(Sweeney，2009)。

尽管婴幼儿能够知觉到所有音韵，但只有那些被重复的音韵才能引起注意，因为神经元会对那些不断被刺激和强化的独一无二的声音模式做出反应。母亲在此阶段以极夸张的、缓慢轻柔的语调帮助婴幼儿感知音韵。这种被称为父母语言的发音模式在全世界各个文化中皆存在。到了10～12个月大的时候，婴儿的大脑开始分辨和记忆这些母语的音韵而忽略其他异国语言。例如，有一项研究显示在6个月大的时候，即使日语中并没有/l/的发音，美国婴儿和日本婴儿也都能很好地鉴别/l/和/r/。然而，到了10个月大的时候，日本婴儿变得难以区分两者，而美国婴儿却可以更好地做出区分。在这期间以及之后的成长过程中，婴儿区分母语发音的能力渐长，而区分非母语发音的能力则下降(Cheour et al.，1998；Yee，2007)。

婴儿大脑中的神经元能够对语言的声音做出反应。

从音韵到词语

大脑从一系列声音中侦测出词语的下一步就是进行处理。这并不是一项容易的任务，因为人们无法在说出的词语之间做停顿。然而，大脑必须分辨“green house”(绿色房子)和“greenhouse”(温室)之间的区别。显然，尽管婴儿不知道这两个词语的意思，但他们在8个月大的时候就开始分辨词语之间的区别了(Singh，2008；Yeung & Werker，2009)。在12个月以前，许多婴儿都能在一些语境下学会一些词语，而在另一些语境下理解这些词语(Bergelson & Swingley，2012)。他们会以每天7～10个词语的速度获得新的词汇量。同时，他们也发展了记忆和威尔尼克区的功能，这样就可以将意思对应到词语上了。当然，学习词语是一种技能，而将词语合成句子使之有一个完整的意思则是另一种更为复杂的技能。

学习语法

1950年代，麻省理工学院的语言学家乔姆斯基曾提出，所有的语言都有一些规定句子构造的通用规则，并且大脑预先设定了特定的回路对这些规则做出反应。现代语言学家认为，根据大脑听取母语时的统计规律，大脑未必会对基本语言规则做出那么多反应。大脑能够迅速分辨出其中一些词语用来描述物体，另一些词语用来描述动作。幼儿侦测词序的模式为人物—动作—物体，这样便能够迅速说出“我想要曲奇饼干”这样的句子。同时也会出现其他语法功能，如时态；而到了3岁的时候，他们说出的句子中超过90%的语法都是正确的。如果“我击打了这个球”能够让人理解，那“我握住了球拍”不是同样能够让人理解吗？不过遗憾的是，此时幼儿还没学会英语中将近200个最常用但却是不规则形式的动词(Petersson & Hagoort，2012；Pinker，1994)。

在之后的数年，语言的训练和成人的纠正让这些幼儿了解了不规则语言的奥秘之处，并且从之前的牙牙学语变为能使用复杂的语言系统。没有人知道幼儿只依靠听能够学到多少语法，也不知道其中有多少是预先发展好的。但可以确定的是，幼儿早年接触的口头语言越多，他们就能越快速地分辨出音韵和词语之间的差异。

只是让婴幼儿坐在电视机前似乎不能达到这种目的，很可能是因为婴幼儿需要和其他人互动，以便将词义与词语之间产生关联。电视上的对话并不像父母对他们的孩子说话那样缓慢、充满感情，父母的对话才是孩子喜欢且想要听到的。在倾听父母对话的同时，婴幼儿同时会用眼睛观察说话者嘴唇动作的变化，这可以帮助他们模拟发音的方式，进而形成语言。而且，说话者的肢体语言和面部表情对于婴幼儿理解说话内容的意义极为重要。而电视和其他媒体则无法提供这种具有关键作用的反馈。尽管婴幼儿可能会被电视上那些快速变化的声音和画面吸引，但这对他们的语言发展作用甚微。有研究证据表明，长时间观看电视节目，哪怕是看所谓教育节目，对于提高婴幼儿的语言能力也毫无帮助(Alloway，Williams，Jones，& Cochrane，2014)。其他研究也表明习惯看电视和视频会延迟幼儿的语言发展，可能会延迟到 18 个月大时(Courage & Howe，2010；Duch et al.，2013)。

这并非否定电子媒体对婴幼儿学习口头语言的好处。一些语言训练项目声称可以帮助婴幼儿更好地学习语言，尤其针对那些语言相关的大脑区域受损的人(Durkin & Conti-Ramsden，2014)。然而，成人在选择和进行这些项目时仍然需要谨慎小心。

尽管婴幼儿可能会被电视上那些快速变化的声音和画面吸引，但这对他们的语言发展作用甚微。

语言延迟

大多数婴儿会在 10～12 个月大的时候开始学着说一些词语。某些婴儿可能出现延迟，他们可能到了将近 2 岁仍无法说出相互关联的词语或短语。大量研究证据显示这种直到 2 岁的语言延迟是遗传性的，并且这也意味着存在无法通过与环境互动而补救的明显的语言障碍。这种证据使人们不再武断地认为主要由环境影响引起语言延迟（Burnside et al.，2011；Newbury & Monaco，2010）。

应用

在儿童早年的语言学习高峰期，父母应该创造一个包含诸如对话、歌唱、阅读等沟通交流活动丰富的语言环境，证实大脑获取口头语言的能力。在学校里，这意味着快速解决所有语言学习的问题，在语言成长的重要时期，使大脑重新修正不恰当联结的能力增强。同时这也意味着父母和老师不应因为儿童有语言学习的问题，而预设他们的认知思考处理也有问题。

学习第二语言

儿童的语言学习能力非常强大，他们可以同时学习好几种语言。但到了10～12个月大的时候，大脑丧失了分辨母语和非母语之间发音差异的能力。如果我们希望儿童能够学会第二语言，应当在早年当儿童大脑仍然对创造音韵发音和语法神经网络非常活跃时开始让他们学习第二语言。学习英语时尤其如此，因为英语的发音（音素）和书写（字形）之间并没有明显一一对应的关系，当然也有例外的情况。

学习第二语言的熟练度取决于开始学习的早晚而非学习的时间长度。

研究表明，学习第二语言的熟练度取决于开始学习的早晚而非学习的时间长度（Bloch et al.，2009）。这说明习得语言的最佳速度在青少年期以前就会下滑，在此之后虽然确实能够学习第二语言，但需要加倍努力地学习才能掌握。

对于大多数人来说，大脑习得语言的区域在青少年期的那几年过后对外国语言的声音反应不再那么灵敏。因此，大脑中一些额外的区域需要辨识、区分外国语言的音韵，并且加以反应。功能性磁共振成像扫描研究显示，成年期的第二语言习得处理区域在大脑中呈现为空间上与母语不同的一些区域。然而，在青少年期以前习得语言时，母语和第二语言都会呈现在额叶的相同位置(布洛卡区)。由此，较年轻的大脑和较年长的大脑对第二语言的反应差异巨大(Archila-Suerte，Zevin，& Hernandez，2015；Dixon et al.，2012；Midgley，Holcomb，& Grainger，2009)。

尽管那些较年轻的大脑更擅长学习语言，但是这个研究结果不应该成为青少年和成人追求并掌握第二语言的阻碍。如同学习任何技能一样，要熟能生巧就需要通过不断练习。而且，成人学习第二语言时面临的困难和儿童所遇到的困难大相径庭。例如，母语中的音韵、语法和句法规则等都会对第二语言的学习有不同程度的干扰(这是负面学习迁移的典型例子)(Roelofs，Piai，Rodriguez，& Chwilla，2016)。要妥善解决这些难题，成人要更专注，有更多的努力和更强烈的动机，而且这种学习也会成为一种有益的经验。

尽管那些年轻的大脑更擅长学习语言，但是这个研究结果不应该成为青少年和成人追求并掌握第二语言的阻碍。

学习阅读

现在让我们花一点时间来讨论一下神经科学为教学做的一项重要的贡

献——了解大脑是如何学习阅读的。科学家对成功阅读所需的神经系统了解得越多，便更加意识到这个过程有多复杂，以及对此有多少误解。在这里，我的目的就是对我们所认为的大脑如何学习阅读做一个简短的描述，以及说明一些常见的阅读问题。如果想了解更多关于阅读和教学的策略，可参考相关内容(Sousa，2014；Shaywitz，2003)。

阅读是否是天生的技能

阅读是否是天生的技能？不一定。大脑获取口头语言能力的惊人速度和准确性是基因连线和大脑区域分化到特定任务上的结果。大脑中并没有为阅读分化出特定的区域。事实上，阅读很可能是我们让大脑处理的最为复杂的任务。阅读是人类发展的一种新现象。据我们所知，基因并没有将阅读整合到它们的编码结构中，很可能是因为阅读不像口头语言那样，它并没有作为生存技能而存在。

很多文化(但并非全部)都将阅读作为一项重要的沟通方式，并且坚持将这种方式教授给孩子。抗争也由此开始。为了让大脑进行阅读，如我们会对说英语的孩子说："你们这么多年来所正确运用的语言可以用我们发明的字母等抽象的符号来表示。我们将要打乱你们已经发展完善的复杂的口语神经网络，并且进行重新组合来容纳这些并不十分可靠的字母。你看，尽管说英语需要超过大约 44 种不同的发音，但是我们只需要用 26 个字母来表示它们。这意味着有一些发音需要用一个以上的字母来表示，而某些字母要表示一个以上的发音。有趣吗？还有很多例外情况，但你需要去适应这些。"当女性大脑已经可以领悟这些益处时，男性大脑仍然疑惑于为何会如此混乱。

如果曾接触过正规的教学，大约有50%的学生可以相对容易地从口头语言转移到阅读上。对于另外的50%的学生而言，阅读则是更为艰巨的任务。对于将近20%到30%的学生来说，阅读无疑是他们年少时需要处理的最困难的认知任务。

要成功地学习阅读，需要将三个神经系统和特定技能的发展结合起来，帮助大脑将抽象的符号编码为有意义的语言。我们首先了解下阅读所需的神经系统，因为这有助于将那些个体发展学习阅读所需的技能进行分类。

大脑中并没有为阅读分化出特定的区域。事实上，阅读很可能是我们让大脑处理的最为复杂的任务。

阅读所需的神经系统

研究者运用功能性磁共振成像技术将进行阅读时的大脑处理过程描绘成一幅清晰的图像。为了能够成功地进行阅读，需要三个神经系统同时合作。图5.6展示了这些系统。视觉处理开始于眼睛扫描那些组成单词的字母(如d-o-g，狗)，而视觉信号会被传送到位于大脑后方的枕叶中的视觉皮层。这些关于词语的信号会在左侧大脑中一个被称为角回的区域进行解码，这个区域会将这些信号分解为基本的发音或音韵。这个过程激活了位于左侧大脑和颞叶中的语言区域，这时它们也会进行听觉处理。听觉处理系统会在大脑中将这些音韵变为声音(duh-awh-guh)。布洛卡区和威尔尼克区会从它们的心理词典中寻找并提供这些词语的相关信息，而额叶会对这些信息进行集中并形成语义——一只会吠叫的毛茸茸的动物。

这三个神经系统可以及时地相互激发以得到更多信息(图5.6中以双箭

头表示）。而且，如果听觉处理在词语发音上遇到困难，它可以激发视觉系统重新扫描看到的内容，确保人们可以正确地阅读这些字母。同样，如果对信息赋予意义时遇到困难，额叶可以激发再一次视觉扫描或听觉复习。所有这些都发生在二分之一秒之内。实际过程比这里描述的要更复杂一些，不过这是神经科学家所认为的实质过程。

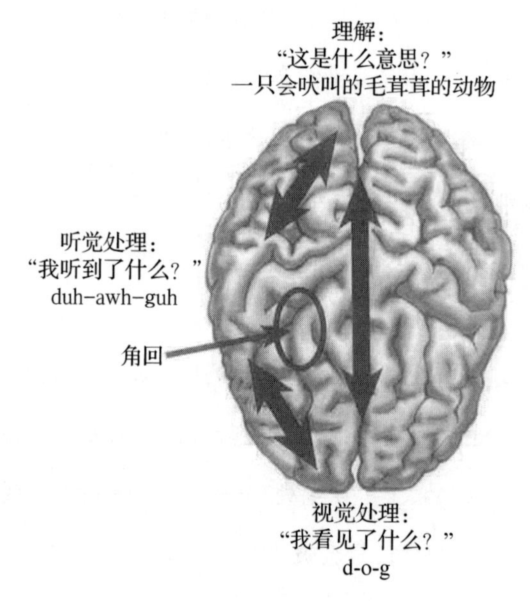

图 5.6　阅读涉及的神经系统

图 5.6 显示的是线性、单一的过程，但其实是双线、双向的过程，因为有很多音韵同时进行处理。大脑通过对看似让人困惑的信息进行筛选的显著能力，证明了大脑学习如何阅读。对于少部分儿童来说，这个过程看似天生，但在大多数情况下是需要引导的。

阅读所需的技能

为了完成神经系统的复杂整合并成功地进行阅读，个体必须发展出特定的技能并且处理特定的信息。特别是：

音韵感知和音位感知。口语要想分为更小的元素，需要对音韵感知的辨认，如将句子分解为词语，将词语分解为音节，并且最终将音节分解为独立的声音。这种辨认既包括识别和操作声母、韵母，也包括对双声、押韵、音节、语调的辨认。音韵感知意味着要听出词语之间发声的差异，如 bat 和 pat，bat 和 bet。在处理文字词语之前，儿童需要能够辨识这些由独立的声音(音韵)组成的词语，而这些音韵能够组合成新的词语。这种技能被称为音位感知，包括能够将词语中的每一处发音彼此分离，将词语分成不同的音韵，并且从词语中删除特定音位。

字母顺序排列原则与拼音。字母顺序排列原则指的是对那些由音韵组成，并且这些音韵可用如字母一类书面文本表示的口语词汇的理解。这个运用字母表示音韵的系统非常高效，可用为数不多的一些字母表示数量庞大的词语。只是在页面上抓取一些有代表性的发音的字母就能够让读者辨认出很多单词。拼音就是一种建立在字母顺序排列原则的基础上并且以书面符号将字母和发音关联起来的教学方法。为了说明音韵的相关知识，儿童会跟老师说从单词 cat 到 can 中需要改变哪个字母。在音韵教学期间简单地学习字母和发音之间的关系并不必然产生音韵感知。

词汇。读者必须常常在他们的心理词典中存储一些词语以便可以辨认出这些词语的书面形式。儿童通过每天的口头或书写语言经验间接地学习大多数词语的意思。这些经验包括与其他人的对话，成人为他们乾地的朗读，或自己进行的阅读。当他们明确地接受个别词语和词语学习策略的学习时，他们能够直接学会这些词汇。某些词汇需要直接进行教学。直接教学在教授那些不在儿童日常生活经验范围内、表示复杂概念的词语时尤为有效。

流畅性。流畅性指的是阅读文本时在速度、准确性和正确表达等方面的能力。缺乏流畅性的儿童阅读困难且速度慢，记忆看过的内容并且将文中表达的思想联系到自己的生活经验中，常常让他们感到为难。流畅性是词语辨认和理解两者之间差距的桥梁。流畅的阅读者不必花费太多时间对词语进行解码，可以专注于文本的意思。经过练习，词语辨认和理解几乎可以同时进行。

文本理解。进行理解是一种复杂的交互处理过程，以词语辨识的方式开始，并通过运用文本以外的知识、将词语意思融入内容中、重组语法结构、举一反三、检测并确认自己是否理解了文本的意思等方式进行。当遇到一个句子中的词语可能有几个意思时，大脑需要选择最符合语义的那一个。很多英语单词都有几个意思，具体的意思完全取决于上下文的内容。因此，快速去除不相关的意思成为流畅阅读和理解必不可少的能力。

在学前阶段的家庭生活中，由父母为儿童朗读并且让他们接触书面材料，可开始发展他们的一些技能。儿童可以听到词语的发音、练习发声并且流畅表达，然后学习更多新的词语和词义。因此，儿童在家庭中读写能力发展的

儿童在家庭中读写能力发展的体验程度很大程度上决定了他们是否会学习阅读并且对于学习阅读做好了准备。

体验程度很大程度上决定了他们是否会学习阅读并且对于学习阅读做好了准备。那些来自低收入家庭的儿童不常有机会接触书面材料并在家中进行阅读。然而，研究显示当父母和学校社区能够为他们提供额外的学习经验时，这些来自低收入家庭的儿童在语言的习得和音韵能力上也能取得极大的进步(Preston et al.，2016；Sparks & Reese，2013)。

学习阅读的各个阶段

学习阅读时需要三个神经回路的参与，因此研究者提出初学者大多会经历的三个阶段(Dehaene，2010)。

第一阶段：形象化阶段，此时儿童的大脑“看”到单词，并且将之与字母表中字母的形状对应。

第二阶段：语音化阶段，大脑开始将字母(字形)编码为声音(音素)。

第三阶段：正字化阶段，儿童能够快速且准确地辨认单词。

这三个阶段会激活大脑中不同的电路，经过一段时间，最后会整合为左侧大脑中的一个特定区域。这个区域就是人们所知的视觉语言形成区。整合的过程非常复杂，而且在每个个体身上发展的速度都不一样。

由于人们对儿童基本认知能力的发展越发重视，因此相比于从前，尽早对儿童开展阅读训练的压力与日俱增。很多学校都让儿童从幼儿园阶段就开始进行阅读训练，而研究者并未确认大脑开始学习阅读的最佳年龄。相对于年龄来说，大脑发展的步调和程度更为重要，就算是年纪相仿的儿童，其大脑发展的程度也可能千差万别。对于一部分儿童来说，在接受正式教学后，从口头语言进化至阅读可能相对简单，但对于另外一部分儿童来说，这可能是一个需要跨越鸿沟的任务。

学习阅读时遇到的问题

阅读是非常复杂的，以至于在这个过程中只要有一点问题就会减慢速度，或干扰整个过程。我们很容易理解，儿童在阅读上遇到的问题要多于让他们学习的其他任何技能。最近几年，研究者运用功能性磁共振成像来理解大脑如何阅读取得了明显进展。尽管有了这些进展，但是功能性磁共振成像在个体的阅读问题诊断上并非实用的工具。这是因为功能性磁共振成像研究的结果常常来自对一群人的研究而非个体。研究者在阅读能力较弱者和控制组个体中发现了大脑活跃区域的一些差异。将功能性磁共振成像或其他成像技术有效运用到诊断中，还需要进行更多的研究将这些差异进行分类。在那之前，研究者仍可以运用从这些成像研究中得到的信息，进而发展其他与我们对阅读和阅读问题的理解密切相关的各类型的诊断测试。

目前，对儿童学习语言表达及最终的学习阅读进程进行临界观测，一直都是我探索潜在问题最有效的方法。大多数与阅读相关的困难并不会随时间而消失。因此，父母和老师越早发现儿童的阅读问题越好。

很多针对阅读这一议题的研究都主要关注发展性的阅读问题，即发展性阅读障碍。如果儿童患有发展性阅读障碍，尽管有足够的智力、充分的环境条件以及正常的感官，但是在学习阅读时仍会经历一些非预期的困难。这是一种连续性的障碍，可从轻度至重度。神经成像研究显示，正常大脑与患有阅读障碍的大脑在特定口语表达和写作任务上存在明显差异。而且，一些有力的证据表明，这些差异会因为适当的教学介入而减小(Sahari & Johari，2012；Zhao，de Schotten，Altarelli，Dubis，& Ramus，2016)。

科学家对于阅读问题的起因已经进行了长期的探索。这并不是一项容易的工作，因为阅读需要大量的感官、动作和认知系统的参与。那些存在问题的阅读者可能有这其中一个或以上的系统损伤，但并非所有有损伤的人都有阅读障碍。尤其是阅读障碍似乎由处理语言和隐喻的神经区域缺陷或大脑中其他非语言区域的问题引起。

下面是对造成阅读问题的起因的一些简短描述(Sousa，2014)。大多数阅读问题都可以归因为语言性或非语言性的问题。大多数阅读问题可能都分属于以下三个类别：①阅读指导不足导致的阅读问题；②社会和文化因素导致的阅读问题；③身体因素导致的阅读问题。父母和老师应该利用其他资源，对这些阅读问题以及解决方法进行更深入的了解。

阅读指导不足导致的阅读问题

很多儿童有阅读问题是因为在需要锻炼解读技能的时候没有得到适当的启蒙，如可能不曾学过印刷字体、字符辨认、字母规则的性质。他们可能没有足够的机会系统地专心学习解读文字。因此，他们没有丰富的心理词汇量，而这对于阅读是否流畅而富有理解力极为重要。要很好地理解一门语言，需要有丰富的词汇量和语言鉴赏能力，并且能够结合自己对真实世界的理解。同时还需要对语言的机制(语法)有良好的理解，需要协调语言中的各个音韵，只有这样，才能准确辨认如 fair(公平、合理)和 fear(畏惧、害怕)等发音相近的字词。

这些问题不能完全归咎于社会、文化或个体的身体因素等。这些不足之处并非儿童本身的问题，而是课堂乃至学校系统无法为他们提供适当的教学环境所致。那些地处贫困地区的学校常常需要彼此争夺有限的资源。一些虽认真负责但缺乏适当训练的老师可能使用的仍然是一些过时的教学方法和策略。这种种因素都是儿童出现阅读问题的原因。身处这种情况的儿童并没有什么阅读障碍，他们面临的问题是从未很好地接受过阅读技能的训练。要让所有儿童都能够得到良好的教育，老师需要对有效的教学策略有更多的涉猎，并且时常反思自己的教学方法是否合宜。

我们不能指望阅读初学者马上就能自行领悟文字规则。我们也不能指望未来要成为老师的人能自行领会那些经研究证实有效的教学知识和技能，因为这些都需要他们熟知后方能施行。他们需要更多地接触最新的研究，了解大脑学习的机制，尤其要了解大脑是如何进行阅读的。应该将这一类信息纳入他们的师范课程中，让他们触手可及，并且也应持续为他们提供专业的发展项目，让他们能够与时俱进。

社会和文化因素导致的阅读问题

在阅读这个问题上，大量黑人和西班牙裔儿童的表现远不如白人儿童，这并不表示他们存在特殊的学习障碍，显然还有其他因素的影响。已有多项研究表明，社会环境对身处城市学校的儿童的学业成就产生影响。例如，有限的教师训练、教室太小、家中缺乏相关书籍以及家长缺少与学校的联系等都是阻碍学生取得进步的影响因素。虽然这些条件不可忽视，但是学校方面更需要关注我们对大脑进行阅读学习的认识，以及学习过程中的语言障碍之间的直接关系。

一些研究者认为，学生的阅读表现不佳，可能是因为他们在家中使用的语言与其接受阅读教学时所使用的语言本质上并不相同。还有学者认为黑人儿童太习惯使用被称为非裔美国黑人英语的方言。种族隔离性群居使得这种方言对人的影响更深，嘻哈和饶舌音乐的逐渐流行也加深了这种影响(Rickford et al.，2015)。使用西班牙语的人口数量增加，儿童正面临在学校学习英语却在家中和社区里使用西班牙语的矛盾。

因此，黑人及西班牙裔儿童表现不佳的原因可能是语言差异，意即他们自己的语言明显与在学校中使用的语言不同。他们无法用自身的心理词汇对英语课本进行解读。学习阅读需要确定看到的哪一个字词已经存在于心理词汇中，代表什么意思以及是否能够根据语境进行理解。对于这些儿童，我们不应该只看到他们犯了什么错误，而应该反思自己哪些地方需要改变，才能帮助他们更好地进行阅读。当教授阅读技能的老师已经得到良好的训练，了解儿童的阅读问题来自语言冲突而非病理异常时，他们就可以对教学进行改良。而且这类训练应该帮助老师理解他们可以如何运用非裔美国黑人英语和西班牙语的语言属性帮助儿童学习发音，以及理解日常交流和学术等不同场合的英语。

身体因素导致的阅读问题

很久以前，自然选择留下来的复杂神经网络负责进行口头语言的处理，并因而能够让人类这个物种生存下来。但解读手写文字则是人类的创举，这需要一部分神经转而处理此任务。阅读是一件极为复杂的事情，其中发生任何问题都可能导致减缓或中断阅读的过程。身体因素导致的阅读问题主要有以下两种类型：语言性起因和非语言性起因。

语言性起因

已有研究发现，一些潜在的语言性因素可能导致阅读问题和发展性阅读障碍，其中包括发音缺陷、听觉与视觉处理速度的差异、大脑的结构性差异等。它们可能彼此关联，共存于同一个体身上。

发音缺陷。阅读者对音韵的发声存在困难。产生这种损伤的确切原因目前尚不明了，因为研究者尚未对使用fMRI进行的研究得出结论(van Ermingen-Marbach，Grande，Pape-Neumann，Sass，& Heim，2013)。

听觉与视觉系统处理速度的差异。学习阅读时，视觉处理和听觉处理系统以相似的速度将字母解码为声音。针对阅读能力较弱者的研究显示，他们中有一些人的听觉系统处理速度比正常人要慢(Moll，Hasko，Groth，Bartling，& Schulte-Körne，2016；Schulte-Körne & Bruder，2010)。当视觉系统可能已经处理到第三个字母的符号时，听觉系统可能仍然在处理第一个字母的发音。结果就是，大脑无法将第一个字母的发音与第三个字母的符号关联起来。例如，在阅读dog这个单词时，视觉系统可能已经处理到字母g的符号了，但听觉系统处理的速度较慢，仍然在处理字母d的发音。最后，阅读者就会错将字母g与字母d的发音关联。

大脑的结构性差异。功能性磁共振成像研究发现，那些被诊断为有阅读障碍的患者，其大脑构造与非阅读障碍者不同。这些差异会导致与阅读障碍相关的大脑缺陷(Steinbrink et al.，2008)。在相关研究中均发现，对于那些被诊断为有阅读障碍的患者来说，视觉语言形成区域活跃度降低的同时，其他语言处理区域的连通性也会减弱(van der Mark et al.，2011)。其中一项研究发现，那些可能患有发展性阅读障碍的儿童，其大脑中的白质在7～18个月的婴幼儿时期有着非典型结构性连通的迹象(Langer et al.，2015)。同时，似乎大多数患有发展性阅读障碍的儿童，其大脑中负责视觉分析和语音编码的区域并不十分活跃，或有丧失功能的情况。

语音记忆缺陷。一些阅读能力较弱的人在其工作记忆中保持音韵会有困难，而且会因此无法记住用于形成句子的一连串长度足够的词语(Carretti，Borella，Cornoldi，& De Beni，2009；Lu et al.，2016)。

基因与性别。在双胞胎和家人之间，阅读障碍与基因突变有莫大的关联。时至今日，有超过10个易感基因被认为与发展性阅读障碍有关(Bishop，2015；Darki，Peyrard-Janvid，Matsson，Kere，& Klingberg，2014)。研究结果不断证明男孩比女孩更常被诊断为有发展性读写障碍(Quinn & Wagner，2015)。研究者对这种性别差异给出了不同的解释。其中一些人认为男孩因为基因比女孩更容易罹患读写障碍。其他人则引用一些研究结果，并声称男孩在进行阅读时遇到困难更常表现出破坏行为，因此比女孩更容易被注意到并诊断为有读写障碍。这种解释说明男孩更容易被高估其阅读问题，而女孩则相对容易被低估其阅读问题。

大脑视觉语言形成区域的损伤。fMRI扫描显示，一些患有发展性读写障碍的人，其左侧大脑的视觉语言形成区域受损(Huang，Baskin，& Fung，2016)。你可能还记得，这个区域是负责处理和解读书面文字的。然而，大脑具有惊人的可塑性。一些研究显示，如果童年时期视觉语言形成区域受损，右侧大脑的对称区域可能就以一种虽说不那么有效率的状态取代该区域处理原来的功能(Cohen et al.，2004)。

非语言性起因

一些没有以上障碍的人，可能仍然会有阅读困难的情况，因为这些人的听觉和视觉处理系统可能会受损，哪怕它们与语言系统毫不相干。换句话说，他们拥有处理语言的能力，但他们解读听觉和视觉信号的系统或其他执行系统出了问题。以下是一些非语言性起因。

感知连续的声音。一些阅读能力较弱者无法快速成功地检测并辨认出声音。这种缺陷通常与听觉处理有关，并非只与辨别音位有关，而是作为语音处理系统的一部分存在的。能够在阅读的同时准确听到字词或一连串快速的对话是对内容进行理解的关键(Wright，Bowen，& Zecker，2000)。

声音频率的辨识。一些患有阅读障碍的个体感觉声音频率差异的能力会减弱。这种听觉缺陷会影响其辨别口语中语气和音调的能力。一项纵向研究显示，患有音调识别障碍的儿童在阅读的时候比一般的儿童要困难一些。这种情况常见于家中成员有读写障碍病史的家庭(Leppänen et al.，2010)。

从噪声中追踪目标声音。如果无法从噪声中追踪到想听到的声音，那便是另一种会影响阅读的非语言性损伤。此时阅读会变得非常困难，因为阅读者的大脑无法从其他所有听觉信息的来源处分辨音调(Dole，Meunier，& Hoen，2014)。当我们同时考虑到上述两种起因时，这项研究证据说明了听觉功能在阅读障碍中的角色比我们之前想象得要重要。

运动协调与小脑。几项成像研究显示，很多阅读障碍者的小脑有处理功能缺陷(Stoodley，2016)。小脑位于大脑后方、枕叶的下方，主要负责协调习得的运动技能。从研究结果来看，大脑的这部分出现损伤会导致阅读、写作和拼写方面的问题。

注意缺陷多动障碍(ADHD)。注意缺陷多动障碍是一种发展性障碍，具体表现为难以集中并维持注意力。患有 ADHD 的儿童常常被认为同时还有发展性阅读障碍，但通常并非如此。ADHD 和发展性阅读障碍是两种不同的疾病。判断患有读写困难的儿童是否同时患有 ADHD 有些困难，因为两者的诊断标准并不一致。

应用于阅读教学

教会儿童进行阅读并非容易的事情，尤其是在小学课堂上，老师需要面对来自不同家庭、不同文化和不同语言背景的儿童。优秀的阅读教学老师能够灵活运用教学方法，也知道如何运用经验让学习阅读变得让人兴奋且充满意义。他们也清楚地了解科学研究的成果：字母顺序排列原则、词语构造、理解与流畅性。相关文献补充了这个处理过程，提供了让人乐见的相关阅读经验。

学习数学

在认知神经科学领域中，研究者近几年已经了解了人类大脑进行数学运算的机制。这里要为读者做一个简短的介绍，解释一些我们所知道的与大脑学习数学相关的内容，并且说明在学习数学的过程中我们可以在哪些方面做一些改善。如果想了解更广泛的内容，请参考相关研究(Dehaene，

2010；Sousa，2015a)。

数感

教育工作者的主要兴趣之一，就是理解我们拥有的一种叫作数感的天赋。数感在1950年代首次被提出，用于描述个体在没有直接指导的情况下，可以确认对象集合的数量、计点数量以及做简单加减运算的能力。脑成像研究显示，相比于其他视觉上的特点，人类的大脑对数量的改变相对敏感一些(Park，Dewind，Woldorff，& Brannon，2016)。数感是一种天生的能力，与我们人类的生存息息相关。当我们的祖先狩猎求生时，他们需要快速了解动物的数量，以确定当下的情况是否危险，是否适合进行狩猎。除了数量，还要确定动物的体积是否过大而难以捕捉，距离是否太远以及移动速度是否太快等。只要有一次错误估算，后果都将是致命的。因此，能够善于确认这些数字的人往往生存能力更强，这种能力也被写入人类这个物种的基因中。鸟、狮子和猩猩等动物也具有不同程度的数感。

人类如何发展出数感

数感的发展似乎是决定个体数学学习表现的关键。研究显示，6个月大的婴儿的数感表现能够预测其在小学阶段的数学学习表现(Starr，Libertus，& Brannon，2013)。其他研究也发现学生的数感和其在学术才能测验中数学部分的成绩存在正相关(Libertus，Odic，& Halberda，2012)。

老师如何了解学生对数感的理解呢？研究者对此给出了一些方法，作为确认儿童数感发展程度的关键指标(Baroody，Eliland，& Thompson，

2009；Gersten & Chard，1999；Jordan，Kaplan，Ramineni，& Locuniak，2009）。

级别一，儿童并未发展出数感。儿童对于数量没有感觉，也不知道“少于”“多于”之间的不同。

级别二，独开始有一些数感，儿童开始能够理解如“很多”“5个”“8个”这一类词和“少于”“多于”的概念。同时也能够理解较少数量和较多数量的概念，但并未拥有基础运算的能力。

级别三，儿童完全能够理解“少于”“多于”的概念。对于运算开始有了认识，可能会使用手指或物体作为“计数工具”来解决问题。但是当数字大于5时，儿童的运算可能会出现一些差错，因为这需要使用两只手来计算。

级别四，儿童可以运用“数数”的方式取代前一阶段中“数数量”的方式进行计数。他们能够理解数字的概念，因此不再需要通过对确切的5个物体进行计数来了解数字5的存在。如果此阶段的儿童能够准确计数，那他们也能够解决与数字有关的问题。

级别五，儿童显示出解决问题时的提取策略能力。他们已经能够自然地进行加法运算，并且逐步获得基本减法运算的能力。

为发展这五个级别，研究者提出了如图5.7所示的三阶段模型(Griffin，2002)。在第一阶段中，视觉处理系统能够辨认出聚成集合的物体。对于小型的集合，人类拥有天生的数感，因此无须计数便能知道数量。随着集合中物体数量的增加，儿童会逐渐进入第二个阶段，开始创造出一些数字词汇与他人沟通计数的结果。在第三阶段中，儿童开始意识到将大量的数目逐个写出来计数会占用很多精力，而且这些数字无法让他们进行数学操作。因此，儿童开始转而依赖代表数字的记号和可操作的符号进行运算。刚开始，从第一阶段到第二阶段的转变是线性的。经过锻炼，各个阶段会在儿童进行过一些数学操作之后相互作用。这个模型已经得到了一些研究的证实(Grotheer, Ambrus, & Kovács, 2016; Holloway, Price, & Ansari, 2010)。

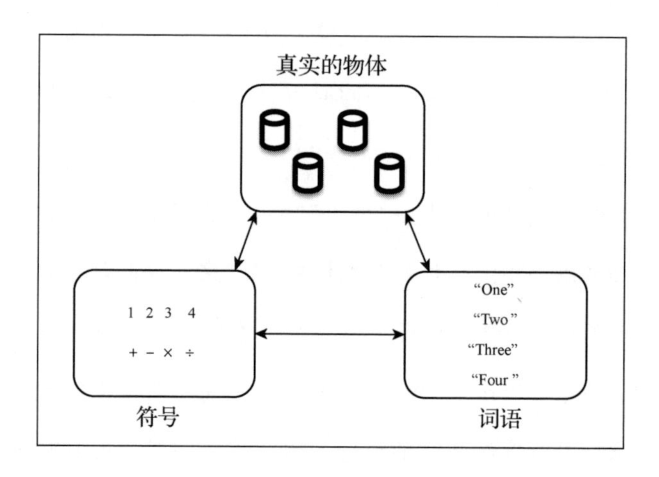

图 5.7 三阶段模型

说明：这个模型展示了数感的发展，过程从辨认实际存在的物体发展到设计出词语和符号表示数量(Griffin, 2002)。

这个模型也揭示了语言处理对数学运算处理的显著影响。进行数学运算的时候，我们会在头脑中默默地跟自己说运算的过程。这种现象尤其体现在进行精确计算的时候，如将两个两位数进行相乘的运算。有一项关于毗拉哈人(Piraha)的研究曾给出一个惊人的例子，说明了语言对数学运算处理的影响。有一个部落，其语言中缺乏对数字的描述，意即他们没有与数字对应的词语，结果连简单的数学计算都无法完成。后来有个传教士使用毗拉哈语言为他们创造了描述数字的词语，并且教会他们使用，之后他们的数学能力都得到了提高(Everett & Madora, 2012)。

拥有强大语言能力的儿童进入小学阶段后，会比语言能力稍逊的同学展现出更好的数学能力。与数学相关的研究显示了语言和数学之间的联系(Purpura & Reid, 2016; Vukovic & Lesaux, 2013)。如果你想证明这一点，可以试着将两个两位数进行相乘，同时大声说出运算的过程。这可能会有些困难，因为说话需要注意力的配合，而分配注意力的区域与处理心算、推理的区域相同。要注意的是，虽然大脑中语言和推理运作区域可以进行以上合作，但是它们在解剖学上是明显分隔的两个区域。个案研究显示，即使其中一个区域受损，另一个区域也仍能正常运作(Brannon, 2005)。因此，老师不应假定有语言困难的学生就必定会在进行数学运算时遇到困难，反之亦然。

学习计算

在儿童将两个集合的物体合在一起并利用手指计数的时候，就是他们第一次接触计算的时候。后来，他们也能够学会在不利用手指的情况下计算，而且也了解了两个事物的相加特性，即 a 加 b 等于 b 加 a。随着计算变得越来越复杂，就连成年人有时候也会出现计算错误，这是为什么呢？在人类的物种发展中，我们的大脑并没有准备好记住进行乘法后庞大的数量体或进行很多步骤的数学演算。我们能够了解的数量，已经足够让人类存活了。数感是一种直接的感觉，而符号运算则不是，它极易出错。

要想很好地理解数值量的概念，大脑需要发展出视觉上处理物体，并且将它们以字词和符号表示的理性思考结构。研究者认为，在学前阶段发展出的这些数学化的大脑结构是为进入幼儿园做准备的(Griffin，2002；Purpura & Lonigan，2013)。研究者针对幼儿数学化的大脑结构提出了以下发展过程。

4 岁时，儿童已经发展出了两个主要的结构：以数感为根据的整体数量感知，以及主要通过数手指的方式进行的少量物体计数。他们开始了解计数的概念，知道数字词语之间存在特定的序列，而且可以与集合中的物体一一对应。

6 岁时，儿童已经在心理上发展出了数字列，可以对所有数字有一个整体概念结构。他们可以对一列表示数值的大小不等的数字进行比较，辨认出数值较大的数字。同时他们也意识到数字本身是有量级的，如 8 大于 6。他们可以利用数列进行简单的加减法，而无须实物的帮助，只依靠将数字往前或往后数便能得出结果。

8 岁时，儿童能够理解两列并不相干的数字的运算操作。他们开始理解对数字赋予的数值，并且能够心算两位数的加法，知道两个两位数相比，哪个较大，哪个较小。而且因为有了双数线结构，他们可以读出时钟上显示的是几点几分，也可以处理元、角、分等关于钱的问题。

10 岁时，儿童的双数线结构已经扩大，能够轻松处理两个数集的问题，甚至三个数集的问题。他们能够处理三位数的运算，并且能够将时、分、秒转化成时间间隔，判断哪一段时间比较长。

请将这几个代表了平均发展规律的各个阶段记在心里。每个个体的发展速度可能都有些差异，这取决于他们天生的数感强度、接触数学的程度以及一些其他因素。

以大脑喜爱的方式教授数学

随着研究揭示出越来越多关于人类大脑运作和学习的真相，我们需要关注老师进行数学教学时所使用的教学策略是否与研究结果相符。老师在小学层次所使用的教学策略是否充分利用了学生的数感？是否深化了他们对数学运算的理解，促进了他们数学概念的发展？是否过度强调了默记对理解的作用？老师是否有充分的机会接触最新的研究，发展其专业知识，并且能够将所得运用到教学方法的决策上，让学生更好地学习？我们应该了解一些教育工作者可能会在不同年级中运用的主要数学教学理念。

小学阶段

研究显示，学生在学前阶段中接触到的数学教学方式对之后中学阶段的数学学习产生了极大的影响（Watts，Duncan，Siegler，& Davis-Kean，2014）。早期进行的数学教学应该发挥培养学生数感的功能，并且帮助学生发展其进行操作数字以及理解概念图式所需的大脑结构。一些研究儿童早期的学者以及数学领域中的教育工作者认为学前阶段的儿童应该多接触下列内容（Clarke，Doabler，Nelson，& Shanley，2015；Doabler & Fien，2013；Dyson，Jordan，& Glutting，2013）。

数字。儿童通过点算物体和讨论所得的结果认识数字。“你给了玛丽3张卡片，问问比利需要多少张?”儿童还会在走格子游戏中数格子。“现在你在第2格，你还要走多少格才能到第6格?”还可以数还有多少天到生日那天，老师可以这样问：“昨天还有8天才到你的生日那天，那今天还有多少天到你的生日那天呢?”儿童可以阅读数数的读本，或者用数字背诵童谣。

几何与空间的关系。儿童练习建构不同的形状，并与他人讨论各个形状的特性。他们能够辨认细高的三角形、矮胖的三角形、倒立的三角形，并且逐渐能够辨认其他所有不同类型的三角形。

测量。儿童可以将一座用方块砌成的塔的高度和一把椅子、一张桌子的高度做比较。他们可以测量每个物体的高度以及测量桌子到墙壁的距离，然后就会了解如果要完成一个作品，方块是否过大或过小。

图案/几何。儿童开始能够理解环境中的各种图案。他们可以学着辨认珠子、方块、衣服等物体的不同颜色和尺寸。他们可以通过将珠子排列重现一些简单的图案，或使用各种颜色的方块组合复制一些图案。

分析数据。儿童可以根据颜色、大小和形状将物体分类，并且将数据记录成图表。这些图表可以用来统计有几棵树发芽了、教室里的动物的成长情况、3月有多少天下雨，或1月有几个人过生日等。

这些学习内容可以让儿童对于理解数学的本质和处理数学运算感到相对轻松。

中学阶段

随着这些年轻大脑的不断发展，它们会越来越需要模式化的内容，会试着去理解在学校或其他地方学习到的新知识。任何能够帮助大脑建立模式的信息都更容易理解且有意义，这也是知识进入长时记忆的关键。

> 要让学生理解知识的意义，老师应该让学生了解他们为什么要用某种方式进行特定的数学运算。

从识记到赋予意义。中学阶段的数学教学往往主要聚焦在识记运算步骤上，很少涉及对内容赋予意义的部分。知识的意义可以赋予学习者随机应变的能力。如果不了解知识的意义，学生即便能记住知识，也不能真正理解如何做及为什么这样做。他们对于某个时候为什么要用某种方式进行特定的数学运算感到困惑，而这种困惑导致的挫败感会让学生对数学学习产生负面感受，使其态度变得消极。

为什么机械呆板的教学方法如此普遍？是老师本身也接受这种机械呆板的教学的缘故吗？这是否可以解释小学阶段和中学阶段的数学教学多年来变化不大的情况？我们将某种特定的数学问题的解答方法教给学生，而学生再进行反复练习(程序记忆)。但这种联系并不能让学生流畅地解答数学问题，因为我们几乎很少去解释用这些解答方法如何解答问题，为什么能够解答问题。因此，在我们给出一个新的问题后，学生快速回顾自己之前练习过的方法，然后又快速而高效地将这些方法用在解答上，但却不能理解其中的数学概念和原理。当然，学生确实需要学习一些基本的解答技能，如记住一些包含数学知识的运算表格等工具，但更重要的是让学生(越早越好)了解为什么要进行这种特定的数学运算。我们只有将更多涉及理解与意义的内容教给学生，才能让他们学好数学，享受数学学习。

在教学中对知识进行解释。老师不仅要讲授数学知识，而且要强调这些知识如何彼此关联，又如何与此前所学的内容相结合。老师运用精细复习的方法教学，并且为学生提供总结概要。这种方法充分利用了学生的数感。其中还包括让学生针对数学运算创造出自己的方法，让他们可以对运算法则有真正的理解。一直以来，研究者都认为小学阶段的学生能够对运算方法建构出自己的一套体系，而这一点也得到了许多相关研究的证实(Guerrero & Palomaa，2012)。

如果老师能够充分了解学生数学思维的发展，就可以预测出学生可能会想到的运算方法，并且能够在学生逐渐理解数学运算和知识的关系时为其提供支持和帮助。在老师鼓励学生试着想出不同的解答方法时，知识就可能得到升华。与只是教学生记住标准解答方法相比，其效果会截然不同。这种方法的重点在于让学生真正理解，并且让学生自己想到并成功运用方法。

数学推理。老师和中小学学生家长的一个共同疑问就是这些学生的大脑是否能够充分发展到拥有推理能力的程度。答案是肯定的，但这要看是哪一种推理能力。大多数学生在 6 岁的时候就能够利用有形的物体进行演绎推理。他们也许还能进行概括推理，但这会比较困难，到了 10 来岁的时候会因为孩子大脑额叶的发育成熟而变得容易一些。老师可以在书本或各类网站上找到很多发展学生推理能力的活动。利用这些活动可以让学生的推理能力从有形物体的推理发展到概括推理，同时也能让学生的思维从简单的算数思维过渡到代数思维(Hewitt，2012)。

科技带来的好处。老师有时候可能会不愿意在数学教研中过度使用科技手段。而研究显示，尤其是在中学阶段，网上同侪互助等手段会对学生的学习态度、数学能力的自信程度以及学习动机等产生积极影响。使用科技手段还可以使学生的数学成绩显著提高，并且加深其对概念化的理解(Burns，Kanive，& DeGrande，2012；Schacter & Jo，2016；Tsuei，2012)。

研究显示，科技的非常规运用，如探索数字的概念或试着解决复杂的问题等，让学生可以更好地理解数学概念，提高数学素养，将科技产品用于一般的数学运算中则没有这种效果。学生往往认为计算器只是一种简单的计算工具，但是当他们探索数学世界，甚至试着运用计算器和其他科技手段解决问题的时候，他们就会扩大认知，了解到这些工具有助于学习，可以加深对数学的理解(Gibson et al.，2014)。

老师常常会使用一些教学策略帮助学生深刻理解一些数学概念，或提高解决问题的技能，这一点科技无法取而代之。然而，如果能适当地运用，科技产品也可以提升学生理解数学和数学推理的能力，还可以提高运算的熟练度，甚至将学习范围扩展到课堂以外。教师专业发展计划对于不断提升专业知识和教学实践应用水平也同等重要。

高中阶段

随着大脑的不断发育，青少年的工作记忆、注意力持续的时间都得到了提升，大脑的模式归纳能力和对新奇事物的好奇心也与之俱增。学生接触到的数学是完整详尽的还是毫无新意的取决于老师的教学。如果这些青少年已经掌握了数学运算的能力，但老师仍然让他们学习同样的内容，他们就会觉得这种教学毫无意义，对此失去兴趣，认为数学非常无趣乏味，继而缺乏学习动机，成绩也会因此大幅下降。老师应该针对数学运算操作寻找不同的应用价值，以此维持学生的学习兴趣和关注，这是维持学生学习动机的关键点。此外，老师还应当了解每位学生到底需要进行多少练习才能完全掌握所学知识。

以学习严格标准的解答方法为教学目的，尤以记忆抽象数学定理为主的数学课程会掩盖学习的新奇性和吸引力。这个在1970年代诞生的模型是以电脑模拟人脑为基础的，意即人类大脑中的认知处理过程与电脑中进行的过程类似。神经科学领域揭示了两者之间的不同之处远多于相似之处。

青少年的大脑与电脑不同，它是一种结构化主体，只有将新的知识与先前的知识相结合，才能了解新的状况。大脑习惯连续地数数，并且以类推的形式进行计算。因此，人类的大脑并非本身就能够处理大量公式定理或符号运算的。对于大多数人而言，进行这种数学运算依赖对数学的动机、兴趣和好奇心。

数学共同核心国家标准(National Governors Association Center for Best Practices & Council of Chief State School Officers，2010)过去一直强调识记的重要性，现在其关注点逐渐转变到深刻理解少数几个关键概念以及将这种理解应用到解决真实世界的问题上。如果那些高中生面对的问题用语让他们感到和真实生活并无关联且毫无意义，那么他们可能会对此感到十分厌烦。这里有一些能够抓住这些青少年的兴趣的主题，如可能性(如赌博有回报吗?)、计算财务分配(如购买汽车的理财计划)、广泛的社会议题(如计算人口增长)、个人议题(如决策出最佳的手机购买方案，比较计时领薪和固定薪水的差别)。

我们知道，事物的意义是大脑决定是否将所学内容存入长时记忆的主要标准之一。将学习数学的体验与青少年生活的真实世界相结合能够很好地帮助他们学好数学。

数学学习中的困难

为什么一些学生特别擅长数学运算，而另一些学生则对学习数学缺乏动机，也不愿意努力？下面的内容也许会告诉我们答案。

我们需要分辨成绩不好是因为缺乏有效的教学还是因为其他环境因素，

抑或是因为学生患有认知障碍。

数学教学的状况如何？教学方法可以作为判断学生学业不佳是否完全因为认知损伤的工具。例如，可以是某种重视概念理解而较不重视数学理论和运算步骤的教学方法，也可以是反过来重视数学理论和运算步骤而不重视概念理解的教学方法。如果学生患有无法从大脑中提取数学理论的认知损伤，那么可能就无法适应上述第一种教学方法，因为第一种教学方法以信息记忆为基础。在第二种教学方法中，这种认知损伤也可能导致一系列的失能。数学共同核心国家标准针对这两种截然不同的教学方法，认为概念理解的方式比纯粹的记忆更值得予以重视。

对于检验学生学习数学是否存在困难，标准化测验并不是可靠的手段。学生学习困难的情况多种多样，可能在学习数学上表现一般，也可能在其他学科上表现一般。近期有一些针对引起学生学习数学困难的原因的研究，其研究结果主要分为两类：环境因素和神经性因素。

环境因素

学生对数学学习的态度。在现代美国社会中，阅读和写作已经成为衡量一个学生是否优秀的主要指标。数学能力更多地被看作一项附加能力，而非显示个人天赋能力的基本指标。因此，数学的污名化相比于从前少了很多，也越来越得到大众的接受。家长可能常说，“我以前不太擅长数学”，这类说法让学生内化了社会对数学的态度，并且将学不好数学视作无关紧要的事。

除了近几年学校对数学越来越重视以外，学生对数学的态度也越来越积极。学生(也包括那些喜欢数学的学生)会认为相比于数学而言，在其他学科中犯错更让人觉得尴尬。而且女高中生仍然会觉得自己比男生更学不好数学(Martinez & Guzman, 2013)。很多学生并不将数学能力视作一项基本技能。如果人们不对数学有所改观，学生仍然会缺乏学好数学的动力。

对数学的恐惧(数学焦虑)。学生对学习任务和数学学习的焦虑(数学焦虑)一直都存在。这种焦虑是一种因需要在学校或生活中计算数学题而产生的紧张情绪。任何年级的学生都可能会有这种对数学的恐惧(或厌恶)，因为他们在过去的生活中或现在面对数学课堂时可能有负面的体验，或者他们可能只是单纯地对处理数学问题缺乏信心。这种情况在女生身上更为常见(Smetackova, 2015)。数学焦虑会衍生出几种恐惧的情况。例如，担心数学问题难度太大，或害怕失败等，可能都是因为对学习数学缺乏自信。那些对数学感到焦虑的人，常常会因为恐惧而大脑一片空白，感到挫败和沮丧。在数学考试中面临限时的问题时，很多学生也会出现焦虑程度加重的情况。

通常来说，这一类学生通常对数学这门学科缺乏理解。他们的学习主要依赖默记解题步骤、公式和定理等，缺少对概念的理解，因而产生恐惧情绪。数学障碍和其他学习障碍一样难以克服，但重要的是每个学生都拥有专门负责数学计算的神经系统。他们需要将数学学习的挫败经验转变为成功的可能性。患有数学障碍的学生可能也有神经损伤，因此处理数字运算的时候始终会比较困难。

不管原因是什么，患有这一类障碍的人，大多数都是数学成绩不佳。造成这种情况的一个原因是生物性的。任何种类的焦虑都会导致躯体释放皮质醇到血液循环中。皮质醇的主要作用是让大脑面对焦虑的来源，并且决定采取什么行动降低压力。心率加快和其他的一些躯体症状都是判断的指标。同时，大脑额叶抗拒继续进行数学运算，因为大脑需要处理这个被认为危及生存的事物。结果学生无法专注在学习上，而变成忙于应付这种挫败和沮丧的感觉及注意力分散的情况。焦虑情绪还会干扰工作记忆和处理数学运算以及表达的能力（Trezise & Reeve，2014；Vukovic，Kieffer，Bailey，& Harari，2013）。

舒缓数学焦虑。下列是能够减轻焦虑情绪并且提升学生数学成绩的5个因素（Beilock & Maloney，2015；Finlayson，2014；Geist，2010；Powell，2015）。

老师的态度。老师的态度是影响学生对数学的态度的关键因素。老师可以让学生了解数学是人类的伟大发明，以及数学对其他学科以及整个社会的贡献，给学生布置有趣的数学的相关任务，将重点放在完成学习目标的学习过程上，而不只是在乎答案是否正确，还可以让学生体会成功的滋味，让彼此都能对数学持有积极的态度。

课程。针对幼儿园到8年级各阶段数学课程的研究均显示出相似的结果。其中一项在27个州的范围内针对183个数学议题的广泛性研究显示，现在的课程设计存在大量冗余的内容（Polikoff，2012）。从3年级到中学阶段中的70％～80％的教学时间都在重复教授学生之前已经学习过的内容。因此，学生仅有20％～30％的时间能够学习到新内容。研究同时也指出，数学共同核心国家标准甚至在低年级的课程里设置更多冗余的内容，而在中学阶段则极少。学生进入中学阶段后形成数学焦虑是因为课程从实际应用转变为较抽象的内容。老师可以在小学阶段多让学生涉猎新知识、新发现和不同的应用等；可以在课程中适当删减和数学有关的内容以突出重要内容，并且让学生加深对主要内容的理解；还可以定期举行一些活动，鼓励学生利用所学知识产生新的想法。

教学策略。另一个影响学生数学学习表现的重要因素就是教学策略。研究显示，学生的数学成绩与老师在数学方面的专业程度有极大关联。如果老师的专业程度比较高，那么学生的数学成绩也会比较好；如果老师受训不足或数学能力薄弱，那么学生的表现也会相对较差(Henry et al., 2013)。以“解释—练习—记忆”为核心的教学方法是学生产生数学焦虑的主要原因，因为这种教学方法只要求学生死记硬背而没有对数学概念进行理解和推导。在这种教学方法的教导下，学生对于记忆以外的内容束手无策。老师在数学课堂上应该让学生在掌握基本知识以外还能锻炼数学技能，了解学生的薄弱环节和困扰之处，减少使用只是死记硬背、追求唯一答案的方式，允许使用计算器和电脑辅助，让学生了解数学在实际生活中的应用以达到理解的目的，并且鼓励学生对数学问题进行探索和研究，甚至让学生自行设计问题。只有这样，学生才能真正学好数学。

课堂文化。课堂文化可分为规则和行为规范，这种文化会主导学生在课堂中的互动。在严肃呆板的课堂上，学生不太有机会可以畅所欲言，这种情况可能会导致学生产生数学焦虑。如果课堂文化总只追求唯一的答案，学生就会无法认同这种方式，觉得没有收获。课堂文化还包括要求学生快速回答问题，或进行限时测验等。一味追求速度会让学生不愿意反思自己的思考过程或分析回答的内容。让学生可以随时提问，让学生自行学习、探索新知，创造出一个让学生畅所欲言的环境，不必害怕犯错，也无须为答错问题而感到羞愧，不提倡快速反应、回答问题，但要鼓励学生尽力理解所学内容，而不只是死记硬背。如果老师能够营造这样的氛围，就可以有效减少数学焦虑的发生。

评价。任何学科的考试都有可能是学生产生焦虑情绪的原因。但有些学科尤其容易造成学生焦虑，如数学这种被纳入课程标准却不容易取得高分的主要考试科目。考试常常会削弱学生的信心，因为他们大多身不由己地参加考试，而且考试也不能激发他们学习的好奇心和创造力。为何当这种考试会影响学生之后选择大学的决策时，仍然要以这种方式确定学生在数学课程学习中的表现？老师可以通过减少考试或不限时等方式减少学生出现数学焦虑的情况，因为限时考试会增加学生的压力，而这种压力会干扰他们的工作记忆和长时记忆的运行。在检验学生的成绩等级、评价相关技能时，老师应该减少考试成绩所占的比例，而应该纳入其他评价的形式，如口头表达、书面表达或演说等形式，并且针对学生的薄弱环节给予反馈，这样学生才能始终保持对学习和提升自身能力的自信。

神经性因素

在数学障碍领域里，研究者面临的一个主要问题就是区分引起数学障碍的因素和由数学障碍造成的结果。如果学生学习数学时遇到的只是一般程度的困难，那么他们可能会在阅读技能上达到平均水平，甚至更高的水平。导致数学障碍的大脑区域问题通常都只是局部化或区块化的。换句话说，导致数学障碍的神经性因素可能仅在数学方面造成影响，而不波及其他方面，如阅读。

计算障碍。如果在数学运算中始终出现问题，这种情况被称为计算障碍(dyscalculia)，这个词来自希腊语，原词义为“数数很差”。计算障碍者无法理解数字的概念、关系、运算的结果和预测计算结果的估算行为。个体一出生就存在的计算障碍被称为发展性计算障碍。双胞胎基因研究显示发展性计算障碍具有一定的遗传性(Tosto，Malykh，Voronin，Plomin，& Kovas，2013)。个体在出生后由于意外而造成的计算障碍则被称为获得性计算障碍。无论是先天因素还是后天因素，对于大多数个体而言，进行基本数学运算时出现一些特定的困难都会造成这种计算障碍，但不一定是其他认知障碍损伤的结果(Kucian，2016；Landerl，Göbel，& Moll，2013)。

可能的原因。发展性计算障碍的个体难以进行数学计算，可能是因为其大脑中负责数学运算的区域出现了损伤。数个脑成像研究都表明，和一般儿童相比，患有发展性数学障碍的儿童其大脑中维持数感所必需的估算能力要低得多。然而，两组儿童在进行准确计算时，其大脑活跃程度相当(Cappelletti & Price，2014)。

患有弱视的个体几乎都难以处理数学问题，这很可能是因为要注视数字和有数学情景才能很好地解答数学问题，尤其要将代数和几何看清楚。无法进行排序的学生可能也患有计算障碍，因为他们无法记住数学运算的规则或完成计算所需的特定公式。

基因因素似乎也不可忽视。一些同卵双胞胎的研究记录了一系列数学成绩。出生于家族中有人曾患有数学相关缺陷的家庭的儿童也会和其家人一样表现出数学上的缺陷。出生时患有特纳综合征(一种通常在女性身上发生、由两条X染色体中的其中一条出现部分或完全缺陷而造成的病症）的女孩在各种学习中通常都会表现出计算障碍(Mazzocco & Hanich，2010)。

计算障碍与阅读障碍。患有计算障碍的学生可能也同时患有发展性阅读障碍或读写障碍。尽管这些疾病表面上没有什么关联，但是接近50%的数学学习困难的学生同时也有阅读困难的情况(Ashkenazi et al.，2013)。没有人确切知道为什么那么多儿童身上同时存在几种情况。一些研究表明这种疾病合并的情况是因为阅读和数学运算都需要在同一个负责工作记忆、处理速度和口头理解能力的大脑区域中进行处理(Willcutt et al.，2013)。这些同时患有两种障碍的学生比只患有计算障碍的学生更无法很好地处理数学运算，因为他们进行数学解答时，难以进行词语转换。

计算障碍与ADHD。由于大多数患有ADHD的儿童都有数学学习困难的情况，一些研究者因此好奇这两者之间是否存在基因的影响而导致这两种情况共同遗传。一些研究显示这两种疾病的遗传方式各异，而且各自与不同的基因片段有关(Hart et al.，2010)。这些研究发现说明了我们需要区别诊断这两种疾病，而且也需要找到治疗这两种疾病的方法。

英语学习者的数学学习

在过去的国家教育进步评测中，4～8年级学生的分数显示英语学习者学习数学时存在一些困难(National Center for Education Statistics，2013)，他们的分数始终低于非英语学习者。显然，教育工作者需要努力缩小这个差距。

语言也是数学教学中的重要一环，因为大多数内容都需要用口头语言进行表达。英语学习者并不能从数学课本中了解课程的重点。语言问题变得更为突出，因为数学共同核心国家标准课程将教学方针从强调数字题目转变为强调文字题目。为此，这些学生要理解、学好数学，就需要能够阅读、解答问题，并且在特定语境下用数学术语和他人交流，还要能够正确地讨论和解释一些数学的东西，老师也必须使用数学术语。我们很容易理解，那些并不精通英语和数学术语的学生会让英语学习者的数学老师感到沮丧。

认知处理与语言处理之间也密切关联，因此，英语学习者的数学老师需要确定学生是否在即使难以用英语表达所学内容的情况下，仍然掌握了某个概念。其中一种能有效处理这种情况并且帮助学生解决数学问题的办法叫作同侪教学。在同侪教学中，学生以小组为单位阅读课本，运用一些认知策略去理解课本内容。还有一种很好的方法是让英语学习者学习如何运用四种认知策略处理语言的问题：①根据字词短语的意义分类，学生可借此了解问题的基本元素；②广泛地提出问题，以此确定主问题的核心元素；③总结问题的目的；④设计解决问题的方案。经常运用上述策略，可以帮助英语学习者更好地学习数学。

无论学生在学习数学时取得了什么成就，都需一部分归功于老师的努力。老师应该掌握能够对学生有效进行数学概念教学的资讯和方法，并了解如何运用，而且在专业上要与时俱进，还需要取得学校的支持去落实这些方法。

接下来……

在很多学校中，预算的制约和一些考试的设置正在缩减学生接触艺术和体育锻炼的时间。然而，科学证据不断证明音乐、视觉艺术和运动对于大脑发育发展的积极影响。下一章，我们将讨论一些研究证据，并说明要想让学校真正成为与大脑功能相互配合的场所而必须推广艺术和体育课程的原因。

实践角

整体大脑教学——一般准则

尽管两侧大脑以不同的方式分别对信息进行处理，但是当两边同时都运用在学习中时，我们可以得到最佳的学习效果。就像我们同时运用双手可以接住更多的球一样，当两侧大脑同时对信息进行处理和整合学习时，我们能够获取更多的信息。按照这种方式，学生可以有机会同时提升学习强项和弱项。在每日的课程设计中，可以参考以下方法。

同时以口头讲授和视觉演示的方式教授概念。在教授新概念时，可交替运用视觉模型进行讨论。在黑板上写下表示概念之间关键属性的关键词，这可以帮助学生将听觉线索和视觉线索同时附加在信息上，提高他们意思理解和意义理解的可能性，这样他们就可以准确地提取信息了。在使用影片展示的时候，向学生展示意义丰富、简短的片段，然后暂停影片并让学生进行讨论。

设计有效的视觉辅助工具。它能帮助我们将信息安放在视觉辅助工具中进行概念之间关系的演示(如字幕片、广告牌、演示架、影片屏幕等)。垂直定位意味着步骤或时间顺序，或一个层次结构。

以下是表示加入联邦的顺序(以年份为顺序)的垂直水平的书写方式。

特拉华州

宾夕法尼亚州

新泽西州

而这样水平书写的方式则以并行的关系说明了以下是美国东部的任意三个州。

特拉华州，宾夕法尼亚州，新泽西州

当概念之间彼此并列或分等级的关系对于学生的记忆来说很重要时，避免以随意的方式罗列信息。

直观且符合逻辑地讨论概念。介绍给学生的概念需要从不同的角度切入。如果你正在讲授美国内战的内容，试着讨论一些真实事件(符合逻辑)，如主要起因、战役以及对经济和政治的影响。当学生理解了这些内容后，再转移到更能激发学生思考(直观)的内容上。

在介绍完算术的基本概念后，让学生设计一个除了以10为基准以外的数字系统。这是一个简单而有趣的过程，可以帮助学生理解十进制。在文学课堂中，阅读完故事或戏剧的一个段落后，让学生根据已有的内容试着写一个可能的结局。在科学课堂中，在给出关于元素周期表结构的一些情况后，让学生解释如何通过实验确定元素在周期表中的位置。

避免彼此冲突的信息。确保你所说的话、语气以及节奏与你的面部表情和身体语言相适应。左侧大脑负责解释话语的字面意思，右侧大脑则负责评估身体语言、语气和语境。如果两侧大脑的解释不一致，就会产生冲突，结果使学生专注于解决冲突而不再关注学习的内容。

为不同的学习风格设计活动和评估方式。拥有不同学习风格的学生会以不同的方式表达自己。在测验和作业完成上给予学生不同的选择，这样他们可以选择最适合自己学习风格的方法。例如，在完成美国内战单元主要内容的学习后，学生可以就战争的某一方面写一份阶段总结报告，或画一幅画，创作并表演一些戏剧，又或针对重要事件写一些歌，建构一些代表战争等内容的模型。除了传统的纸笔考试以外，模拟剧、角色扮演、设计电脑程序以及建构模型都是非常有效的评估工具。

整体大脑教学的策略

当老师使用那些能让大脑整体参与的策略时，学生能得到最佳的学习效果。尽管有研究显示在很多活动的处理中，两侧大脑会同时参与，但是仍然有必要了解那些包含了两侧大脑的先天技能在内的教学策略。请记住，我们无法只对一侧大脑进行教学。我们要确保每天的教学中都包括了那些刺激大脑整体的活动。这里向老师提供了一些策略。

高效的课堂组织。创造一个高效的工作环境，将善于聊天的学生安排在教室各处，这样他们可以在有需要的时候活跃地进行讨论。

相关的公告板。把公告板的内容安排为与近期的学习内容相关且易于理解的内容，鼓励学生在公告板上适当增加他们自己的内容。

清理公告板。在公告板上放置板擦，这样可以避免将旧的不相关的内容在讨论时变成新内容。

使用多重感官教学方法。在所有学科领域中让学生进行阅读、写作、绘图、表演和电脑使用。

使用比喻。创造并分析一些比喻，加深学生的理解并鼓励学生进行更高层次的思考。

鼓励守时。强调守时的重要性，鼓励学生遵守日程安排。

鼓励学生设立目标。指导学生为他们自己设立一定的学习目标，让他们坚持自己的目标，并在达到目标的时候奖励他们。

刺激逻辑性的思考。问一些"如果性"的问题，鼓励学生进行逻辑性的思考，让他们考虑所有可能的问题解决方法。找出一些网站，告诉他们可以在何处找到与学习内容相关的挑战性问题。

给学生提供不同的选择。例如，可以让学生做一些口头或书面报告。比起书面报告，口头报告能帮助学生运用更少的机制将概念整理在一起。一些学生或许会更喜欢表演一部短剧或小品。

使用视觉演示。使用黑板或投影仪演示课程内容来鼓励学生从视觉上对信息和关系进行组织。

帮助学生建立关联。将课程结合在一起，并使用适当的整合让学生对新旧知识进行对比。

鼓励直接经验。通过解决实际问题并融入真实情境，促使新知识成为直接经验。

允许学生进行互动。学生需要时间进行针对新知识的讨论互动。记住，谁能够对问题进行解释，谁就学会了这个知识点。

以学习迁移为目标进行教学。指导学生利用共性和感知，使用比喻或相似性在不相似的内容之间建立关联。这是一种促进产生学习迁移的重要手段。

融入操作学习。提供动手操作的学习机会，让学生意识到，他们必须发现并且处理真实世界中的关系。

概念地图——一般准则

概念地图包括从课程内容中提取中心和条项，并且将这些内容整理为视觉内容以及能够说出彼此之间的关系的形式。学生将那些只能口头讲述的内容进行视觉整合。视觉整合和口头活动能够加深对抽象、有形、口头及非口头概念的理解。概念地图的关键是清晰地描述事物之间的关系。有研究者(West，Farmer，& Wolff，1991)总结了以下九种认知关系(见表5.3)。

表5.3　九种认知关系

名称	关系	例子
分类	A是B的一个例子	猫是一种哺乳动物。
定义	A是B的属性	所有哺乳动物都有毛发。
相等	A与B相同	$2(a + b) = 2(b + a)$
相似	A与B相似	驴很像骡子。
不同	A与B不同	蜘蛛不是昆虫。
大小	A比B大	直角大于锐角。
时间顺序	A发生于B之前	在有丝分裂中，分裂前期发生于分裂中期之前。
因果	A引起B	燃烧产生热量。
触发	因A而能够B	必须年满18周岁才能投票。

概念地图运用图表对元素之间的关系进行组织和表示。这些表格也被称为图表或视觉组织。研究表明，图表组织对于学习障碍者(Sheriff &

Boon，2014）和英语学习者（指美国学生中母语为非英语的学生）（Konrad，Joseph，& Itoi，2011）尤为有效。学生应该讨论这些不同类型的关系，并且在尝试选用概念地图前举出一些自己的例子。有大量网站能够提供多种类型的图文组织形式。图 5.8 是三种常用的类型，在每一种图文组织类型中，事物之间的关系用图例的形式表示（当例子的数量较少时），或用线的形式表示（当例子的数量较多时）。

蜘蛛网式图是描述分类内容、相似内容以及不同内容的最佳方式。

分级图可用于描述定义和/或归并内容或数量上的关系。

链状图可用于描述顺序、因果和触发关系。

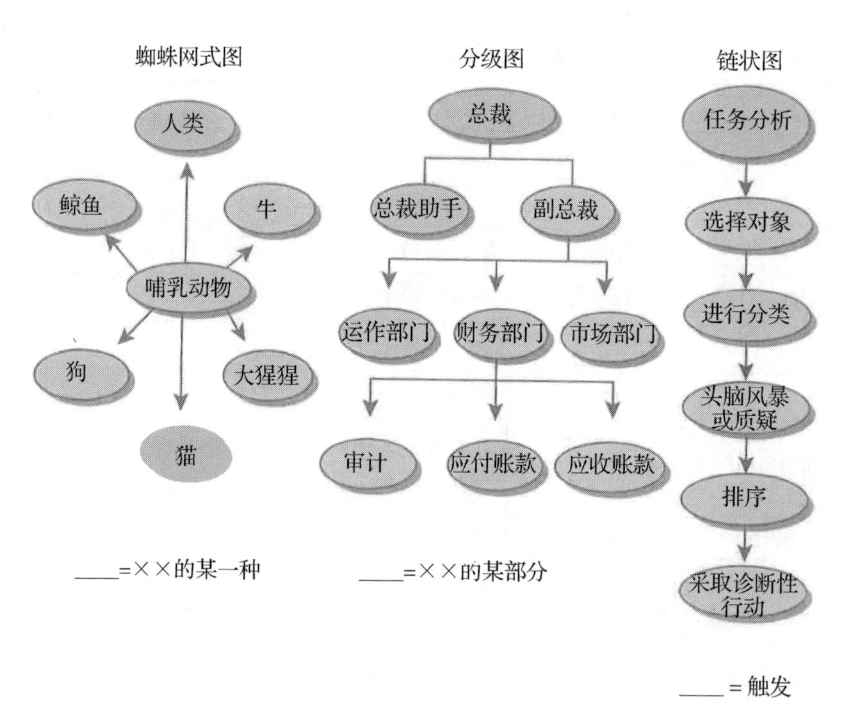

图 5.8 常用的三种图文组织形式

概念地图的其他类型

故事地图(见图 5.9a)对于根据故事事件和信息将主要概念进行分类非常有用，对于那些找到文章中心思想觉得困难的学生尤其有用。

类比地图(见图 5.9b)说明了新概念或相似概念之间的相似之处和不同之处。这种图可以帮助老师确定两个概念彼此之间是否相似，并决定是否需要在不同的时间里进行教学。

K-W-L 地图(见图 5.9c)说明了新知识的应用程度。K(know)表示已知的内容，W(want)表示需要了解的内容，L(learned)表示学过的内容。这种图是一种非常有用的课程内容整合工具。

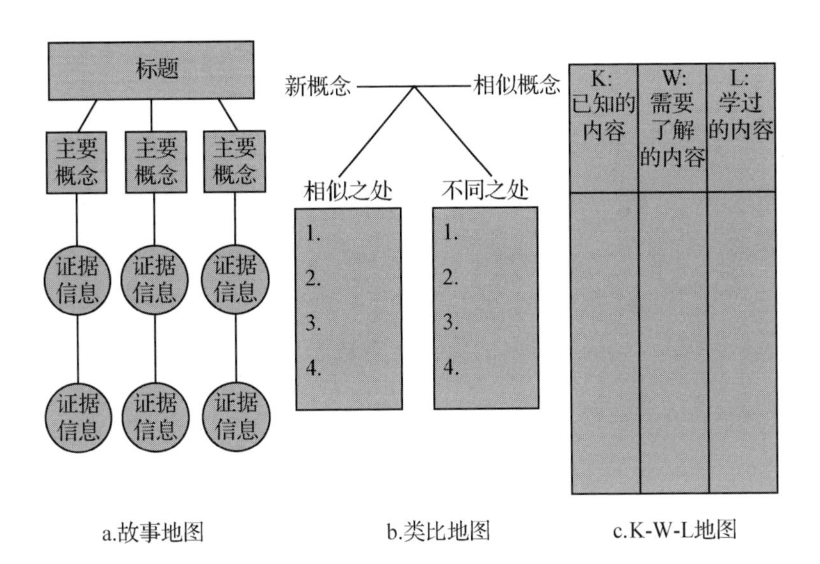

图 5.9　故事地图、类比地图和 K-W-L 地图

韦恩图(见图 5.10a)可以将两个概念之间的相似之处和不同之处罗列出来。就像类比地图一样，这种图可以帮助老师确定两个概念是否过于相似而无法同时讲授。

点线图(见图 5.10b)用于寻找长篇故事的主要部分。

分支图(见图 5.10c)说明了较大项目之下的较小项目。

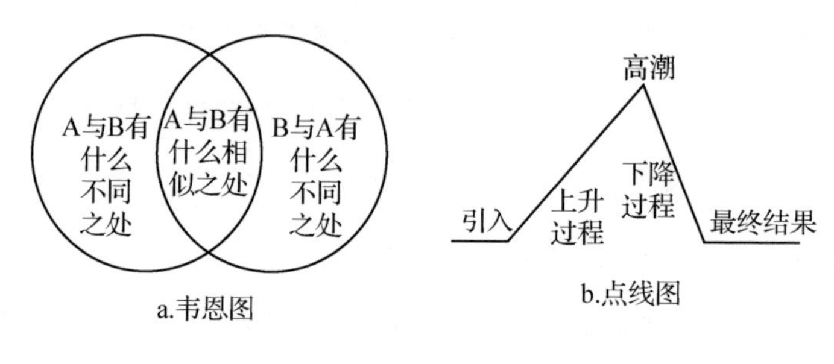

a.韦恩图　　b.点线图

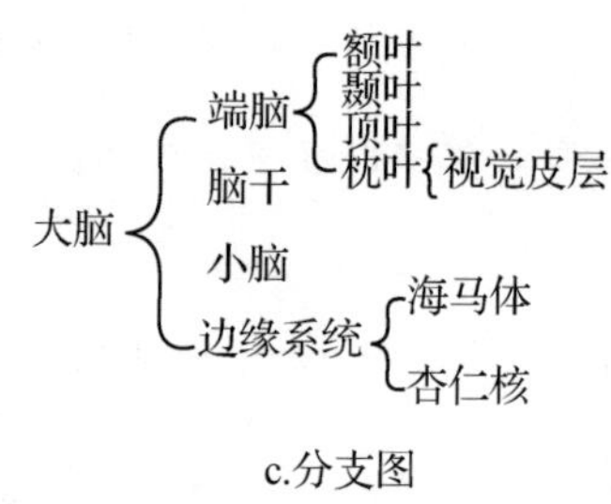

c.分支图

图 5.10　韦恩图、点线图和分支图

指导语：不妨演练一下，选择一个课程概念，如能源、时间或政府类型等，然后在下面画出一个适当的图文组织，并且将概念的主要部分填入，最后和其他参与者分享你的成果。

学习另一种语言

儿童何时适合学习另一种语言？尽管大脑终生都保持着学习的能力，但从本书前面部分提到的研究结果中可以清楚地了解到，10 岁以前是最容易进行语言学习的阶段。如果我们要在学校开展第二语言教学，应该好好利用这个时期。

为什么要学习另一种语言？除了要了解我们自己的母语外，我们从第二语言的学习中也能获得显著效益。语言教学应该尽早开展。这里列出了一些语言学习要在早年进行的原因。

①可以丰富并促进儿童的心理发展。

②让儿童可以更灵活地思考，对语言更为敏锐，并且语言听力更好(大脑从那些与母语不同的语言中学习对音韵的反应)。

③提高儿童对母语的理解水平(除非存在语言或听力困难，研究中并没有发现早期学习第二语言会干扰母语学习的证据)。

④让儿童可以有能力与因为学习第二语言才有机会认识的人进行沟通。

⑤打开了解其他文化的大门，并且帮助儿童理解并尊重来自其他国家的人。

⑥在大学对语言的要求下，此时学习第二语言会给儿童带来一个很好的开始。

⑦提供了很多需要用到第二语言的工作机会。

学前到小学阶段有效的第二语言学习的特性

所有学生都进入那些忽略种族、学习风格、母语或未来学习目标的项目中。

课程目标与运用补充语言教学的时间一致。在小学阶段，主要目标是掌握另一门语言的发音、句法和语言的运用。

目前有各种不同的学前到小学阶段第二语言课程项目，可以使学生达到不同层次的语言熟练度，并且需要在不同的时间投入。

语言教学应该覆盖从学前至初中阶段。第二语言的学习要求连贯性，因此学前至初中阶段是掌握第二语言的关键期。第二语言的教学常常是非区块式课程形式，因为这样会将课程限制为每年只有一个学期。

第二语言的系统化课程发展是学校计划的一部分。要寻找一些方法将这些语言经验纳入课程中。

小学阶段的课程必须选择母语使用者做老师，这样可以保证学生接触到正统的发音。

语言和文化之间的关联必须明确，这样学生才能理解一门语言在其文化环境下的发展。

学习第二语言的教学策略

第二语言的教学策略随学生开始学习的年龄的不同而不同。小学阶段的教学主要着重于识字、辨别和音韵发音的练习。此时不进行语法教学，但会将语法广泛融入学生的对话中。中学和之后阶段(包括成人阶段)的主要目标是发展沟通能力，让学生可以自在地说、写和思考第二语言。因此，第二语言的老师和那些英语学习者应该使用适合从较年轻学生开始的教学顺序。

学习第二语言的一个目标就是**获得沟通能力**。这包括四种主要能力的获取，需要语言和非语言方面的整合与左右两侧大脑的同步处理。老师应该在选择教学策略时考虑到这四种能力。

①语法能力，指一个学生对于正式语言规范的掌握程度，其中语言规范包括词汇、标点符号的使用规则，以及词语形式和句子结构。这需要左侧大脑进行分析和排序处理。

②社会语言能力，指在语境中恰当使用语法形式的能力。这种能力包括让各种语言和非语言的选择符合特定个人或社会情境的语言表达，而且这要求对个人和社会文化的差异非常敏锐。这需要右侧大脑进行处理。

③叙述能力，指将语言形式与中心思想整合为完整表达的能力，包括如何使用连词、副词及过渡短语持续地表达内容。这需要两侧大脑相互作用：左侧大脑利用分析能力整理语法特征，而右侧大脑将内容组织为一个具有意义的整体。

④策略能力，指使用语言或非语言沟通策略的能力，如身体语言和委婉的说话方式的使用。

这项研究指出，老师需要确保智力的非语言形式在第二语言中不被忽略。在课程设计中，老师应该：

①不要过于依赖语法、词汇记忆和机械的翻译，尤其是在教学早期。

②多利用情境语言、头脑风暴、视觉活动和角色扮演。

③让学生有机会建立起语境网络，他们可能需要从中领悟语境的含义、细微差别和惯用表达。

掌握这些技能后，再将学习转移到扩展学生的词汇量和语法知识上。

阅读教学的注意事项

阅读是一个需经过复杂处理的结果，主要依赖之前获得的语言，但同时也需要大脑的一些并不是天生就拥有的特定学习技能。由于学习阅读需要很多步骤，因此这一过程中会面临很多挑战。儿童常常会想出一些策略应对这些问题，但在到达下一步时也会需要帮助。就像其他任何技能一样，阅读同样需要练习。

科学研究表明，阅读教学包括音韵感知的发展和丰富文本的使用之间的平衡。这里是一些进行阅读教学时需要注意的基本点。

平衡教学方法的基本指南

多元化阅读教学对于学生来说是较好的。成功的阅读老师会开展各种活动以迎合学生阅读学习前的不同状态。

发展音韵感知。大脑通过将单词分解为声音进行阅读。儿童首先需要学会英语中的 44 个基本发音(音韵)，并且能够成功地进行发音，这就是音韵感知训练。学生在阅读学习中遇到的挑战越困难，就越需要对音韵感知做集中练习。

掌握字母排列顺序的规则(解码)。阅读初学者需要辨别不同字母的发音。学生能够越好地发音，他们的大脑将看到和听到的内容匹配的速度就越快。因此，应该教会阅读者从他们阅读的词语当中辨别个别发音，并且让他们大声朗读出来。dog 的发音是 duh-awh-guh，bat 的发音是bah-ah-tuh。这样的练习可以帮助大脑记住视觉适应的解码过程，这个过程对于快速阅读非常重要。然而，当阅读者眼睛移动的速度超过声音处理系统解码音韵的速度时会出现一些问题。在这种情况下，要让学生用手指指着书上的字母（文字）将视觉速度减慢。这样也可以保证阅读者能够将目光保持在书页上，而不是用瞥过的方式移动视线，否则将阻碍阅读的处理过程。

拼读非常重要。拼读是一种帮助学生掌握字母排列顺序规则的教学方法。它是学习阅读的重要部分之一，但不能成为一个独立的教学单元。在学生失去对阅读的兴趣时，用拼读教学发展单词拼写策略和词语分析能力会更为有效。

理解练习。在学会了字母排列顺序规则后，大声朗读可以提高阅读的速度和准确性，这样学生能够理解他们所阅读的内容，并且体会这门语言的句法。这种方法同时也帮助老师了解学生将视觉字形和听觉音韵结合的准确性。

和学生一起朗读。老师应该让学生跟着一起大声朗读课文。这可以帮助学生听到语言的韵律和语言的音调变化。让学生用手指指着文字来表现他们从老师处听到的内容和自己看到的内容的相符程度。

为学生朗读。学生闭上眼倾听，感受不同语境中的语言。阅读文学作品对学生有一些帮助。

介绍文学作品。利用有趣的书籍和其他形式的文学作品练习阅读，并加强阅读的动机。在这种情况下，强调英语的语言性质非常重要。大多数文字的含义和发音都来自句子中词语之间彼此使用的方法(语境)。例如，“The boy picked up the lead weight”(男孩拾起了铅坠)和“The boy had a lead part in the school play”(男孩在学校话剧中扮演了一个主角)两者中“lead”的词义因句义而不同。

新手如果没有接受过音韵感知的训练，要避免猜测词语的发音。在没有接受过训练的情况下，他们不知道什么线索会提示词语的发音，而错误的发音只会强化字形和音韵之间错误的联结。记住，练习可以让人变得熟练，但不一定会让人变得完美。

基于对大脑阅读复杂性较深层次的科学性理解，表 5.4 提供了一些进行阅读教学时需要注意的合理层次结构。在这个层次结构中，重点在于阅读教学的初始就要确保准确地进行音韵感知。更多关于儿童阅读的脑成像研究表明，当音韵感知能力不足时，他们会产生阅读上的问题，并因此扰乱解码系统。

表 5.4　阅读教学层次结构的例子

<table>
<tr><td colspan="2">注意：这个阅读教学程序是以大脑如何进行阅读学习的研究为基础的。它平衡了固定的音韵感知和之后用于说明更为复杂的语义和句法的文学范本教学。</td></tr>
<tr><td>语义层次：学生能够辨认因不同语境而改变词意的词语。老师通过一系列文学作品的例子来说明语言中不同的语言语境。</td><td rowspan="2">学生通过学习具有丰富句法和语义的文学文本，更能掌握这些技能。</td></tr>
<tr><td>句法层次：学生运用正确的语法结构创造出更为复杂的句子。老师大声地朗读故事，可以通过让学生注意听句子中的短语形式和词语位置，帮助学生提升对句法的认识。他们可以从这两个句子中了解句法改变而句义不变的表达形式：“The dog chase the boy”(狗追男孩)和“The boy was chased by the dog”(男孩被狗追)。让学生跟着老师大声朗读可以检查他们的发音。</td></tr>
</table>

续表

<table>
<tr><td>叙述层次：学生对简单的句子进行建构，并且调整成具有逻辑性的顺序。他们的口语表达已经发展成为直观的句子模式，如主语—谓语—宾语，即“I want a cookie”(我想要一块曲奇)或“He throws the ball”(他扔出那个球)。此阶段既要介绍前缀，也要介绍后缀。</td><td rowspan="2">学生如果使用包括所教音韵在内的文本，可以更快地掌握这些技能。这种文本被称为解码文本。</td></tr>
<tr><td>语音层次：这个阶段着重掌握语音感知和字母排列顺序规则。学生需要处理语言的基本发音元素。学生大声朗读可以确保将英语中的44个发音和26个字母正确关联起来，然后对押韵、词语辨认和语义进行练习。</td></tr>
</table>

给所有老师的阅读指南

从某种程度上来说，所有的老师其实都是阅读老师。在小学阶段以前，学生用阅读的方式进行学习。在培养他们从阅读中获取信息的能力上，老师起着非常重要的作用。阅读能力对于学生在高中阶段的成功起决定作用，因为这种作用会在更高年级的学习中越发重要。当老师帮助学生有效地运用阅读技能时，所有科目中的阅读都会变得更顺利。这里给读者提供一些策略作为参考(Sousa，2014)。

①使用直接教学对阅读中的重要概念进行清晰分类，并且介绍为何要学习这些概念。让学生总结老师刚刚提到的重点，这样可以帮助学生理解意思和建立意义。分配的阅读量应刚好足以完成。不要用不必要的阅读量淹没学生，尤其是在那些学生缺乏信心的科目上。

②通过定义新词语或在不同的语境中使用新词语来扩展词汇量。在进行阅读以前就要完成这一点。

③通过建议学生扫读关键词语和短语来帮助他们理解内容，并且让他们自我提问："在这段时间我需要阅读什么内容？为什么我需要阅读这些内容？主要内容是什么？为什么它是主要的？还有什么内容与我之前学过的内容相似？我能够用自己的语言概括刚刚阅读过的内容吗？"

④进行更多交谈，你就会知道交谈是学习和记忆的一种非常有力的工具。当一起学习时，学生应该就他们阅读的文本进行相互提问，总结要点，并且将任何不理解的地方进行分类。要完成这种分享，学习合作小组是一种非常有效的策略，尤其是在那些包括阅读在内、学生能力各异的课堂上。

⑤使用图文组织，让学生设计出自己的图文组织和概念地图，帮助理解阅读中的要点。这在那种充满细节的课文和纪实类文本阅读中尤其有用。

⑥增加新颖的内容，这样学生便不会觉得阅读是一项沉闷的工作。例如，让学生推测故事接下来的发展，或让他们写出自己觉得合理的结局。让他们创编他们自己的故事、戏剧或其他公开形式的内容，这样他们可以阅读或看到其他同学创作的内容。

⑦将涵括相同内容的课文合并补充为课程文本，但是要编辑为更低层次的阅读内容。这样可能会用到几本书，因为一本书不太可能覆盖所有课程内容。

⑧建立与科目相关的杂志和报纸文章的课堂文档，可以是纸质形式，也可以是电子形式。定期更新并且鼓励学生在他们遇到合适的文章时保存到文本中。

⑨使用视听器材。这种器材可以极大地帮助有阅读问题的学生。很多学生都更喜欢多媒体环境。如果可能的话，使用录音、影片、电脑程序等作为直接的教学手段。

PreK-12(幼儿园至12年级[①])数学教学的注意事项

根据已有的认知神经科学研究成果，我们可以对儿童和青少年实施一种由四个主要步骤组成的教学模型。第一步是培养学生的数感、定量直觉和计数能力。这些天赋深植于不断发展的神经网络中，而且要通过实际的活动进行培养，而不应该用纸质作业去压抑。利用有趣的数字智力游戏和数学问题吸引学生天然的好奇心，从而顺利进行活动与教学。

第二步是介绍一些数学标记符号，尤其强调这些标记符号在计算时带来的强大的便利性和快捷性。此时需要不断将标记符号的知识与定量直觉联系在一起，这一点非常重要。通过这种方法，这些标记符号可以转化为直观知识网络的一部分，而不只是一些毫不相干的数学语言。

第三步是向这些年轻的大脑介绍一些算术定理。此时应尽可能使用一些适当的具体操作，因为当学生尚不能理解数学中那些不断加深的抽象性内容时，我们就已进入了一个非常重要的时期。此时学生的大脑额叶逐渐适应更高层次的思考和逻辑推理。

第四步需要介绍并解释一些数学和几何学的公式与定理，但如若可能，还要说明一些知识的实践应用。记住，当理解并认可所学知识

PRACTITIONER'S CORNER

① 相当于我国的高三年级。

的实践意义时，学生就可以让知识产生附加意义，而且更能记住所学的内容。

我必须承认这个模型可能有些简单。学生不能很好地理解数学，是因为老师常常没有尽最大努力让他们将课堂上所学到的知识与生活实践结合。老师常常会听到有人感慨："为什么我要学这些科目?"这种现象提醒老师要更努力地帮助学生寻找学习数学的意义。

思考的关键点

在这一页上快速地记下一些关键词、重要概念、策略以及你想要在之后复习的资料。这一页可以成为你个人的知识小结并且帮助你唤起记忆。

PRACTITIONER'S CORNER

Chapter 06 | 第六章

大脑与艺术

要衡量一种文明的质量，可以通过这个文明中的音乐、舞蹈、戏剧、建筑、视觉艺术和文学来进行。

我们必须让我们的孩子认识并理解文明中那些意义深远的杰作。

——欧内斯特·L. 博耶(Ernest L. Boyer)

本章亮点： 本章讨论了大脑成像的研究如何帮助我们理解音乐、视觉艺术和大脑发育活动及认知功能的角色与重要性，并揭示了将艺术活动融入各年级、各科目课程中的方法。

不管是过去还是将来，我们从未在这个星球上发现有任何一种文化是不存在艺术的。为何会如此？一种可能的解释就是艺术活动，如音乐、舞蹈、戏剧和视觉艺术等，都是人类的基本经验和生存所必需的。否则，为何这些艺术活动会成为从穴居原始人到如今21世纪城市居民的每一种文明中的一部分？

如果有人好奇为什么这本书中要加入与艺术有关的内容，那就应该多看几遍前面的内容。一些非艺术相关科目的中学老师质疑是否确有必要在一本介绍大脑如何学习的基础课本中加入有关艺术的内容。我试着温和地提醒他们，艺术是我们人类文化的一部分，其历史比科学、数学和有文字记载的历史都要久远。我们人类的生存也依赖内在创造力，即在远古时代解决问题的能力，这种能力让我们可以饱食、保暖、庇护和保卫自身的安全。而艺术则是我们与他人沟通的方式。

学生总带着好奇心来到校园，他们渴望探索，头脑里充满了对世界运作的创想。但这一路并不总是一帆风顺的。到了高中阶段，仅有小部分学生认为自己仍然有创造力。我想让大家猜想一下，为什么大多学生从小学阶段进入中学阶段之后开始感到自己的创造力正在丧失。也许我们只有让各年级的老师都使用激发学生创造力的教学方法和策略，而不应压抑学生的创造力，才能使艺术活动真正恰如其分地发挥作用。

艺术是人类的基本经验

随着对大脑的深入认识，我们通过不断发现一些线索来解释为何那些需要艺术参与的活动对于大脑功能的发挥如此必不可少。音乐：听觉皮层中的特定结构似乎只对音乐声调做出回应。舞蹈：大脑的一部分以及小脑的绝大部分都会参与从奔跑到手臂摇摆等各种动作的启动和协调。戏剧：大脑中特定分化的区域用于语言的获取，边缘系统为提供情绪元素而被激活。

这些大脑天赋的发展并非偶然。它们是人类与所处环境经过多个世纪的交互作用而成的，而且这些天赋的持续存在也必定说明了它们在我们的生存中起了某些方面的作用。在那些还没有阅读和写作活动的文化中，艺术通过历史、习俗和价值观等形式的传递成为媒介并延续下去。这些艺术形式同时也传递了更多关于在这个文化中生存的必要基本信息。例如，如何狩猎、狩猎什么对象作为食物，以及如何守卫村庄免受入侵等。

因此，艺术对于群体的生存非常重要。例如，在这个星球上大约有7000种语言，而其中约800种只在同一个地方使用——那就是新几内亚！

在新几内亚(或其他地方)每一种语言几乎和其他任何语言都不相关，并且在大约以10英里为半径的区域内居住的一个仅有数千人的部落说同一种语言。更惊人的是，每个部落都有自己的音乐、舞蹈和视觉艺术(Pereltsvaig，2011)。

在现代文化中，艺术很少被认为是生存技能，而被认为只是装饰而已。事实上，人们为了艺术应该受到高度重视这一信念会用高昂的价格购买专业艺术演出的门票。这种文化拥护常常出现在那些拥有自己的合唱队、乐队、戏剧课和临时舞蹈队的高中。

> 我们从未在这个星球上发现有任何一种文化是不存在艺术的。

当这些年轻大脑最善于提升艺术天赋发展所需技能的时候，很少有小学能够享用到这种文化拥护(少数私校的倡导是例外现象)。当学校财政紧缩时，小学阶段的艺术课程就成为首先被削减的对象。现在，提升阅读和数学成绩的压力正迫使学校以牺牲艺术教学为代价来换取更多为考试而准备的课程。似乎这种规定的考试更多地让学生只知道字母如何组成单词和句子，却不知道如何用音阶、音符创造一段旋律。然而我们的大脑发展出复杂的神经网络，用于处理语言和音乐这两种不同的沟通形式，为什么我们不能对这两者等同视之?

为何要进行艺术教学

这里是一些基本的论据。

①艺术在人类发展中扮演了重要角色，促进了认知和情绪的发展。

②学校有义务让学生尽早接触艺术，并且将艺术视作基本而非选择性的课程内容。

③学习艺术可以为学生提供贯穿一生的高质量的人类经验。

④艺术可以提升创造力、问题解决能力、批判性思考能力、沟通能力、自我导向能力、主动性和合作能力。所有这些能力与那些教育工作者认为的“21 世纪必备技能”一样，都会成为每个学生作为成人在这个越发复杂的世界里成功生存必不可少的能力。

艺术与年轻大脑

很多孩子所做的活动——歌唱、绘画、舞蹈等——都是艺术的自然形式。这些活动需要所有感官的参与，并且帮助大脑发展出成功学习的神经网络。孩子进入学校后，需要延续并发展这些艺术活动。孩子从学习歌唱和韵律、创作图画和手部绘图等中发展认知能力。活动中的舞蹈及其他动作则发展动作技能，所有这些活动都可以增进情绪的稳定性。

艺术同时还通过帮助儿童认识广泛的人类经验而对教育做出贡献，帮助他们认识人类不同的情绪表达和意思的传达，并且发展微妙而复杂的思考形式(Eisner，2002b)。

艺术促进认知的发展

尽管艺术常常被视为像化学或代数那样独立的学科，但它们确实是技能的综合及超越人类参与的所有领域的思维过程。无论是单独进行艺术教育，还是与其他科目结合，只有经过良好的教育，艺术才能发展认知能力，让学生获益，而且还可以让他们对21世纪的各种要求做好准备。这里列举了一些年轻人从艺术学习和与艺术相关科目的学习中锻炼出的能力（Eisner，2002a；Phillips，2013）。

创造力和对关系的感知。创作音乐、词语以及其他艺术学科的作品可以帮助学生练习创造性思考，了解一项作品的各个部分是如何相互作用、相互影响的。例如，这是一种能够让管理者明了组织中的特定系统对其他次系统的影响方式的能力。

保持注意力。在这个时代，电子产品占用、分散了我们原本放在其他事物上的注意力，因此在一段时间内保持注意力成为一种重要技能。这种技能可以通过合作的方式锻炼出来。与其他人共同创作一个作品，需要在聆听和表达之间以全神贯注的态度保持平衡。参与者除了要顾及自己的角色和责任，还要明白自己的角色在整个作品中创造了什么。

对细微差别的注意力和非语言沟通。艺术可以让学生了解细微差异能够产生巨大的影响。只有对细微差别、形式及颜色做出大量的视觉推理才能完善一件艺术作品。与之类似，在写作中对语言使用细节的专注也是使用典故、暗讽和隐喻所需要的。通过在戏剧和舞蹈中的学习经验，学生学会了如何解构肢体语言的机制。他们会了解到不同动作的表达方式，以及了解如何通过这些动作与他人交流各种不同的情绪。

对于多答案的问题的知觉。艺术作品是通过不断解决问题得到的成果。我要如何通过舞蹈、音乐或画作描绘某种特定的情绪？可以用不同的方式完成。学校常常强调学习要专注在唯一正确的答案上。在商业和生活中，大多数困难的问题都需要寻求多种选择。这种解决问题的过程可以发展学生的理解和推理能力。

在过程中转换目标的能力。艺术可以帮助学生了解并且追求与初始想法不同的目标，以及在过程中目标是可以转换的。

在缺乏规则的情况下允许做出决定。算术有一定的规则和可测量的运算结果，但其他很多事情缺乏这种规则导向的特性。在缺乏规则的情况下，学生完全可以凭个人判断评估感觉是否正确，决定何时能很好地完成任务。

韧性的发展。当第一次演奏某种乐器的时候，学生就会知道任何事情都不是一蹴而就的。通过不断练习，学生可以学习并掌握一些技能，而且他们的表现能力也会得到提升。要掌握这些，韧性的作用非常关键。当学生进入这个竞争愈发激烈的世界时，每个人都需要不断发展新的技能，此时韧性对于成就而言就必不可少了。

运用内容丰富的材料。艺术可以促进情景形象化和运用智慧确定计划行动的能力。

对于在限制范围内操作的接纳。无论是语言、数字、视觉还是听觉，没有任何系统能够涵括每一种目的。艺术让学生有机会运用有限的材料去创造各种方法来有效地利用这些约束。

以美学的视角看世界的能力。艺术帮助学生以新颖的方式形成对世界的看法框架，如以设计的视角或诗学的视角看美国的金门大桥。

发展合作的能力。无论是学习艺术还是学习与艺术相关的科目，要想成功，合作都是必不可少的。学生在这过程中学习合作，共同承担责任，还要为了共同的目标向他人妥协。他们最终理解了个人的付出是团队成功所必需的。

获得自信心。通过戏剧，学生学会如何更具信服力地传达己见，并且建立起在舞台上表演不可或缺的自信心。戏剧训练让学生有机会走出自己的舒适圈，让他们可以试着犯错，并从犯错的经验中吸取教训，最终，学生可因此而获得自信心。

得到建设性的反馈。在进行一次艺术尝试后得到建设性的反馈，这在艺术的世界里非常普遍。这些反馈可以帮助学生提高能力。

近几年，神经科学家们发展出了艺术提升认知方法的其他理论。现行理论的一个普遍现象，就是每一种艺术形式都需要用到不同的大脑神经网络，如图 6.1 所示(Posner，Rothbart，Sheese，& Kieras，2008)。视觉艺术主要由枕叶和颞叶进行处理，语言艺术(如散文写作和诗词创作等)则由布洛卡区和威尔尼克区进行处理(图 6.1 中为圆点圈起来的区域)——你可能还记得它们是大脑主要的语言区域。动作艺术通过薄薄的、穿过大脑顶端的运动皮层进行处理。音乐由位于耳朵后方颞叶中的听觉皮层进行处理。

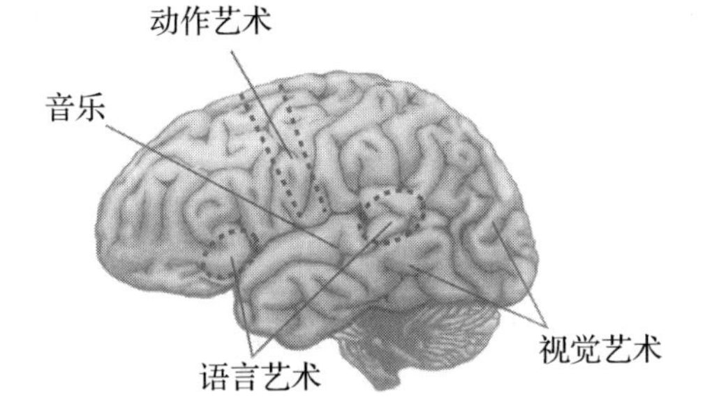

图 6.1　进行不同艺术形式的处理时所用到的大脑区域

在对儿童使用脑电技术的研究中发现，艺术训练要求他们专注，集中注意力，能够提升他们的认知能力。因此，早年开始参加艺术训练，对于提高儿童的认知发展有好处。此外，艺术常常需要强烈的情感，情感对于认知处理和记忆有强大的作用。

艺术与创造力

现有几种对于创造力的定义，但大多数似乎都将这个概念包括在创造之中，也就是跳出思维的框架。这种创造力包括运用发散性思维的能力进行深入探究，对于一个问题除了旧有的解决方法以外还能找到多种替代的解决方法。尽管创造力对于一些个体来说是天生的，但是越来越多的人发现创造力是可以教出来的。这意味着，在现今课堂中，常见的教学方法常常被设限，主要围绕以寻找唯一正确解决问题的方法的局限思维进行教学——记忆胜过深入理解。学校应该帮助学生在思考上多投入一些努力，而不只是让他们知道而已。

探索创造力本质的神经科学家认为，进行创造性思维涉及大脑各区域的沟通，这些区域在进行非创造性思维时并不常常相互作用。尽管研究者认为并非只有一处大脑区域负责创造，但是大多数创造性活动需要大脑额叶的参与。脑成像研究显示进行创造性活动时比进行传统活动时有更多的大脑区域被激活，尤其是涉及工作记忆、认知和情绪的区域（Mayseless，Aharon-Peretz & Shamay-Tsoory，2014；Saggar et al.，2015）。

探索大脑区域的功能性磁共振成像的研究发现，创造的本质与抑制作用有关。有一项研究对比了专业爵士钢琴家在演奏大脑记忆中的音乐和演奏即兴创作的音乐时的大脑活动。功能性磁共振成像扫描显示，相比于演奏大脑记忆中的音乐，进行即兴演奏时大脑中负责抑制和自我调节的区域比较不活跃，但大脑中与个性和自我表达有关区域的活跃性则增强了(Limb & Braun，2008)。显然，关闭参与抑制和自我调节的大脑区域会导致专注力减弱，引发自发性、创造性行为。

参与艺术活动可以培养自主性和自我表达的能力，缓和抑制作用的限制影响，并且产生创造力。它可以发展注意控制能力，这是一种伴随创造的努力而来的，且是战胜恐惧、挫折与失败所必需的能力。艺术活动还可以促进个体的想象和内省，因为在进行一项任务前，个体常常需要创造并操纵这项任务的心理图像，同时对个人的表现进行自我评估。

这些独立的研究发现大概证明了艺术教学只是为了艺术，无法据此认为艺术教学可以促进其他科目的学习。尽管如此，统整艺术学习还是有必要的。这是因为，尽管对于艺术项目有强大的公共支持，但学校为了提高语言文化和数理的成就而投入更多，使得艺术可能会被遗忘。

美国越来越多的州通过政策在当地的课程中推行艺术，如将艺术纳入高中毕业要求、标准和评估中。尽管推行的程度不同，但一些州已经为学校开发了更多广泛的艺术项目以及与州立艺术委员会和地方艺术组织建立了合作关系。然而我们必须注意，不能认为艺术教育只是为了那些想要成为历史学家、科学家、物理学家、化学家以及生物学家的学生而设的。

科学也需要艺术

很少有人会反对在小学和初中阶段学习自然科学，人们对在高中学习科学课程的支持依然强烈，包括那些大学先修课程在内。当学校财政紧缩时，一些人甚至会认为音乐还有其他一些艺术类课程会使原本用于科学和数理课程的资金流失到艺术门类上。其他人则常常认为科学与艺术是处于两极的。科学被认为是客观的，具有逻辑性、分析性、重复性且有益的科目；而艺术则被认为是主观的、直观的、感性的、唯心的科目。在美国社会，科学和艺术对阵往往是艺术落败。通常，投向任一个科技项目的公众或私人资金都会多于投向所有艺术科目的资金总和。

但是科学家和数理学家知道，艺术对于他们的成功至关重要，并且他们需要从艺术中借鉴一些技能，将其运用为科学工具。这些技能包括准确观察的能力、空间想象力（在脑海中想象一个物体旋转之后呈现的样子）以及动觉感知（这个物体会怎样移动）。这些技能往往不会成为科学课程的一部分，但却可以通过在家里进行写作、绘画等活动来培养。

确实，艺术常常可以给科学带来一些启示（Beal，2013；Root-Bernstein，1997）。例如：

①巴克敏斯特·富勒的测地线拱顶（geodesic domes）可以用来描述足球和建筑的屋顶，也可以用来描述病毒结构以及一些近期发现的巨大的复杂分子。

②美国航空航天局聘请了一些艺术家设计出准确、可理解的演示卫星

数据的模型。

③一名生化学家发现她的纤维织物中的皱褶可以作为蛋白质折叠的另一种解释方式。

④电脑工程师对特定歌曲的频率进行编码，这样除非解码者知道这首歌，否则信息就会被拦截或封锁。

⑤基因研究员将复杂的数据转换为音乐符号以便对信息进行分析，如对染色体中的基因序列进行解码。

弹钢琴、写诗或创作一幅画可以提高观察力、对细节的关注以及将事物融入情景的能力。这些能力同样也是一位优秀科学家所必备的。艺术学习不仅可以让学生发展提高生活质量的技能，而且可以让学生与科学家维持同样的创作基础。

艺术对学生学习与行为的影响

艺术教育与艺术整合

研究显示，经过良好设计的艺术经验可以对学术、社交以及批判性的学术能力、基础与进阶读写和算术能力的发展产生积极影响。研究同时探究独立的艺术项目和那些从艺术中借鉴概念及技能的学习领域，如 STEM [科学(science)、技术(technology)、工程(engineering)与数学(mathematics)]学科。在这些研究中，有一个有趣且重要的启示在于在核心课程中艺术整合内容的项目有强有力的影响。

研究者推测，艺术整合同时引起学生和老师重新思考他们是如何看待艺术与教育研究者、认知科学家所声称的理想学习产生的条件的。他们发展出了一些基本思维工具：模式的识别与发展，对所观察或想象的内容进行心理陈述，对世界进行细心观察，以及对复杂事物进行抽象化（Rinne，Gregory，Yarmolinskaya，& Hardiman，2011）。研究再次显示了在那些将艺术整合到核心课程中的学校所得到的结果（Park et al.，2015；Rabkin & Redmond，2004）。

学生对于他们的课程有更多的情感投入。

学生更努力，并且从彼此身上学习。

父母变得更投入。

老师更合作。

艺术老师成为多科目计划的中心。

艺术使所有科目的学习变得可行。

课程变得更真实，有更多动手操作以及更以专题为基础。

评估方式更有想法、更多元。

老师对学生的期望提高。

上述这些研究结果都可以显著提高学生的参与度和动机。当老师给予学生机会在自己的学习中进行一些有目的的创造，减少对学科内容的要求时，学生的专注度、合作性和成就都会得到显著提升（Wang & Holcombe，2010）。

从 STEM 到 STEAM

2006 年，美国国家科学学术机构就目前美国教育体系中科学、技术、工程和数学的教育比例下降提出了警告。结果，在 2007 年的代表大会上通过的美国竞争法案授权幼儿园到大学各阶段的学校为 STEM 课程提供资金。为数不少的学校社区此后为 STEM 课程增加了不少教学实践。

虽然资金已经投入 STEM 课程中，但收效甚微。2015 年，美国国家教育发展评估报告显示从 2005 年到 2015 年，8 年级学生的平均学业成就分数并没有显著提高(National Center for Education Statistics，2015)。根据当时最新的数据，8 年级学生的科学分数在 2011 年有些许提高(National Center for Education Statistics，2012)。显然，效果并不如预期。我们要反思什么类型的活动能够真正提高学生的动机，增加学生的参与度；焦点是否放在相关的议题上；如何提高学生的创造力。将与艺术相关的技能和活动整合到 STEM 课程中能够有效提高学生的兴趣和学业成就。

艺术和科学的主要目的基本上都是探索。科学家和艺术家都是在做具有创造性的工作，都需要创造一个作品。在神经科学领域中，研究者将艺术和科学研究结合，发现创造力是可以培养的(Kaufam et al.，2016；Monroy，2015)。这项研究发现进一步支持了将与艺术相关的议题和 STEM 课程融合以及将 STEM 议题和艺术课程融合的理念，焦点在于鼓励 STEM 课程教育工作者以及艺术教育工作者合作，让 STEM 课程发展为 STEAM[科学(science)、技术(technology)、工程(engineering)、艺术(art)与数学(mathematics)]课程。

其他领域的影响

叛逆和弱势的学生。“无聊!”是很多退学的学生对学校最常见的形容。艺术有时候是某些学生和学校仍然保持联系的唯一理由。没有艺术，这些年轻人会因为无法融入学生群体而落后。这里是一些相关的研究发现。

一项在芝加哥公共学校进行的长达10年的纵观研究显示，在艺术整合学校中，6年级学生在爱荷华基本技能测试的阅读项目上分数增长的速度快于普通学校的同等学生(如领域、家庭收入与学习表现等)(Rabkin & Redmond，2004)。这项研究进行没多久，芝加哥教育艺术协会(the Chicago Arts Partnerships in Education，CAPE)开始在芝加哥的一些公立学校中开展一些课后项目。从2006年到2010年，一些针对4年级、5年级和6年级的研究检验了艺术融入的效果，其结果显示将艺术融入学校课程确实能够提高学生的标准测验成绩(CAPE，2016)。

一项针对175000名9年级学生的纵向研究表明，在学分上加大艺术课程的比例的学生相比于没有学习艺术相关课程的学生，其辍学率降低了(Thomas，Singh，& Klopfenstein，2015)。

一项在佛罗里达州进行的针对70名高危初中生的研究显示，参与艺术项目有助于他们减少犯罪，培养学术能力，维持控制并且感觉与学校更亲近(Respress & Lutfi，2006)。

一个由美国国家艺术基金会与美国司法部合作的关于年轻人艺术发展计划的项目邀请高危青少年参与一些艺术活动。两年后，这些参与者提高了任务工作的能力，能够更好地有效沟通，对学校也产生了更好的态度，并且减少了犯罪行为及法庭的转介(Clawson & Coolbaugh，2001)。由于这项初探研究的成功，这个项目得以继续存在，在其他学校社区也可以施行。

一项针对超过3800名阿肯色州学生的研究表明，参与艺术课程的学生比没有参加艺术课程的学生拥有更好的批判思维能力。而且这种影响在弱势家庭的学生身上尤其显著(Bowen，Greene，& Kisida，2014)。

几项研究表明，来自风险家庭的学生如果在小学阶段接触过艺术教育，会表现出更高的学业成就(Brown，Benedett，& Armistead，2010)。一项针对来自风险家庭的高中生纵向研究也得出了类似的结果(Catterall，Dumais，& Hampden-Thompson，2012)。研究者因此认为来自风险家庭的儿童和青少年如果能够多参与高层次的艺术活动，相比于那些较少参与艺术活动的同侪在各种与学校相关的领域中均有更好的表现。

一项针对超过200所纽约市公立学校的研究表明，升学率前三的学校都会尽可能给学生提供机会和援助，让学生可以有机会接触艺术教育。而其他学校则极少提供这样的机会和艺术资源(Israel，2009)。

不同的学习偏好。有充分的研究证据表明学生有多种不同的学习方法。有研究同时也说明，如果传统的课堂实践无法吸引一些学生，他们可能就会出现行为问题。艺术上的成功常常是通往其他领域的成功之路。一项为期两年的研究表明，艺术对有学习障碍的学生尤其有用(Mason，Steedly，& Thormann，2008)。这项研究发现参与艺术活动可以帮助学生解决下列学习障碍。

①通过他们了解的艺术形式找到他们表达的方式。艺术可以帮助学生找到适当的沟通方式，包括表达恐惧、沮丧、不悦和困惑。这种情感宣泄提高了学生的自尊以及增进了学生对学校的积极态度。

②增加了学生的选择，之所以如此是因为他们所做的很多事情都是由教育政策制定的。参与艺术活动可以让学生对想要进行的艺术形式做出选择，这样他们可以分享彼此的想法。他们同时还可以在进行不同形式的艺术活动的时候做出选择，如选择诗的哪种形式、绘画帆布选用什么颜色或表演戏剧时要在舞台上说什么台词。

③让学生可以成为学校、课程以及其他不一定会遇到的挑战中的一部分。他们参与戏剧表演、学习演奏乐器、唱歌等，所有这些都可以让他们对成就有深刻的感受。一项在加拿大进行的研究报告了一些进展，这些 9～15 岁的学生来自低收入社区，参加社区性年轻艺术项目(Wright et al.，2006)。经过三年的时间，这个项目中的学生在社交和艺术技能上显著获益，并且和对照组相比情绪问题明显减少。

个人与人际沟通。艺术将学生和其他人联系到一起。创造艺术是一种个人经验，学生根据他们自己的经验绘出作品。这是一种比仅仅靠阅读得到答案更为深入的参与。研究显示，年轻人对于其他人的态度可通过艺术学习的经验得以改善。例如，让学生运用戏剧和表演演示所学的概念，这需要学生的深度参与和理解。一份总结 47 项研究的元分析报告显示，学生使用以戏剧为基础的演示方法可有效提高学业成就。当这种创作行为延伸超过五个单元内容，以及融入艺术或科学课程时，可使提升学业成绩的效果最大化(Lee，Patall，Cawthon，& Steingut，2015)。

学校和课堂氛围。艺术可以将环境转化为适合学习的氛围。当艺术成为学习环境的焦点时，学校就成了探索的场所。艺术可以改变校园文化，打破学科领域之间的界限，还可以改善学校的外在形象。

天赋与天才学生。艺术为那些已经颇为成功的学生提供新的挑战。那些常在惯有学习环境中的学生会感到厌倦和自满。艺术给他们提供了一个没有挑战限制的机会。例如，年长的学生可以向年轻的学生学习演奏乐器，而一些出色的学生还可以和专业艺术家一起工作。

工作的世界。艺术将学习经验联结到每一天的工作世界中。成人的工作场所已经改变了。产生思想、将思想带到生活中以及与其他人沟通的能力是工作成功的关键。无论是在课堂上还是在工作室中，学生都在学习并且练习未来工作所需的行为。

让我们来看看艺术表达的三种主要形式——音乐、视觉艺术和舞蹈与戏剧——并且了解大脑研究告诉了我们什么，这些研究对学生的学习和成就产生了什么样的影响。

音乐

音乐通过情绪刺激对大脑产生了极大的影响。它还可以通过改变心率、血压、疼痛和肌肉运动来影响我们的身体。这些神经网络活化的反应结果需要额叶、杏仁核以及参与动作和奖赏的其他边缘系统区域的参与。

音乐是否与生俱来

很多研究者相信知觉与享受音乐的能力是人类与生俱来的特质。但是否有可信的证据支持这种音乐生物基础？第一，任何行为都被认为必须具有普遍性的生物基础。过去和现在各种不同的文化也都在使用音乐。

第二，具有生物基础的行为应该在生命早期就显露出来。研究者曾指出仅3个月大的婴儿就能够在听到特定歌曲时学习并记住，或移动婴儿床上空可移动的物体。因此，婴儿能够将音乐用作一种提取线索。婴儿在3～4个月大的时候会对音调和声波做出反应(He & Trainor，2009)，并且还可以区别两个相邻音阶，辨认出以不同声调演奏的旋律(Weinberger，2004)。在7个月大的时候，婴儿能够在原有的基础上将节奏和旋律模式进行分类(Hannon & Johnson，2005)，并且能够学会分辨愉快的音乐和悲伤的音乐(Flom & Pick，2012)。儿童会自然而然地在沟通和游戏中运用音乐。

第三，如果音乐是强大的生物性元素，那么它应该在其他动物身上也存在。例如，猴子有音乐抽象化能力，如可以辨认声波模式。尽管很多动物都运用有旋律的声音来吸引伴侣和发出警告信号，但只有人类才能发展出复杂且无限的音乐曲目。

> 有可靠证据显示大脑对音乐的反应是先天的且具有强烈的生物性根源。

第四，如果音乐具有生物性根源，我们就可以预期大脑中存在为音乐分化出的特定区域，事实也的确如此。例如，听觉皮层中有一些处理声调的区域。而且，大脑对于音乐的情绪性回应能力也与其生物性和文化有关。大脑为音乐分化出的特定区域证明了其生物性，而这些区域会刺激边缘系统，激发情绪反应(Daly et al.，2015；Norman-Haignere，Kanwisher，& McDermott，2015)。脑电图和正电子发射断层扫描显示神经区域的刺激取决于音乐的类型——旋律优美的曲调会激活产生愉快情绪的区域，而不成调的声音则会激活产生不快情绪的区域(Chapin，Jantzen，Kelso，Steinberg，& Large，2010；Menon & Levitin，2005)。

聆听音乐与创作音乐的影响

近几年，任何一个艺术领域都不如音乐之于大脑的影响得到的批评多。市面上有为数不少的书籍鼓吹莫扎特效应，以及音乐能够缓解一切疼痛、提高孩子的智力又或提高数学技能等。这些说法有多少可靠的科学证据支持呢？针对大多数关于这些特性的说法，现在正有大量科学数据涌现，还有随之而来的媒体关注与大量炒作。让我们试着整理这些关于音乐的研究说明了什么，这样我们能够从中采纳有用的信息，并且对这些说法是否有效做出明智的决定。

聆听音乐与创作音乐时大脑会有不同的反应。

针对音乐对大脑及身体影响的研究可以分为聆听音乐的影响与创作音乐的影响两种，其中在乐器上创作音乐尤其针对原声乐器而非电子乐器。大脑和身体在这两种情况下会做出不同的反应，但这种关键的区别仍未引起足够的关注。因此，人们误认为参与创作音乐的研究结果也会出现在聆听音乐中。如果教育工作者想要将音乐影响的研究结果运用到学生身上，就有必要知道聆听音乐和创作音乐两者的研究结果差异。

大脑是怎样听音乐的

音乐转移到内耳并且根据形成声音的特定顺序将声音分解(见图 6.2)。耳蜗内的不同细胞会对不同顺序的声音做出反应，这些信号会被投射在听觉皮层中。左侧大脑比右侧大脑对音乐节奏的反应好，但右侧大脑是感知音调、旋律、音色以及调和的区域。这些信息随后会被转移到额叶中，这里会将音乐与情绪、思想以及过去的经验做联结。随着时间的推移，听觉皮层会通过经验“重新调整”，这样会有更多细胞对重要的声音以及音乐的音调做出反应。这个“重新调整”为大脑处理更多复杂的音乐旋律模式、调和以及处理节奏设定了步骤(Sweeney，2009)。

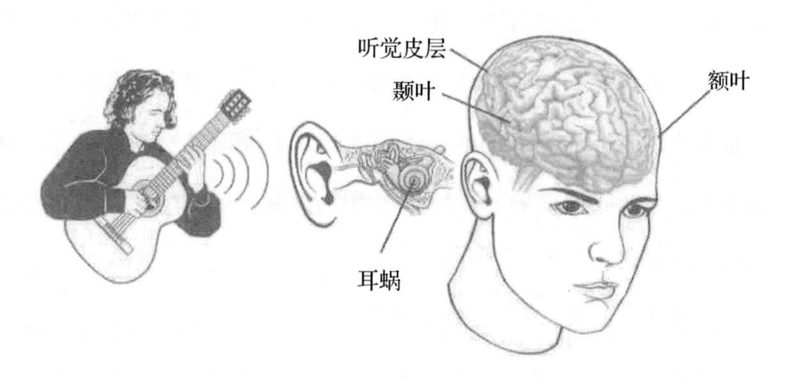

图 6.2　大脑如何听音乐

大脑的每一侧都有对音乐和语言做反应的区域。左侧大脑包含了为处理语言特定分化的区域，而右侧大脑也有主要处理音乐知觉的区域。这解释了为什么一些人能够在语言技能上有异于常人的天赋，但在哼唱曲调时却会遇到困难。而相反的情况则发生在患有学者症候群个体的大脑中，这些人尽管有严重的语言障碍，但是在音乐上却表现出天赋。

通过对左侧或右侧大脑受损的病人的比较研究发现，右侧大脑中的听觉皮层拥有对音乐做出主要反应的区域。右侧颞叶受损的病人失去了辨认相似歌曲的能力，也就是患上了后天失乐症。然而，这也只会影响到对音乐做出反应，病人仍能够辨认人类的声音、交通的声音以及其他听觉信息。研究者指出大约有4%的美国人天生无法辨识音乐的音调和节奏，也就是说这些人患上了先天性失乐症(Wilcox，He，& Derkay，2015)。

人们还能够想象音乐，因为人们在他们的长时记忆中存储了歌曲和乐器的声音。当人们想象一首歌时，活跃起来的大脑细胞与实际从外界听到音乐时所使用的大脑细胞相同。但是当想象一首歌时，大脑扫描显示视觉皮层也同时被激活，这说明视觉模式也同时响应。尽管引发音乐想象的机制尚未完全明确，但是有研究显示这需要大脑中负责知觉、记忆、情绪和无意识思维的神经网络参与处理(Farrugia，Jakubowski，Cusack，& Stewart，2015)。人们早上起床时大脑中闪过一些歌曲，这一现象并不会让人觉得陌生。如果你的大脑中确实一直有一首歌挥之不去，这意味着里面有“耳朵虫”(earworm)了，这个词来自德语 ohrwurm(蜈蚣)，意即偷听者。这并不意外，“耳朵虫”在音乐家和音乐爱好者的耳朵中常常出现并且持续的时间更长(Liikkanen，2012)。

听音乐的好处

治疗性好处。医学界的研究者以及实务工作者都曾报告音乐对于舒缓压力(Trappe，2010)、减缓疼痛(Klassen，Liang，Tjosvold，Klassen，&

Hartling，2008)以及治疗其他诸如智力障碍、阿尔茨海默病(Pavlicevic，O'Neil，Powell，Jones，& Sampathianaki，2014；Simmons-Stern，Budson，& Ally，2010)、视听障碍等严重障碍的治疗性影响。其他研究也显示聆听音乐能够增强儿童的免疫功能，而且如果早产儿在医院接触摇篮曲可以早一些出院并且减少压力的相关问题(Gooding，2010)。唱歌等音乐形式都可以提升患有孤独症的个体的社交技能(Eren，2015)。大量的研究都指向音乐的治疗性好处。

音乐是怎样具有这些功效的，目前仍然是个谜，但是我们已经得到了一些重要启示。研究者很久以前就已经知道音乐可以影响血压、脉搏和肌肉中的电活动。更新的研究证据显示音乐甚至可以有助于建立并增强大脑皮层之间的细胞联结。这种影响非常重要，一些医生已经运用音乐来帮助中风患者康复。一些失去说话能力的中风患者仍然保留着唱歌的能力。通过让患者用唱歌的方式表达他们想说的内容，他们说话的流利程度增加了，并且可以使用现有的大脑通路来保持大脑中语言中心的活跃(Norton，Zipse，Marchina，& Schlaug，2009)。

教育性好处。1993年，弗朗西斯·劳舍尔等学者(Frances Rauscher & Gordon Shaw)邀请了84名大学生参与一项研究。他们使用电视脱口秀节目进行调查实验，发现音乐能够影响认知表现。他们报告学生的时空推理能力在聆听莫扎特D大调双钢琴奏鸣曲(K. 448)10分钟以后有所提高。时空推理能力指从实际物体中形成心理图像的能力。但是在之后的一小时，学生所提高的能力部分逐渐消失(Rauscher，Shaw，& Ky，1995)。

这项研究的结果被称为“莫扎特效应”，广为宣传后很快被错误地诠释为聆听莫扎特的奏鸣曲可以提高智力，增强天赋。事实上，这项研究说明了音乐只是提高了时空推理(智力的各个面向中的其中一个)能力，而且这种影响很快就会消失。但是这个研究结果鼓舞了研究者继续探索，测试创造音乐是否会有更长时间的影响。

随后 20 年中的研究不断产生矛盾的结果。在一次涵盖超过 3000 名参与者、近 40 项研究的元分析中，研究者发现莫扎特音乐带来的空间推理能力增长量太小，不足以达到统计的显著性(Pietschnig，Voracek，& Formann，2010)。一项有趣的脑电图实验显示，聆听莫扎特的 K. 448 奏鸣曲可以激活认知神经网络，但聆听贝多芬的《致爱丽丝》则没有这种效果(Verrusio et al.，2015)。一些研究者认为空间推理能力的提高可能是由于音乐在测试前后具有放松作用，或是与情绪及唤起水平有关，而非启动知觉(Gittler & Fischer，2011)。

与此同时，其他研究也显示莫扎特的音乐和其他种类的音乐都能够增进认知功能。例如，这些研究显示出视觉注意的提升(Ho，Mason，& Spence，2007；Zhu et al.，2008)以及多种类型空间和时间推理任务的提升(Jaušovec，Jaušovec，& Gerlič，2006)。如果莫扎特效应确实存在，那是什么原因造成的呢？研究者猜测，复杂的韵律和莫扎特音乐的结构激活了与空间知觉所使用的大脑右侧同样的区域。如果这是真的，非音乐家应该对莫扎特效应显示出更强烈的反应，因为他们主要在右侧大脑中处理音乐。一项研究通过让音乐家和非音乐家进行空间旋转任务检验了这个假设，在测试前后让他们聆听莫扎特音乐，在安静环境下进行作为对照(Aheadi，Dixon，& Glover，2009)。确实，只有非音乐家在聆听莫扎特音乐后才出现任务表现的提升。

尽管对于莫扎特效应还有一些争论，但是聆听背景音乐确实可以提高注意力等。

尽管对莫扎特效应的研究没有最终的结论，但是大多数研究者都认为被动听音乐会刺激空间思考，而且神经网络通常都会与一种能够很容易与另一种虽不同但共享认知处理过程的心理活动产生关联。研究者同时也发现听背景音乐可以提高需要双手进行的工作的效率。例如，在一项外科研究中，背景音乐增强了被试的警觉性、专注力(Siu，Suh，Mukherjee，Oleynikov，& Stergiou，2010)。这解释了为什么教室中的背景音乐能够帮助学生在完成特定学习任务时集中注意力。然而，在选择背景音乐类型的时候必须注意，几项研究显示过度刺激的音乐会更容易分散注意力并且干扰知觉表现。

创作音乐

不仅被动地听音乐有一些治疗性及短期教育性的益处，而且制造音乐似乎能为大脑提供更多好处。学习乐器演奏对于大脑来说是一个新的挑战。除了能够辨别不同的音调模式和分组外，还因为要演奏乐器而必须学会并协调新的运动技能。这些新的知识或技能会引起大脑结构深刻、永久的变化。例如，音乐家的听觉皮层、运动皮层、小脑以及胼胝体都比非音乐家发达(Angulo-Perkins et al.，2014；Schlaug，2015)。

虽然基因特性无疑有助于音乐的学习，但是似乎大多数音乐家的才能都是通过后天培养的，并非天生如此。

音乐家和非音乐家的大脑结构差异带来了一个有趣的问题：音乐家的大脑与众不同是因为他们在音乐上的不断训练和练习，还是因为在他们学习音乐以前大脑中就已经存在这些差异了？当研究者训练非音乐家聆听音调的细微变化和相似的音乐段落时，他们找到了答案。在短短三周的时间内，他们大脑中的听觉皮层显示出更多活跃性。这证明拥有高超音乐才能的音乐家之所以有一颗与众不同的大脑，很可能是因为他们的训练而非先天拥有(Restak，2003)。为了证明这个观点，另一项研究对5～7岁开始学习钢琴和音符课程的被试与没有开始进行乐器训练的被试做了对比。研究者发现，这两组被试的神经、认知、运动或音乐才能事前并没有差别，音乐知觉技能或视觉—空间测量之间也不存在关联性。这项研究发现了音乐知觉技能与音素知觉之间的关联性(Norton et al.，2005)。虽然基因特性无疑有助于音乐的学习，但是似乎大多数音乐家的才能都是通过后天培养的，并非天生如此。

创作音乐的好处

学习演奏乐器可以从很小的时候就开始产生影响。其中一项主要研究是从加州幼儿园邀请78名儿童参与的，而其中大多数儿童均来自贫困的家庭。这些儿童被分成四组：第一组(钢琴)在演唱指导下进行每周两次长达15分钟的个人课程；第二组(演唱)进行每周五天、时长30分钟的演唱课程；第三组(电脑)在电脑上进行训练；第四组不参与任何课程。研究者在课程开始以前会针对被试不同类型的空间推理能力进行测验。

六个月以后，参加为期六个月钢琴训练的儿童在时空推理测量上的测验分数上提高了(见图6.3)，在其他任务上则没有显著差别。而且，这种提高持续了一段时间，说明其时空功能产生了实质性的变化。相比之下，另外三组在所有任务中都只有轻微进步(Rauscher et al.，1997)。后续研究也显示出儿童的钢琴音乐创作与其空间推理能力之间强烈的因果关系(Hetland，2000；Rauscher & Zupan，2000)。

为什么钢琴训练可以使分数有提高，而在电脑键盘上却无法得到这样的效果？记住，这项研究只测量了空间推理能力的进步。这项研究及其他相关研究显示，音乐训练似乎可以特定地影响负责空间推理的神经通路，并且这种影响在年轻大脑中尤其明显。这可能是由于敲击钢琴键时的触觉输入与听到音符声音时的听觉输入两者的整合。这是一种远比敲击电脑键盘复杂的交互作用。当然，电脑也是一种非常有价值的教学工具，但如果要发展复杂的空间能力，钢琴训练会更加有效。

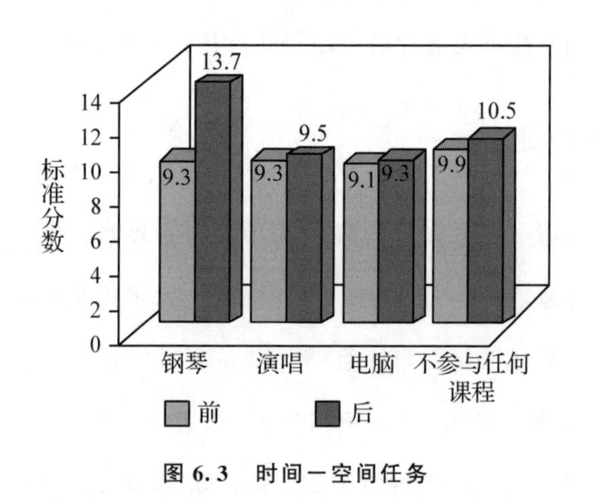

图 6.3　时间—空间任务

音乐创作有益于提高记忆力

神经元研究显示音乐训练能够提高言语记忆。研究者在一项研究中对 90 名 6～15 岁的男孩进行记忆测试，其中一半男孩参加学校弦乐队的时长为 1～5 年，另一半则没有参加过任何音乐训练。经过音乐训练的学生拥有更好的言语记忆，但在视觉记忆中并没有显示出差别。显然，音乐训练可以提升左侧大脑(布洛卡区和威尔尼克区所在的一侧大脑)处理言语信息的能力。而且，音乐训练产生的记忆力更持久。一年后对那些从音乐训练中退出的学生进行测试，发现他们仍然保持着先前所获言语记忆能力的提升(Ho，Cheung，& Chan，2003)。

另一项研究显示音乐训练能够改善工作记忆。在包括视觉、语音以及记忆执行在内的工作记忆的测试中，音乐家的表现比非音乐家突出(George & Coch，2011)。音乐家将更多的神经资源分配给听觉处理，并且相比于非音乐家，他们不断更新那些需要较少努力的听觉记忆。其他一些研究也得出了类似的结果(Hansen，Wallentin，& Vuust，2013)。

音乐创作是否会影响学习其他学科的能力

调查研究一直都在探索音乐教学对于学习其他学科所产生的影响。问题是音乐训练带来的大脑变化是否同时也能够让个体在其他领域的课程中进步，并发展为成熟的学习者(Portowitz，Lichtenstein，Egorova，& Brand，2009；Skoe & Kraus，2012)。其中最令人感兴趣的两个学科就是数理和阅读了。

音乐与数理

在所有学科中，数理似乎与音乐的关系最为密切。音乐依靠分数的节奏和时间划分为起奏、音阶以及和弦音程。下面是一些以音乐为基础的数理概念。

模式。音乐中充满了和弦、音符和声调变化等各种模式。音乐家学习辨认这些模式，并且运用这些模式组成不同的旋律。而被称为复调的反向模式则需要各种不同和声的辅助。

计数。计数之所以是音乐的基础，是因为在音乐中需要数节拍、顿拍和停在某一个音符上的时间。

几何。音乐系的学生运用几何来准确记忆音符与和弦的手指位置。例如，吉他手的手指会在琴弦上形成三角形来弹奏。

比和比例。阅读音乐需要理解比和比例——如要在半个音符的时间内弹奏一个完整音符。因为分配给每一个节拍的时间长度都是一个数学常数，在一段音乐中所有音符的持续时间与其他音符之间的关系都以这个常数为基础。而且对 3/4 拍和 4/4 拍之间差异的理解也非常重要。

序列。音乐与数理彼此之间通过被称为间距的序列而产生联系。数学上的间距指两个数字之间的差异；音乐上的间距指频率的比例。还有另一种序列：音乐中的算术级数对应数学中的几何级数。

数学中很多常见的概念都来自音乐，因此科学家们长期以来都对数学和音乐的学习在大脑中如何运作感到困惑。近期几项功能性磁共振成像研究显示音乐训练与进行数学处理时大脑中活跃的区域相同，可能是因为早期的音乐训练所建立的神经网络后来会被运用在完成数理任务上(Schmithhorst & Holland，2004)。音乐处理可能还与大脑参与空间知觉的区域有关系。患有失歌症的个体在空间旋转测试上的表现较普通人差一些。

研究显示音乐能够提高时空推理能力，这推动了戈登·肖(Gordon Shaw)着手确认这种强化是否可以帮助年轻学生学习特定的数理技能。他专注在比例数学上，通常这个内容对于很多小学生来说都比较困难，而且这个内容也常常和比、比例一起进行教学。戈登·肖和他的同事从洛杉矶一处较低社会经济地位的地区邀请了136名2年级学生参加。第一组(钢琴组)花费四个月的时间接受钢琴训练，同时也进行电脑训练并且使用新型设计电脑软件接受比例数学教学。第二组(英语组)用英语进行电脑训练，并且给他们一些时间使用上述软件接受比例数学教学。第三组(对照组——不参与其他课程)既没有接受钢琴训练也没有参与特定的电脑课程，但使用同样的软件接受比例数学教学。

钢琴组在比例数学和分数数学测验中的分数比英语组高出约26.7%，比对照组高出165.9%(见图6.4)。这些研究结果很显著，因为比例数学通常不会在5年级或6年级以前教授，而且理解比例数学对于理解更高层次的科学和数学内容非常必要(Graziano，Peterson，& Shaw，1999)。

另一项与钢琴相关的研究邀请了100多名2年级学生参加，探索钢琴教学是否对他们的词汇及语言排序技巧产生影响。其中约一半学生连续三年接受正式的钢琴教学，而另外一半则没有在学校或私下接受过任何钢琴教学。图6.5中显示接受钢琴教学的学生在词汇及语言排序测验中的分数明显高于对照组。

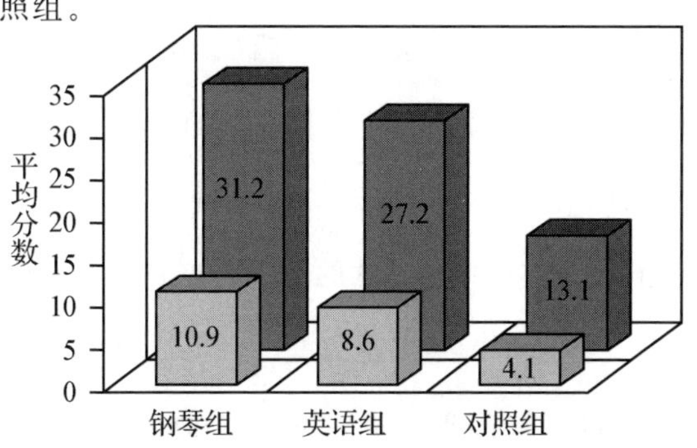

图 6.4　钢琴与电脑学习小组

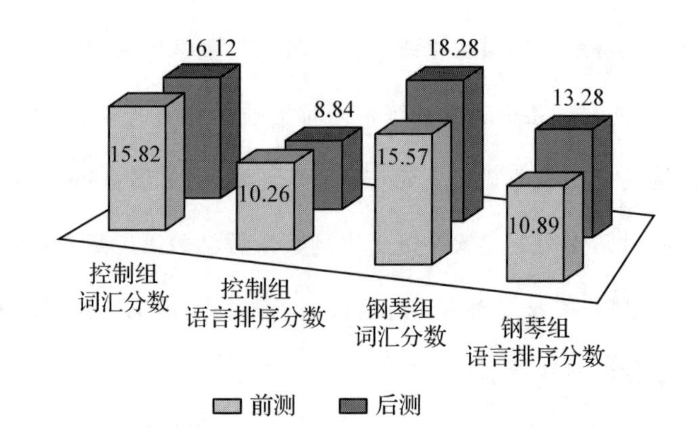

图 6.5 钢琴课程对 2 年级学生的词汇及语言排序技能的影响

资料来源：Piro & Ortiz，2009.

音符训练。纽瓦克早期音符项目与新泽西交响乐团在 2000 年开始合作，从小学 2 年级开始为学生提供基于铃木的音符教学。在每年的测评显示项目中，2 年级到 4 年级的学生在语言和数理标准化测验中的分数明显高于其他同学。这个项目对学生的自尊和自律产生了积极影响，并且增加了父母在学校活动中的参与度(Abeles，2009)。

一项在芝加哥各小学中进行的研究说明了创作音乐如何让来自低社会经济地位家庭的学生有所变化。这些来自低社会经济地位家庭的学生的到校率在学习音乐课程后显著提高了，而且他们的分数明显高于来自同样家庭但没有学习音乐课程的学生(Kelley & Demorest，2016)。

一项包括超过 30 万名初中生在内的后续研究确定了音乐教学与数学成就之间的强烈关联。特别令人感兴趣的是，一项综合六项研究的分析显示音乐和数学表现之间存在因果关系，并且这种因果关系近年来越发强烈(Vaughn，2000)。

一项邀请了6000多名青少年参加的研究显示，在代数分数上，乐器教学比合唱音乐教学产生了更大的影响。分数上最大的差异出现在非裔美国人是否参加了音乐教学上(Helmrich，2010)。教育工作者在规划核心课程时是否应该考虑以上这些观点？如果算术真的如此重要，或许每个学生都应该学习演奏一种乐器。

用乐器创作音乐似乎能够为大脑带来巨大益处。

音乐与阅读

几项研究都确认了音乐教学和阅读能力标准化测验之间的强烈关联(Tierney & Kraus，2013；Wandell，Dougherty，Ben-Shachar，Deutsch，& Tsang，2008)。对这种关联的一种可能解释隐藏在由音乐家完成三维心理旋转任务的大脑成像研究中(Sluming，Brooks，Howard，Downes，& Roberts，2007)。与非音乐家不同，音乐家在进行这些任务时会用到大脑的一个语言区域——布洛卡区。这可能是因为音乐家在演奏时依靠布洛卡区进行视觉阅读。发达的布洛卡区需要发展视觉阅读技能，使得音乐家成为更好的阅读者。

尽管我们无法说明这就是一种因果关系(进行音乐教学导致阅读技能的提升)，但是大量研究的一致结果让我们有充分的理由相信这两者之间确有关联(Standley，2008；Tierney，Krizman，& Kraus，2015)。之所以会产生这种关联，可能是因为音乐教学在语言和阅读中产生了正面迁移。以下是这一观点的理论基础。

①尽管音乐和语言写作使用高度分化的符号系统，但是都包括相似的解码和阅读过程，如阅读顺序都是从左到右等。

②音乐和语言阅读技能之间有一些有趣的、相通的基本概念，如音韵或音调的区别。

③阅读音乐需要同时加入用音乐阅读的书面文本。

④在诸如音乐合奏这样的高动机社会情境中学习，学习责任感更易被激发。

⑤音乐中的节奏和旋律有助于提高文字阅读的流畅性。

⑥音乐中的歌词有助于提高对音素、音节和韵律模式的感知。

⑦针对4～5岁儿童的研究显示，儿童拥有的音乐技能越丰富，他们的语言感知程度和阅读提升程度越高。显然，音乐知觉可激活与阅读相关的听觉区域(Anvari，Trainor，Woodside，& Levy，2002)。

学生对音乐的态度

一项3000多名中学生参与的研究发现，学生在校外比在校内更喜欢音乐(McPherson & Hendricks，2010)。学生在学校对音乐教学感兴趣的程度要低于其他所有学科。而且，6年级和7年级学生对音乐的兴趣明显下降，而10～12年级学生对音乐的兴趣上升，这种对音乐兴趣的趋势与学生对学校感兴趣的趋势相似。然而在校外时，6、7年级的学生对音乐感兴趣的程度在所有学科中排名第二(仅次于体育运动)，10～12年级学生的兴趣更为浓厚。

研究者推测，这些研究结果反映出学生是如何看待音乐作为学科而非休闲活动的角色的。学校很可能需要多强调学校设置音乐课程的重要性。其中一种方法是可以将音乐整合到诸如历史和数学等其他学术科目中。

视觉艺术

人类的大脑拥有不可思议的力量，它可以在脑海中形成、重现真实世界或完全幻想出来的画面。例如，为了揭开DNA结构的秘密，沃特森和克里克(Watson & Crick)在1950年代早期想象出大量的三维模型，直到他们忽然想到唯一一种可以解释分子特有行为的图像——螺旋状。这是视觉艺术和生物的神奇结合，改变了科学世界。大脑如何进行想象和冥想目前仍无法确定，但没有人会怀疑这些极具价值的天赋的重要性，这些天赋让人类得以发展先进且复杂的文明。

意象

对于大多数人而言，左侧大脑负责编码口头信息，而右侧大脑负责编码视觉信息。尽管老师花费大量时间针对课程内容讲课(有时候也让学生讲)，但是他们只花费很少的时间用来发展视觉线索。这个被称为意象的过程，指的是对物体、事件和新知识的心理形象化，也是大脑存储信息的主要形式。意象有两种形成方式：图像指的是个人将确实体验过的事物在脑海中形象化；想象指的是个人描绘出未曾体验过的事物，而且通常没有任何限制。心理意象是对物理事物或经验事物的画面重现。图像包含的信息越多，意象就越丰富。研究证据非常清楚地显示，个体能够在教学和指导下从脑海中搜索意象，或通过一些程序从大脑半球的整合中选择恰当的意象扩展学习内容和促进知识的保持。而且一些人会比其他人更善于形成丰富的意象，当大脑创造出意象时，会激活与眼睛看到真实世界时相同的大脑视觉皮层部分。因此，即使当大脑创造出一些画面时，力量强大的视觉处理系统也同样可用(Brucker，Scheiter，& Gerjets，2014；Thompson，Slotnick，Burrage，& Kosslyn，2009)。

人类的大脑拥有以如此高效率形成意象的能力，很可能是因为意象在生存中的重要性。我们的祖先在狩猎时依赖心理意象对他们的位置做出定位，并且确保有一条安全回到栖息之所的路。当我们面对潜在威胁时(例如，一辆在错误车道上行驶、车速很快的车正向我们冲过来)，大脑的视觉处理系统和额叶会在一瞬间厘出几种可能的场景，并且启动一个最有可能保护自己生命的反射性反应。现在的学生常会进入那些形成意象的电子媒体中，无法充分练习形成他们自己的意象和想象，也无法形成那些不仅会影响生存，而且还会促进知识的保持、通过创造而提高生活质量的技能。

意象不仅会影响生存，而且还会促进知识的保持并且提高生活质量。

心理意象的作用非常强大，人们在学习一项技能时，想象这项技能的效果几乎可以等同于实际操作(Helene & Xavier，2006)。这种能力很可能是镜像神经元系统活动的结果。你可能还记得，镜像神经元不仅可以对身体动作做出反应，而且还可以对活动的心理意象做出反应。运用意象训练学生可以鼓励他们搜寻长时记忆，从中找到恰当的意象，并且像电影一样运用这些意象而非单纯的画面。例如，让某个人回忆他住了很多年的房子，从装有闪烁吊灯的大厅开始，想象左转并且走过卧室到达室外。大厅的右侧是装修高级的餐厅和带有牛油果绿色家电及橡木柜的厨房。在大厅后方可以看到石板天井、修剪整齐的草坪以及各种各样的花卉。画面的丰富性可以让回忆的人注意到某一部分并且连带想起其他额外的细节。在这个画面中，回忆的人可能在心里停在某一个房间然后想象里面的家具和其他装饰品。早在幼儿园时期，意象就成为课堂策略的一个常规部分。在小学阶段，老师也会提供一些意象来确认准确性。

意象可以运用在很多课堂活动中，包括记笔记以及作为一种替代的评估选项。思维导图是一种特殊的意象形式，在 1970 年代首次出现。这种意象过程将语言和意象结合，有助于展示概念之间的关系，以及这些概念与关键内容之间的关联。

关于视觉艺术与学习的研究

一篇关于研究回顾的文献指出，那些考察视觉意象对学习的影响的研究主要关注个体的身心障碍。那些针对一般学生进行视觉意象和学习关联探索研究的局限性很强。其中一个原因是，在那些整合了视觉艺术的核心课程中，人们难以确定视觉艺术训练(除了意象以外)的哪一方面在起作用。

这个领域中的大多数研究都与运动意象有关。教练很久以前就知道，那些在心里演练一遍要做的事情的运动员会比没有演练的表现要好一些。研究显示，运动员花费在意象上的时间越长、强度越大，他们的表现就会越好(Gee，2010；Mellalieu，Hanton，& Thomas，2009；Ridderinkhof & Brass，2015)。除了运动以外，一些研究也探究了意象和创造力之间的关系。他们发现，在处理信息时运用视觉意象方式的学生比没有运用视觉意象方式的学生在创作时更有创造力(Palmiero，Nori，& Piccardi，2016)。

尽管找到证明视觉艺术上的表现对学术领域的提升作用的研究有点困难，但是一些研究者认为视觉艺术训练有助于发展特定的思维习惯。例如，有研究者观察了艺术课堂，并且就课程内容和所学技能访问了一些学生(Winner，Hetland，Veenema，Sheridan，& Palmer，2006)。经过对课堂录像的整理和对学生的访问，他们发现其中包括以下八种思维习惯。

发展工艺。学生要学会在不同媒介中操作，并且学会使用、妥善照顾工具和材料。

参与并坚持。学生要学会如何让自己投入工作项目中，并且在遇到挑战时仍然坚持下来。这包括学习如何专注，并在沮丧时拒绝放弃。

预想。学生要学会使用心理意象预想那些他们无法直接观察的事物，并且通过绘图想象出基本结构以及要如何展示这个结构。

表达。学生要学会除词语以外的表达方式，如通过情绪、氛围或声音等，并且创造出能够传达强烈个体性的作品。

观察。学生要学会超越表面，审视自己的作品，包括结构、线条、颜色、风格和表达方式等方面。

反思。学生要学会思考自己的作品，以及如何解释制作作品的过程、决策和意图。他们还要学会如何评价自己和他人的作品，学会自我批判以及反思如何可以做得更好。

延伸与探索。学生要学会超越自己创作的事物，探索其他的可能性，承担冒险的风险并且从错误中学习。

理解艺术的世界。学生要学会涉入艺术领域，了解他们与艺术之间的联系。这包括对博物馆艺术社区、画廊和策展人的理解，以及思考他们该如何适应这些社区。

研究者还指出这些思维习惯当中有很多都可以迁移到其他领域的学习中。例如，观察和预想在科学课程中也非常有用，而表达则有助于完成语言艺术作业。

动作

教育界通常认为思考和动作是两种不同的功能，因而对待它们有先后顺序。活动包括各种动作，如舞蹈、戏剧以及偶尔的运动，这些活动常常会因为学校财政预算的减缩而减少或取消。但是随着对躯体和心智之间关系的深入探究，动作对于认知学习的重要性变得更为显要。

动作与大脑

在之前的章节中，我们讨论过小脑早已为人熟知的作用，小脑可以协调一些诸如走路、开车、挥动高尔夫球棒以及绑鞋带这一类习得性动作。数十年以来，神经科学家假设小脑通过与大脑运动皮层的特定沟通发挥协调作用。然而，这种观点并没有解释为什么一些小脑受损的病人表现出认知功能障碍。近期的研究对小脑进行集中扫描，发现小脑中的神经纤维会与大脑中的其他区域进行沟通。

研究发现，小脑在注意力、长时记忆、空间知觉、控制神经冲动以及认知功能等方面都有重要作用(Bower & Parsons，2003；Hautzel，Mottaghy，Specht，Müller，& Krause，2009；Van Overwalle & Mariën，

2016)。现在，我们发现小脑似乎也参与言语任务，甚至参与到工作记忆中(Durisko & Fiez，2010；Marvel & Desmond，2016；Timmann et al.，2010)。我们对小脑的研究越深入，就越会发现动作和学习之间的关联性(见图 6.6)。

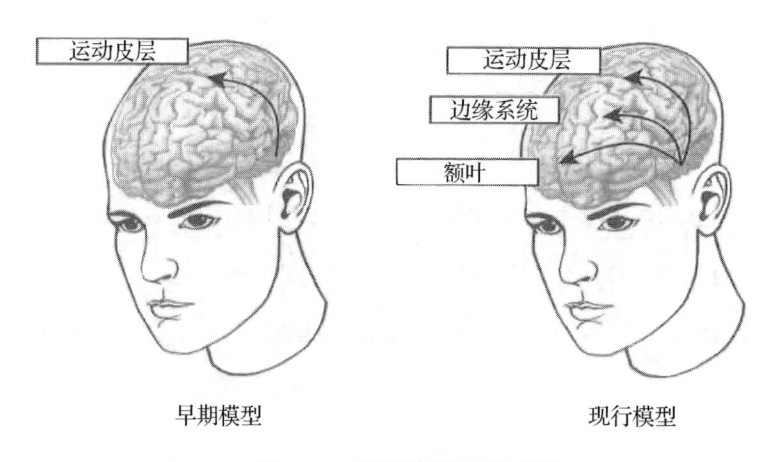

图 6.6 早期模型和现行模型

说明：早期研究者认为小脑仅与运动皮层一起协调动作。近期研究显示小脑同时也支持边缘功能(如注意力和控制神经冲动)以及额叶中的认知处理。

> 我们对小脑的研究越深入，就越会发现动作和学习之间的关联性。

孤独症与 ADHD 的相关研究发现了更多关于小脑和认知功能之间关联的证据。大脑图像显示很多患有孤独症的儿童的脑干和小脑体积较小，小脑的神经数量也较少。这种小脑缺陷或许可以解释孤独症中认知和运动功能的受损(Schroeder，Desrocher，Bebko，& Cappadocia，2010；Wang，Kloth，& Badura，2014)。患有 ADHD 的儿童的小脑也存在一些缺陷(Mulder et al.，2008)。

体育锻炼可提高大脑的表现

很多人都会说自己才思敏捷。即使是短时间、轻缓的体育锻炼也能提高大脑的表现。研究显示体育锻炼可以增加大脑毛细血管的数量，从而促进血液循环。体育锻炼还可以增加进入血液中的氧气量，大脑需要氧气作为燃料，氧气的浓度会影响大脑运作的能力。研究确认了健康成人的血液中有高浓度氧气会明显提高其认知表现。他们能够从列表中回忆更多单词，而且在视觉和空间任务上表现得更好。他们的认知能力会随大脑中的氧气量而产生直接的变化(Chung et al.，2009)。

当你散步的时候，小脑、大脑中的运动皮层以及中脑会一起合作协调你的身体动作。它们同时还会通过触发神经原发送信号到它们的神经网络中协调并刺激思想的流动。有时候，只是散步就可以想出难题的解决方案(Ratey，2008)。尽管已经意识到体育锻炼可以增强大脑功能以及促进学习，但初中生的大多数时间还是坐在座位上度过的。

应用于校园

了解了动作与认知学习息息相关以后，老师和学校管理人员需要在所有年级和课堂中鼓励学生进行更多运动。在大多数课堂的某个时间段，学生应该站起来走动一下，最好可以讨论一下所学的新知识。运动除了可以提高认知功能，还有助于学生学习动作技能(Singh et al.，2016)。而且，在课堂中活动一下可以帮助学生消耗能量。如果你能够带他们“摇摆”一下，他们之后可能就会更专注。测验前进行一些温和的运动同样有效，因为这种运动可以舒缓学生焦虑的情绪，提高学生的认知功能。也可以在幼儿园到8年级的课堂中教学生跳舞。舞蹈技巧有助于学生更加意识到他们运动时的躯体存在、与空间的关联、呼吸、时间和韵律感。

从我们对动作和运动对大脑活动刺激的认识来看，似乎一些小学都在减少甚至取消每一天休息的时间。这种自由活动的时间不仅可以促进学生的血液循环，而且还可以提高沟通、社交和身体运动技能。通过社交互动，学生可以学习倾听、分享和合作。一项超过11000名8～9岁学生参与的研究发现，每天至少花费15分钟休息的学生其行为问题明显比那些没有每天休息的学生要少(Barros，Silver，& Stein，2009)。同时不要忘记，越来越多的小学生有超重的问题，在操场上做些运动会对他们的身体有好处。

当我向校长提出这个矛盾的时候，他们给出了这样的一些解释。第一，他们说现在为了推动学校的生产力和制度，要求学生在课堂中花费多一些时间。学生在休息时间里似乎总是在游戏，当他们在学术课程中的表现较差时设置休息时间就变得站不住脚了。第二，休息时间不得不取消掉，以迎合联邦和州政府机构要求的高难度测验。学校原本用于学生休息的时间也要腾出来，来对那些要应付考试的学科进行一些额外的学习。第三，他们说操场上的争吵太多了，甚至会蔓延到课堂中，打扰到老师和其他学生。除此以外，他们还提醒在这个到处都是法律诉讼的社会上，要更加谨慎避免像休息时间这样可能会因行为不当而引起诉讼的情况。

尽管这里的每一种说法都有一定的道理，但是我们相信可以解决这些问题。如果生产力、制度以及高难度测验的分数是主要考虑因素，是不是能够确保学生参与到这些事情中的时候让他们的大脑处于最佳状态？而且，对诉讼的恐惧可以说是学校避免几乎所有事情的借口，而不仅仅是取消休息时间。休息不一定是无监督的混乱状态。当学校主管了解到要让学生进行建设性且有趣的娱乐活动时，他们在休息时间发生的争吵事件就很可能会减少。

综合那些关于运动和大脑认知功能之间相互作用的研究结果，有研究者(Lengel & Kuczala，2010)提出老师应该考虑运用一下躯体活动，因为这些活动有以下效果。

①让学生有可以从学习中退出来稍做休息的机会，还可以让他们重新集中注意力。工作记忆的容量是有限的，一次呈现太多信息会超出这个容量。让学生有10～20分钟的时间(根据学生的年龄而定)反思一下学过的内容有助于他们建立意思理解和意义理解，而随后的一次运动则让大脑有机会将信息标记并存储然后可以重新专注到之后的内容上。

②通过阅读、老师讲解、做功课和讨论等让内隐学习的内容能够超出典型的学习内容。内隐学习也包括那些需要通过运动刺激的情绪和较深层的思考过程。激活内隐学习比单纯依赖外显学习更可能促进知识的保持。

③通过给神经元提供更多葡萄糖和氧气让它们工作来提高大脑功能，与此同时也刺激新的神经元生长。

④可以满足基本需要，如对归属感、自由和乐趣的需要。

⑤提升学生的精神状态，以及他们自我调节和学习管理的能力。

⑥为动觉倾向学习的学生提供差异教学，为他们带来维持注意力、处理新信息以及与同侪分享学习内容所需的活动。

⑦让感官参与学习。这种综合性的方法可以提高学生理解所学内容以

及产生长时记忆存储所需线索的可能性。

⑧减小课堂环境的压力，因为运动和锻炼可以降低体内皮质醇(能带来压力的性激素)的浓度，并且提高血液中内啡肽的浓度。

⑨让学生将动作和所学知识关联起来，增加情景记忆，由此可以让学生更容易回忆这些信息。

老师可以运用某些方法将运动融入课程中。例如，进行一次社会学习实践，在体育馆的地板上写出几何公式，运用舞蹈来展示分子物质不同的运动状态或太阳系中的星球。

在大多数课堂的某个时间段，学生应该站起来走动一下，最好可以讨论一下所学的新知识。

接下来……

要解决21世纪中那些环境、社会以及经济问题需要大量的创造性思考和想象。学校所做的能够教会学生如何分析问题以及对旧问题给出新的答案吗？强调那些高难度测验真的能够提升思考的层次吗？如何将课堂营造为一个真正鼓励高层次思考的场所？我们还可以尝试做些什么？这些将是下一章要讨论的问题。

实践角

在所有课程中融入艺术

在任何科目、年级中融入艺术都可以很简单、有趣，不需要做额外的工作，并且可以代替你通常做的其他一些活动。

视觉艺术。课程中有没有什么部分是学生可以进行绘图、填色或画画的？视觉艺术项目是否可以被采纳为测量学生理解程度的替代性评估工具？

例子：一位科学老师让学生画出一幅图来说明一项实验的重要步骤。

音乐。有没有一首适当的歌曲或其他歌曲能够引入某些课程或单元中？记住，音乐是一种非常有效的记忆工具。有没有什么熟悉的曲调可以帮助学生记忆单元中的那些重点？

例子：一位历史老师让学生将革命战争中的一些重点写进一段熟悉的旋律中。

文学。学生可以通过写一首诗或创作戏剧来说明单元中的重点。音韵也是一种非常好的记忆工具。

例子：一位数学老师让学生编一首打油诗来帮助自己记忆数学运算的顺序。

舞蹈与戏剧。有没有什么舞蹈可以帮助学生记住一些重要事件或信息？学生能否出演一部其他学生所写的戏剧？

例子：一位英语老师让学生对莎士比亚的《罗密欧与朱丽叶》进行编写并写出一个不一样但合理的结局。

社区艺术家。是否有社区艺术家能够在课堂中表演他们的技能？老师可以与社区艺术家合作并接受在职训练，之后独立运用所学的技术。

在课堂中运用音乐

在课堂中听音乐可以提高学生的注意力和创造力。记住，不会有任何一种音乐或音量能够迎合所有人的喜好。不过要确保播放的音乐是为了营造学习环境，而不是干扰。这里为计划运用音乐的人提供一些指导。

播放音乐的时机。音乐可以在学习过程中的任何时间里播放，但要确保对应特定活动时选择恰当的音乐。可以在这些时机播放音乐。

——上课之前(选择奠定情绪基调的音乐)。

——当学生站起来活动时(选择欢快的音乐)。

——当学生忙着在座位上单独或小组合作完成一些任务时(选择有利于完成学习任务的音乐)。

——上完课时(播放音乐会给学生留下美好的印象，并且让他们期待下次上课)。

但并不建议在进行直接教学的时候播放音乐(除非要播放的音乐是课程的一部分)，因为此时播放音乐会让学生分心。

注意每分钟的节奏数量。音乐能够影响个人的心率、血压和情绪，因此音乐中每分钟的节奏非常重要。如果你想要运用背景音乐促进学生的学习，则需要选择每分钟 60 拍的音乐。如果想要让人在如学校餐厅或其他吵闹的情境中平静下来，则需要选择每分钟 40～50 拍的音乐。

是否需要有歌词的音乐，取决于播放音乐的目的。上课前或上完课时要播放的音乐可以有歌词，因为此时的主要目的是奠定基调而不是集中注意力。当学生在进行一项学习任务时，播放有歌词的音乐就会让人分心。一些学生会想着要听到歌词，而另一些学生则会想要讨论歌词——这两种情况都会让他们在学习任务上分心。

是否选择熟悉的音乐，也取决于播放音乐的目的。熟悉的音乐是奠定基调非常好的选择。然而在进行一项特定任务时，可能比较适合选择不熟悉的音乐。如果学生知道背景音乐是什么，一些人就会跟着哼唱而造成分心。选择一些经典或不熟悉的音乐，并且数量要足够，以免重复播放。避免选择大自然的声音作为背景音乐，因为这会成为讨论或争辩的来源。当然，大自然的声音在一些适当的课程内容中可以用来促进讨论。

学生的选择。学生可能会提出想要播放他们自己选择的音乐。为了维持积极的课堂氛围，要跟他们说可以播放他们选择的音乐，但需要让音乐的选择与前述的标准相适应，并且向他们解释这样做的必要性。某些音乐适宜在特定的课程内容中播放，如需要学生就音乐或其他艺术形式进行讨论时。在某些情况中，音乐可以促进学习和知识的保持。

运用意象

从简单具体的图片到复杂运动的学习和多步骤程序，都是意象参与的范围。运用意象不是一种常规的教学策略，因此需要在早期逐步实施。同时要记住，学生花大量时间使用电子产品并因此形成意象，他们创造自己的意象的机会比以前更少了。此时应该让学生放下手中的电子产品，运用自己的大脑，让它成为丰富的意象来源。下列指导改编自帕洛特(Parrot，1986)和韦斯特等人(West，Farmer & Wolff，1991)关于运用意象作为理解和知识保持有力工具的内容。

暗示。用暗示的方式让学生对学习的内容形成心理图像。他们可以跟随简单的指导语“在脑海中想象一幅画面……”或更为复杂的指导语。暗示需要对应内容或任务，并且需要和相关照片、图表等一同作用，对儿童而言尤其需要如此。

建模。通过向同学描述个人的图像以及解释图像如何帮助回忆和应用现时学习内容来建模。同时，还要建立程序模型，让学生在心里练习这些步骤。

相互作用。力求用丰富、生动的图像与事物互动。图像越丰富，其中所包含的信息也就越丰富。如果图像中同时有两到三个事物，它们应该在视觉上是彼此作用的。例如，如果图像中有一个球和一只蝙蝠，就可以想象成蝙蝠在拍打这个球。

强化。让学生讨论他们建立的图像以及图像如何帮助他们学习，确保他们在图像的准确性和生动程度两个方面从其他人那里得到充分的反馈。

加入情境。可能的时候，在互动中加入情境来促进知识的保持和回忆。例如，如果当前任务是回忆前缀和后缀，此时的情境可以是在游玩时前缀的推压和后缀的追赶。

避免过多的图像。尽管好的图像能够完整地表示需要记忆的内容，但这些图像不能超出年龄较大的学生的工作记忆容量。一般来说，这个容量是5～7个事物。

视觉化笔记

视觉化笔记是一种鼓励学生将语言和视觉意象做联结的策略。它结合了文本顺序信息与符号及整体视觉模式。老师应该鼓励学生结合文字笔记和图像、符号等来体现顺序、模式和关系。科技可以在适当的时候催生和加强这些活动。这里是一些例子。

火柴人。使用火柴人符号来记忆个人或群体信息。学生可以在火柴人身上恰当的地方写上关于某人八个方面的信息：在头部写上主意，在眼睛处写上期望或想象，在嘴部写上词语，在手臂处写上动作，在心脏处写上感受，在腿部写上移动动作，在跟腱处写上弱点以及在手臂肌肉处写上强项。

说明性的视觉效果。这可以有多种表现形式。使用一系列的流程框图帮助学生收集并视觉化某一事件的前因后果。如图 6.7 所示，起因可以写在左侧的方框处，事件写在中间的方框处，结果写在右侧的方框处。用不同的方式将主题视觉化是一项非常有价值的意象活动。

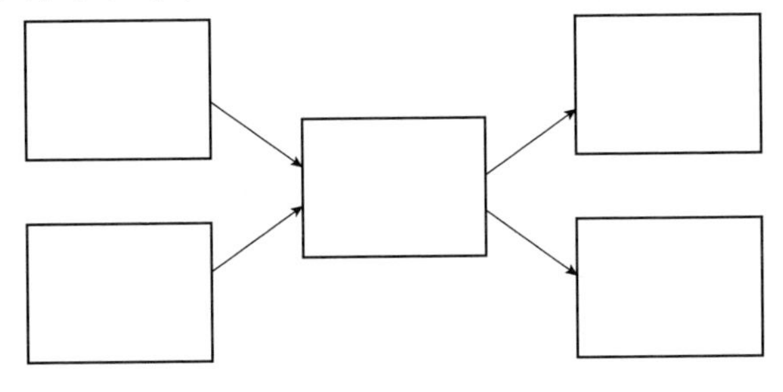

图 6.7　方框图

设计笔记本。即使是设计笔记本，书页也能让意象起到促进学习和知识保持的作用。其中一种变化方式就是将笔记页分成主题、词汇、重要问题、需记忆的内容、作用及下一次测验等部分，如图 6.8 所示。页面中每个部分的布置要使用能够恰当运用符号的图文组织方式。

主题：	需记忆的内容：
词汇：	作用：
重要问题：	下一次测验：

图 6.8　笔记页

思维导图。思维导图是一种记忆关键概念各部分之间关联的有效视觉工具。使用思维导图记笔记可以帮助学生在记笔记的过程中了解各部分之间的关系。思维导图还可以让学生看到显而易见的内容以外的事物、做出推论以及发现传统笔记形式所能容纳的内容以外的新知识。从巴赞等人(Buzan，1980；Hyerle，2004)的研究中，我们可以了解制作和使用思维导图的不同方法。

运用动作的策略

在课程中结合动作的活动是非常有趣的。尽管在教室中走动在小学低年级中很常见，但是到了初中阶段这种活动就明显减少了。可以理解，因为初中和高中老师都很注意为教授大量课程材料保留充分的时间。由于将老师原本用于讲课的几分钟用来让学生进行一些动作活动确实能够提高知识学习的保持量，因此这是一项非常值得的时间投资。

记住，并不会有太多学生参与到体育教学的课程中。而体育活动对于促进身体和心理功能的正常发展、产生积极情绪都是非常必要的。这里向读者提出一些建议。

激励。运用动作激励处于低能量状态的学生(例如，高中生在上午或中午过后比较疲乏的时间段)。例如：

①用手的跨度丈量房间的长度。

②触摸一下教室中相同颜色的七个物体。

③寻找教室中四个信息的来源。

④在小组中制作一个便利贴大小的单元思维导图。

⑤运用抛球游戏进行复习、讲故事和积累词汇。

演示关键概念。这个策略是指运用动作来学习和记忆比较难理解的概念。如果课程的目的是学习各大洲，可以尝试这样做：站在一张世界地图前，说出各大洲的名字并且用身体的某一部分来表示(Chapman & King，2000)。

还有没有什么比较难理解的概念可以用这样的方式进行演示呢？

角色扮演。定期进行角色扮演。例如，学生可以组织一场即兴的哑剧或看手势猜字谜的游戏来说明单元的重点。让他们针对之后的单元或之前学习内容的复习发展并出演一些短的预告或广告。

词汇积累：表演词语。寻找一些表示他们自己身体动作的词语，然后让他们这样做：

①说出一个词语。

②查阅词语的意思。

③做出动作(动作需演示出词语的意思，如质疑、反对或攻击)。

将这三个步骤做三次，这样可以将信息转入工作记忆中。现在复述这个词语，并且在语境中运用它，这样对这个词语的记忆就可以转入长时记忆中了(Chapman，1993)。

语言和身体的拉锯战。在这个活动中，学生选择一位搭档，并从所学单元中选取一个主题。每个学生针对主题说出一个观点并且花30秒说服搭档为何这个主题更重要(语言拉锯战)。辩论过后，搭档们利用一根绳子换到身体拉锯战的对侧。

思考的关键点

在这一页上快速地记下一些关键词、重要概念、策略以及你想要在之后复习的资料。这一页可以成为你个人的知识小结并且帮助你唤起记忆。

Chapter 07 | 第七章

思考能力与学习

孩子们往往都会记忆标准答案，而不是试着去解决问题。

——罗伯特·勒温(Robert Lewin)

本章亮点：本章讨论了人类思考的一些特性和维度，考察了布鲁姆分类学的修订，指出了它与现行关于更高思考层次研究的兼容性，并且解释了它与学习困难度、复杂性和智力之间的关系。

世界上是否有事物能够像大脑一样，以有形的物体创造像思想这样无形的事物呢？大脑是怎样创作出贝多芬交响曲、米开朗琪罗的雕塑和爱因斯坦的宇宙观的呢？无数神经元冲动转化为思想，之后又变为美丽的事物或毁灭性的武器，这中间经过了怎样的过程？人类的大脑收集关于这个世界的信息，并且经过组织形成对世界的一种表示。这种表示也可以叫作心智模式，指的就是思考。这是人类个体在这个世界中运作的一种过程。

人类思考的特性

描述思考要比定义思考容易一些。思考的特性既包括每天常规性地对此刻个人所处位置及如何到达目的地的推理，也包括发展概念、使用词语、解决问题、批判性思考以及对未来的预测。思考的其他方面还包括学习、记忆、创造力、沟通、逻辑和组织能力。如何及何时运用各方面的能力常常决定了我们与环境互动的成功或失败。这一章要讨论思考，探索能够描述不同思考方式特性的策略，并且在促进课堂中更高思考层次的问题上就这些策略的运用给出一些建议。

思考的类型

你能回答这些问题吗？

美国的第二任总统是谁？

美国内战之后和越南战争之后两个时期之间的相似之处和不同之处是什么？

辩论我们是否应该设立死刑，并解释为什么。

这里的每一个问题都需要你的思考，但其中所需的思考类型是不同的。第一个问题需要你简单地列出长时记忆中有关美国总统顺序的内容。而回答第二个问题时则会很不一样，你必须先回忆你对两场战争的了解，将所了解的知识分别罗列出来，然后分析这些知识，并且确认哪些事件是相似的，哪些事件是不同的。第三个问题需要提取并处理大量关于死刑的信息，包括它对社会的影响以及对犯罪的威慑性，然后对你认为死刑对犯罪的影响形成一个判断。这三个问题的复杂性逐渐增强，需要不同的思考过程才能得到恰当的答案。因此，某些思考类型要比另一些思考类型复杂一些。大脑扫描显示大脑的不同部分，尤其是额叶，都会随着任务的复杂性而有不同的参与程度(Cole，Bagic，Kass，& Schneider，2010；Newman & Green，2015)。在解决数学问题的时候尤其如此(Anderson，Lee，& Fincham，2014)。

> 大脑扫描显示大脑的不同部分，尤其是额叶，都会随着任务的复杂性而有不同的参与程度。

大脑针对不同情境的处理已经进化出不同的思考类型，逻辑就是其中一种。例如，它可以认识到如果 A 等于 B，B 等于 C，则 A 就等于 C。此外还有其他的思考类型。理性思考、模式识别、形成图像和估计等所有这些都是思考的类型，它们帮助个体处理概念、问题或决定等。

作为表征系统的思考

尽管对于解释信息处理模型中长时记忆的运作，文件柜和顺序系统是非常有用的符号，但这并没有解释大脑作为表征系统时个人遭遇的所有情境。有时候，我们无法辨认出某个人的脸，但我们记得这个人的名字以及第一次遇到这个人的时候周遭所发生的事情。光是想一下"海滩"这个单词就会唤起一系列我们曾经体验到的关于海滩的内在表征的复杂心理事件。海滩在阳光下闪闪发光，常常会让人感觉很热，海岸线与水融为一体，上面星星点点地缀着很多遮阳伞，而且还会让人想起来海滩假日的乐趣。这就是表达系统的其中一个例子，而它说明了人类思考模式的多样性。对这种多样性的认识引导出多元智力的概念。也就是说，个人的思考模式会因为面临不同的挑战而不同，而这些思考的半自主变化性会产生不同成功程度的思考。

思考与情绪

情绪在思考的过程中扮演着非常重要的角色。在第二章中，我们讨论了杏仁核在情绪信息解码进入长时记忆中的作用。我们也指出了情绪在大脑进行处理时往往处于优先地位，并且会阻碍或帮助认知学习。如果喜欢所学的东西，我们会更集中注意力、更保持着兴趣以及进行更高层次的思考。我们倾向于试探或问如果性的问题。当不喜欢所学的东西时，我们常常不愿意花时间，而且思考过程会处于最低层次。这就是课堂情绪氛围如此重要的原因。

有时候学生对学习一个主题持比较中立的态度。一些需要进行高层次思考的活动可以激发他们的学习兴趣，带来正向的感受。有研究再次强调了如果学生产生了积极的情绪，他们的注意范围会扩大，批判性思考的能力也会增强。此外，中立或负向的情绪会缩小注意和思考的范围(Treur & van Wissen，2013；Zenasni & Lubart，2011)。当认识到自己思考的力量之后，学生会更常运用自己的能力并且独立解决问题，而不只是等待别人说出答案。

有趣的是，那些常常对学习感到不愉快或愤怒的(或缺乏学习兴趣)学生的学习却并不常常被情绪左右。研究显示，心烦意乱的人有能力超越自己的情绪，并且会有意识地对引起负面状态的事件做出反应(Moons & Mackie，2007)。那些对学习感到不愉快的学生能够整理出头绪，了解他们为何对自己的学习有这些负面情绪。如果老师和这些学生分别进行一次个人谈话，他们或许能够改善那些引起负面情绪的情况。

科技或许正改造着学生的思维

神经科学家探究了儿童接触科技的机会的激增是否会影响他们的思维。

尽管到目前为止并未得到最终的研究结果，但是研究者仍然有了一些洞察，家长和教育工作者都应该对此有些了解。一些研究表明每天多观看一小时电视的幼儿，其执行能力减弱，而且其语言、认知和运动的发展都明显迟缓(Christakis，2011；Lin，Cherng，Chen，Chen，& Yang，2015)。

科技带来的另一个影响是网络上存在大量信息(还有谣言)，学生可能会因为这如洪水般的信息量而感到沮丧、麻木，或随波逐流，这种情况被称为“信息回避”。然而，这种情况并未阻止他们减少使用电子产品的时间。他们使用着大量的媒体页面，这降低了他们对视频延迟的耐心。有一项针对数百万网络使用者的录音回放习惯的研究显示，如果一段视频延迟两秒开始播放，他们就会选择放弃观看(Krishnan & Sitaraman，2012)。这种不耐烦可能也会表现在课堂上，所以老师应该注意，他们需要让学生快速地进入课程内容中，以增加学生集中注意力的可能性。

我们同时也应该明白，这种对网络信息的依赖可能会削弱大脑的创造力和批判性思考的能力。学生在尝试解决一个较为复杂的问题时，往往会使用谷歌等工具搜索别人的解决方法，而很少会用自己的创造力和思考能力去解决。他们宁可接受别人的观点或成果，也不愿意自己努力。就像其他技能一样，当越少使用自己的创造力时，他们就会变得越来越没有创意。有一项从1990年一直进行到2008年的追踪研究，以超过27万名从幼儿园阶段到12年级的学生为研究对象，利用托伦斯创造性思维测验考察他们的创造能力。结果发现尽管智商分数有所增加，但是创造能力分数却显著降低(Kim，2011)。这些学生失去了原创性、好奇心和批判性思考的能力，而是只会抓取信息、报告信息。这是我们希望看到的结果吗?

人类思考的范围

设计模型

数十年前，认知心理学家已经努力设计出一个描述人类思考规模和复杂程度的模型。这个模型通常将思维分为两类，会聚性/较低层次的思考与发散性/较高层次的思考。其他多维框架也已面世，尝试着从细节上描述思考的各个层面。

如果老师使用某个模型作为课堂练习的常规部分感到充分自在，且这个模型具有实现预期目标的潜力(在本例中指鼓励学生进行更高层次的思考)，那这个模型便算得上是一个好的模型。在描述思考规模的模型中，大多数都包含以下几个主要领域。

基本处理是我们用于转换和评估信息的工具。例如：

①观察：包括识别和回忆。

②寻找模式和概括：包括分类、比较和对照以及鉴别相关或不相关的信息。

③根据模式形成结论：包括假设、预测、推断和应用。

④根据观察评估结论：包括检查一致性、鉴别误差和偏见、鉴别未阐明的假设、识别过度概括或概括不完全以及根据实际情况确认结论。

这些基本处理出现在大多数模型中，是因为认识到这些基本处理能够让我们将这些信息组合成可理解且相关的模式。而且，这些基本处理证实了需有证据支持结论的说法。这些结论形成了可以帮助我们假设、推断以及预测的模式。

特定领域知识指个人为了进行上述基本处理而必须进行处理的特定领域的知识。

批判性思考指一种基于客观标准与一致性的复杂处理过程，包括根据客观标准做出判断，以及根据理由给出意见。

创造性思考指将信息整合在一起以形成一个全新的概念、想法或理解。它通常包括准备(集中并考察所需信息)、培养(酝酿想法，并与其他经验做一些关联)、灵光乍现(当突然想到新主意时会不由自主地说“啊!”)和核查(测试构想的方法)四个过程。

元认知指个体意识到个人思考的过程。学生应该知道何时以及为什么运用基本处理过程，并且知道这些功能如何与他们正在学习的内容相关联。元认知包括两个同时发生的过程：学习的同时监测自己的进展，以及在学习遇到问题时做出适当的改变。这是在学习中进行事后回顾的思考过程，与反思并不相同。

我们正在教学生思考的技能吗

思考关于阳光海滩的普通经验，会带来一些有趣的问题：大脑如何在逐渐增强的复杂性之下进行思考？大脑的何种技能需要通过简单或复杂的想法操纵？这些技能能否教授？如果可以的话，这些技能需要在何时教授、如何教授？

大多数人生来就有一颗拥有在环境中成功生存必需的大脑。当然，随着儿童的发展与学习，神经组织会戏剧性地改变，结果是一些神经网络会变得发达，而另一些则会萎缩。即使最肤浅地看人类处理信息也能发现，这是一个巨大的、能够学习语言的、从数千人中识别脸部以及快速分析数据并推断结果的宏大的神经网络系统。每一点可行的证据都证明了人类大脑生来就具有广泛的思考模式。因此，如果大脑能够进行更高层次的思考，为何我们在普通课程中对学生的讨论和表现的认识这么少？

学生没有进行批判性思考的原因，可能只是我们没有坚持让他们在学校接触这些要求他们接触的模型或情境。大多数学校的教育要求仍然很低，只是要求几种不同层次的会聚性思考。这种只在乎获取内容的实践和测试都使学生只以机械复习的方式进行思考，而不进行分析性和综合推理的思考。即使是那些认真工作，想要将需要高层次思考的活动囊括在内的老师，也会面对要让学生为那些着重回忆和应用的高难度测验而准备的事实。重复答案变得比得到答案的过程更重要。因此，学生和老师进行学习的复杂程度通常都比较低。

现在，我们尝试要做的就是认识到这些局限，重新编写课程，重新训练老师，并且鼓励学生运用他们与生俱来的思考能力去处理更为复杂的学习内容。换句话说，我们需要更努力地教会老师如何以促进和推动更高层次思考的方法来组织课程内容。

课堂中的模型思考技能

当老师通过创造性、批判性的反思提高他们的实践能力时，他们就会成为具有价值且可靠的角色。当老师在课堂中试着培养学生对学习的热爱，以及建立有利于提高创造性和批判性的课堂时，学生会更容易学会思考技能。如果老师做到以下事情，就会营造出正向的学习氛围。

①表现出对学习真诚的兴趣和承诺。

②分析自己的思考过程及课堂实践，并且解释他们做了什么。

③当有证据证明时改变自己的立场。

④愿意承认错误。

⑤允许学生参与到规则的制定中，让他们为与学习和评估方式相关的事务做决定。

⑥鼓励学生进行独立思考，而不只是重复老师的观点。

⑦允许学生从一系列适当的选择中选取一些功课和活动。

⑧准备并展示一些需要高层次思考才能达到学习目标的课程。

在营造出促进高层次思考的课堂氛围后，老师的下一项任务就是选择一种可行且容易理解的模型，用于教导学生提高他们所需的具有创造性、批判性及发散性的思考能力。在所有现行的模型中，让我们来探讨一种非常可行且有效、能够经得起时间考验的模型设计——布鲁姆分类学。

重温认知领域的布鲁姆分类学

老师使用何种模型能够促进思考？谁能保证该模型曾在过去成功被运用并且能够在未来奏效呢？我的建议是从布鲁姆在几十年前发展起来的认知领域分类学开始进行，并且可以看看我们是否可以让这个分类学仍然适用于现在这个时代。本书让我有机会可以在此为读者呈现一种灵活、能够激发更高层次的思考，并且适应现代课程的模型。请允许我解释为什么这个模型可以不断为提升思考层次打下良好课堂的基础。

为什么我建议这种类型的模型呢？近几年来，我了解到国家制定了课程新标准，国家对考试越加重视，以及公众强烈要求学校和老师承担以考试衡量成绩的责任。因此，那些处于应试教育之下的老师不太可能进行过于复杂、多层次的思考技能训练。这就是为什么我会建议重新审视这个我们所熟悉的模型，以及在某些判断之下确定这个模型仍然能够为我们服务。这个模型的价值在于它能够帮助学困生体验到更高层次思考的乐趣，体验到取得更高成就的喜悦，而我的目的是以这个模型的价值说服人们。对我来说，哪怕前面讨论过科技对学生的思维产生的影响，执行这种对学生非常友好的模型仍然非常重要。

为何从这个模型开始

这个由布鲁姆和他的同事在1950年代发展的布鲁姆分类学是一种有效且持久提升思考的模型。布鲁姆分类学确定了人类思考复杂性的六个层次(Bloom，Engelhart，Furst，Hill，& Krathwohl，1956)。我相信，这个框架能够在进行一些修订后提升老师教学与学生思考的质量，原因如下。

①很多具有前瞻性、熟练的老师对它很熟悉。

②与其他模型相比，它比较简单，容易上手。

③它可以为那些跨越不同主题和年级层次的学习内容提供一些通用的语言。

④只需要对老师进行适度的再培训就可以让他们理解难点和元素复杂

性之间的关系。

⑤它可以帮助老师认识到难度和复杂性之间的差别，这样老师可以帮助学习缓慢者明显提高他们的思考能力。

⑥它只需要老师对现有课程补充少量材料，花费不大。

⑦它可以提高老师的动机，因为他们会发现它可以让学生学得更好，思考得更深刻，以及表现出更多的兴趣。

⑧通过修订，它可以更好地对应最新的大脑功能研究结果。

通过修订，布鲁姆分类学仍然是一个推动学生进行更高层次思考的有效工具，对于那些缓慢学习者而言尤其如此。

尽管布鲁姆分类学多年前已经成为职业和在职教师培训的标准，但是这种以提高学生思考层次为目的的分类法模型的价值尚未完全探明。而且，我们之后也会讨论到，这个分类学与学生能力之间的关联被极大地误解与误用。这样的情况让人很遗憾，因为这个模型在正确使用时很通俗易懂，能够推进学习并且提高学生的学习兴趣，对于那些学习缓慢者而言尤其如此。

模型的结构与修订

布鲁姆分类学原版包括六个层次，很多读者都可以轻松地回忆起来。从最简单的层次到最复杂的层次，分别是知识、理解、应用、分析、综合及评估(见图 7.1)。从 1995 年到 2000 年，一些教育工作者基于现时对学习的更深入理解，对原有的布鲁姆分类学做出修改。这个工作组在 2001 年公布了他们修改的成果。图 7.2 中列出了一些基本的修订(Anderson et al.，2001)。

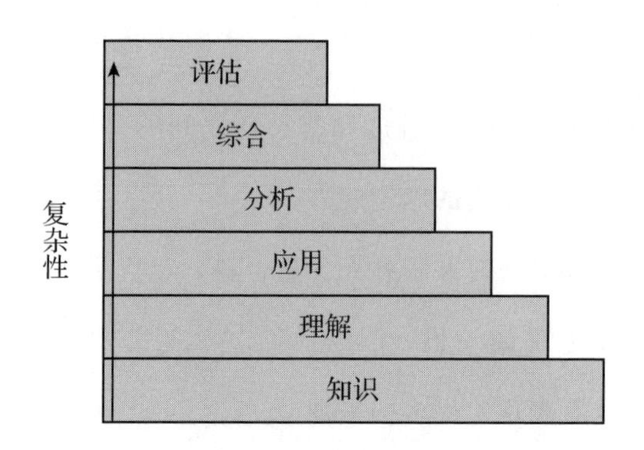

图 7.1　布鲁姆分类学的各个层次(原版)

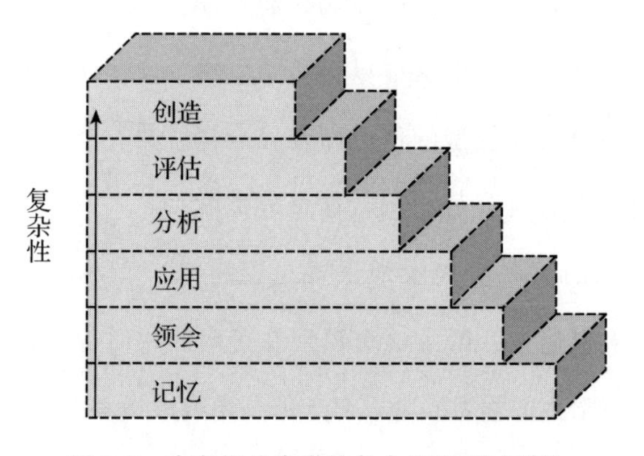

图 7.2　布鲁姆分类学的各个层次(修订版)

说明：布鲁姆分类学的修订保留了六个层次，但改变了各层次的名称，重新命名了其中三个层次，并且交换了层次的位置。而途中的虚线则表示模型更为开放、更具流动性，个体可以更容易地在这些层次中转换。

在布鲁姆分类学修订版中，原来的知识层次被重新命名为记忆，因为记忆能够更准确地描述这个层次中的回忆过程。而且，知识能够在所有层次中获取。原来的理解层次被重新命名为领会，因为它是老师讨论到这个层次时最常使用的词语。而应用、分析和评估则从名词性改为动词性。

综合被改动到最高层次而且更名为创造。之所以做出这个改变，是因为研究者根据近期的认知神经科学研究发现，制作、计划和产生一个原创作品比基于公认标准做出决定需要更为复杂的思考(见表7.1)。尽管仍然是六个层次，但复杂性的层次结构并不是固定的，而且要认识到在延伸处理的过程中个体可以更容易地在这些层次中转换。

表7.1是以复杂性降序排列的各个层次的内容，包括术语与说明每一个层次思维过程的范例活动。

表7.1　布鲁姆分类学的修订内容

层次	术语	范例活动
创造	想象 撰写 设计推断	假设你是波士顿茶叶事件的一个参与者，写一篇日记描述事情的经过。 改写《小红帽》使之成为新的故事。 为解决问题设计一种不一样的方法。 列出能够解释三个实验结果的假设。
评估	评价 评估判断 批判	你会想要与故事中的哪两个主要人物做朋友？ 暴力到底能不能改善不公正的现象？为什么能或为什么不能？ 在我们曾经学习过的所有环境中，你认为哪一个最适合居住？ 为自己的答案辩护。批判某两种产品并且就你会推荐给顾客的其中一种产品进行辩护。
分析	分析 比较 鉴别 推断	故事中哪一个事件是幻想出来的，哪一个事件是真实发生的？ 比较和对比美国内战之后与越南战争之后这两个时期。 将收集到的石头分为三类。 这些词语中哪些是拉丁语？哪些是希腊语？
应用	实践 计算应用 执行	在造新句时运用每一个词汇。 计算你的教室的大小。 举例我们可能用到数学演算的三个场合。 使用零件重新组装这个发动机。

续表

层次	术语	范例活动
领会	归纳 讨论解释 列出重点	用自己的话对某段落进行总结。 为什么地图上要使用符号？ 写出一个段落解释市长的职责。 写出完成这项实验的主要步骤。
记忆	定义标签 回顾再认	动词的定义是什么？ 给地图上的三个符号定出标签。 政府的三大部门是什么？ 图中的哪一个物体是木琴？

资料来源：Anderson et al.，2001

下面运用《金发姑娘和三只熊》的故事作为例子，解释这两个完全不同的概念如何应用上述分类学来回顾其中的每一个层次。

记忆。记忆指的是单纯的死记硬背与回想以及对之前所学材料的再认，范围可从特定的事实到一个完整的故事等。需要从长时记忆中以当时所学的形式提取出来，这是对语义记忆的回顾。它表示认知领域学习中的最低层次。例如，金发姑娘在三只熊的家中做了什么？

领会。这个层次反映了对材料做出理解的能力。领会可以通过多种形式体现，如将材料从一种形式转换至另一种形式(从词语到数字)、解读材料(总结一个故事)或评估未来的趋向(预测后果或影响)。这种学习超越了单纯的死记硬背，并且代表了理解的最低层次。当学生理解了材料而不只是单纯记忆时，这些材料在将来解决问题和做出决策时就能用上。这个层次试图确定学生是否以理智的方式理解了信息。当学生确实理解了时，他们可能会说“我懂了”。例如，为什么金发姑娘喜欢婴儿熊的东西？

应用。这个层次指的是在新的情境中，在最少的指导下运用所学材料的能力。这包括运用规则、概念、方法以及理论等解决问题。学生激活程序性记忆并且运用会聚性思考做出选择，并迁移与应用数据来解决一项新的任务。在这个层次中，练习是必不可少的。例如，如果今天金发姑娘来到你家，她会做什么呢？

分析。这是将材料分成各部分以便理解其架构的能力。这包括确认各部分、考察各部分之间以及各部分与整体之间的关系、辨别其中所包含的组织性原则等。学生必须能够阻止一些信息并且将一些信息归类。在这个层次中，大脑的额叶会非常努力地运行。这个阶段更为复杂，因为学生能意识到所使用的思维过程(元认知)以及理解材料的内容与架构。例如，金发姑娘的故事中哪些事情会真实发生？

评估。这个层次需要有根据特定的标准对材料的价值进行判断的能力。学生可以自行确定标准或由他人给予一些标准。学生要从几个类目中考察标准，并且选择与情境最为相关的部分。这个层次中的活动几乎总是有多种且均可被采纳的解决方法。这是高层次的认知思考，因为它包括很多其他层次的元素，再加上基于明确标准的有意识判断。在这个层次中，学生倾向于统整他们的思考结果，并且变得更加能够接受其他观点。例如，你认为金发姑娘在没有被邀请的情况下进入熊的家中，这样对吗？为什么？

创造。这指的是将各部分放在一起，形成一个对于学生来说是全新形式的能力。它包括创造一场独一无二的沟通(如演讲)、一份操作计划(如研究计划)或用于分类信息的方案。这个层次强调创造力，重点在于形成新的模式或架构。这是学生运用发散性思考得到新点子并将其应用到制作有形产品的层次。如果没有对人类解剖与大理石种类的透彻理解，以及准确使用抛光剂和工具的能力，米开朗琪罗可能无法进行创作。他的艺术性来自对他所了解的知识与对雕刻华丽作品技能的掌握。尽管大多数时候这个层次与艺术家最为密切，但这个过程可以发生在课程里的所有领域中。例如，创作金发姑娘与三条鱼的故事。

测试题 10：布鲁姆分类学这些年来都没有太大变化。是否正确？

答案：错。2001 年，一个由研究人员与心理学家组成的团队发表了布鲁姆分类学的修订版，他们让其中的内容更加贴合现时的研究与运用。

修订版模型的一些重要特性

尤其鉴于近期关于大脑如何处理信息的一些发现，这里需要就修订版提出几个重点。

层次结构的松动

布鲁姆分类学原版中的六个层次是累积性的，也就是说，高于最低层次的每一个层次都需要较低层次的所有技能。对于布鲁姆而言，一个学生无法在缺乏对材料的心理处理的情况下理解材料。同样，个体也无法在缺乏理解的情况下将所学内容应用到新的情境中。然而，由于 2001 年的修订版给予了老师更大的选择与应用空间，原有的严谨的层级结构得以松动，可允许层次之间的重叠。例如，解释的特定形式通常与理解有关，可能会比与应用有关的执行更为复杂。

这种松动与近期显示大脑运用不同区域解决不同类型问题的研究发现颇为一致。研究运用成像扫描与脑电图发现，在解决逻辑和序列问题(演绎推理)与解决无确定答案的问题(归纳推理)时，个体所运用的大脑区域并不相同(Jauk，Benedek，& Neubauer，2012；Mihov，Denzler，& Förster，2010)。这项研究证据趋于弱化布鲁姆关于之前较低层次思考的激活决定思考类型的基本概念。但是认知心理学家长期以来都怀疑较高层次的思考技能比布鲁姆的刚性层次结构更为流畅。尽管如此，研究实验发现证明了布鲁姆分类学修订版所准确描述的不同思考类型的概念。

从其他角度来看各个层次

为了让布鲁姆分类学修订版更贴合近期关于认知处理过程的研究结果，寻找其他能够描述这些层次的方法会很有成效。例如，三个较低层次(记忆、领会与应用)用于描述会聚性的思考过程，其中学生通过应用回顾并专注于已经知道和已经理解的内容来解决问题。三个较高层次(分析、评估与创造)则用于描述发散性的思考过程，因为学生有新的处理结果、见解和发现，而这并非原有信息的一部分。当学生的思考处于这些较高层次时，思想流会自然地从一种想法流动到另一种想法，而彼此之间的界限消失了。

另一个方法就是将记忆和领会看作为获取和理解信息而设的技能，而应用与分析则是通过演绎和推理为改变及迁移信息而设的技能。评估和创造则通过评价、批判和想象处理新的信息。即便如此，我们还是必须牢记这些层次是流动且彼此重叠的。

认知与情绪思考

记忆布鲁姆模型描述信息的认知处理过程并不会直接对学生造成威胁这一点很重要。这里并没有试着要描述情绪性思考，这种思考通常发生在缺乏认知输入时。例如，当一个陌生人在一条较暗的街道上走近你，你大脑中的杏仁核会直接评估环境刺激以确定是否有威胁存在。杏仁核会对威胁性的声音或来势汹汹的个体做出反应，常常会引发反击反应或逃跑反应。在这个情境中，个体大脑在缺乏有意识思考的帮助下进行评估，没有时间进行记忆、领会、应用或是分析。大脑会说："我们快逃跑吧！"此时布鲁姆分类学并不适用于此，因为它需要意识和有意的认知思考，而非生存行为。也就是说，我们应该指出布鲁姆和他的同事同时也要发展出一个五层次的分类学，包括情感范畴，为情感与学习之间的联结建立一个层次结构(Bloom，Mesia，& Krathwohl，1964)。

检测你对这个分类学的理解

为了确认你是否理解了布鲁姆分类学修订版的六个不同层次，请完成下列活动，然后查看活动后面的答案与解释。

指导语。辨认下列关于学习内容所符合的分类学中的层次。

用一把尺子丈量房间，测出房间的长度。

美国宪法的第六次修正案是什么。

给出美国《联邦条例》和《权利法案》，让学生写出一份对比这两份文件相同与不同之处的作业。

辨别分类学中的每一个层次并写出对应的一个问题。

用自己的话来解释寓言故事结尾的寓意。

给出两个解决问题的方案，让学生选择其中一个并给出理由。

写一个包含某个童话故事里所有特征的新童话故事。

答案：

应用。学生必须了解测量系统，理解长度的定义并且正确使用尺子。

记忆。学生可以简单地回忆第六次修正案中关于被告权利的内容。

分析。学生必须将两份文件的各个组成部分进行区分，并且比较两者的相同和不同之处。

应用。学生要了解每一个层次，理解其定义，然后运用这些信息写出一个对应的问题。

领会。学生通过解释寓言的寓意表达他们对语言的理解。

评估。学生要从两个可行的选项中选择一个并做出解释。

创造。运用童话故事中常见的特征让学生自行创作一个新的故事。

分类学与思考的范围

大多数现时描述思考维度的模型在何种程度上包含了早前提到的布鲁姆分类学修订版提及的主要领域？

基本过程。在这个过程中，布鲁姆分类学修订版中的六个层次涵盖了所有技能。其中记忆和领会层次中都包含观察技能，记忆、领会和分析层次中都包含寻找模式和归纳技能，而分析和创造层次中则都包含根据模式形成结论的技能。

特定领域的知识。在布鲁姆分类学修订版中，所有层次都会发生知识的获取。它特别将这个领域分为四种类型的知识：事实(名字、日期等)、概念(想法、模式等)、程序(步骤、序列等)以及元认知(对思考过程的反思)。

批判性的思考。分类学中的较高层次要求进行批判性的思考来分析、对比、以及评估信息。

创造性的思考。学生努力地进行创造层次的思考，需要运用一切与创造性思考有关的技能。

元认知。六个层次的任意一个都没有明确列举这一领域。尽管如此，当处于评估层次，需要从所有可行方案中进行分析或讨论时，学生需要反思做出选择与获取数据支持选择的过程。这种对在思考过程中自我意识的运用就是元认知的本质。而其他像对于作为价值技能的自我监督的尊重、积极的个人学习态度以及对学习的专注等，都很有可能因为准确、频繁且系统地使用更高的分类学层次而达成。

复杂性与困难性的关键性差别

复杂性与困难性描述不同的心理操作，但常常被用作同义词。这种误用导致这两种不同的事实被认为是同一种，因而限制了分类学促进所有学生思考的作用。通过了解这两个概念的不同，老师能够对分类学与学生的能力获得一些有价值的洞察。复杂性描述的是运用大脑处理信息的思考过程。在布鲁姆分类学修订版中，它可以用表示六个不同层次的词语来描述。例如，“美国罗得岛州的首府是哪里”这个问题处于记忆层次，而“用你自己的话告诉我一个州的首府意味着什么”这个问题则处于领会层次。第二个问题比第一个问题复杂一些，因为它处于分类学的较高层次。

困难性指的是学生在完成一项处于某种复杂层次的学习任务时所需要花费的努力程度。某项学习任务的复杂程度并没有增加，但很可能它的困难程度会增加。例如，“列举美国各州的名字”这个问题是处于记忆层次的，因为它对于大多数学生来说包含了简单回忆（语义记忆）。“列举美国各州的名字与其首府名称”这个问题同样处于记忆层次，但却比前一个问题更难，因为它需要花费更多努力回顾额外的信息。“以加入联邦的顺序列举美国各州的名字及其首府名称”这个任务同样处于记忆层次，但它比前面两项任务都要难，因为它需要获取更多信息并且按照时间顺序排列。

这些都是学生需要付出大量努力却是完成最低思考层次学习任务的例子。当老师想要给学生制造一些挑战时，往往（很可能在无意中）会增加挑战的困难程度而非复杂程度。这可能是因为他们并没有察觉到这两个概念之间的差异，或者他们认为增加困难程度是达到更高思考层次的方法（见图 7.3）。

当老师想要给学生制造一些挑战时，往往会增加挑战的困难程度而非复杂程度。

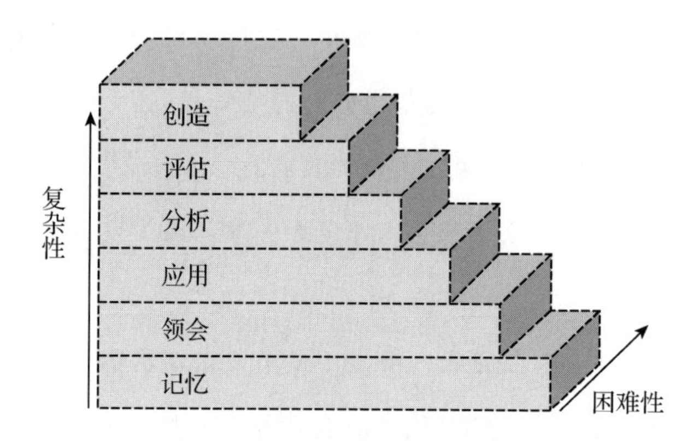

图 7.3　布鲁姆分类学修订版各层次的困难性与复杂性

说明：复杂性与困难性不同。复杂性确定的是思考的层次，而困难性则是指每一个层次的思考所花费的努力程度。

将复杂性与困难性融入能力中

当被问及复杂性和困难性何者与学生的能力更为密切时，老师往往会选择复杂性。他们中的一些人解释说只有那些拥有更高能力的学生才能进行分析、评估和创造层次的处理过程。另一些人则认为当他们试图将后进生带入分类的层次中时，会因此拖慢课程进度。但实际上与能力相关的是困难性而非复杂性。

复杂性与能力之间的错误联结并非故意为之，但却是一种非常真实的自我实现预言。它的理由是，老师分配大量时间在课堂上学习概念，通常会根据处于平均水平的学生学习所花费的时间长度来决定(见图 7.4)。快速学习的学生学会概念花费的时间少于所分配的时间，他们的大脑常常会将概念后续的学习分配到重要类别和非重要类别中。也就是说，他们选择关键的特性进行存储，而去除他们认为不重要的内容。这就解释了为什么快速学习的学生

常常也能快速地提取：他们不会将他们的记忆神经网络分配给琐事。

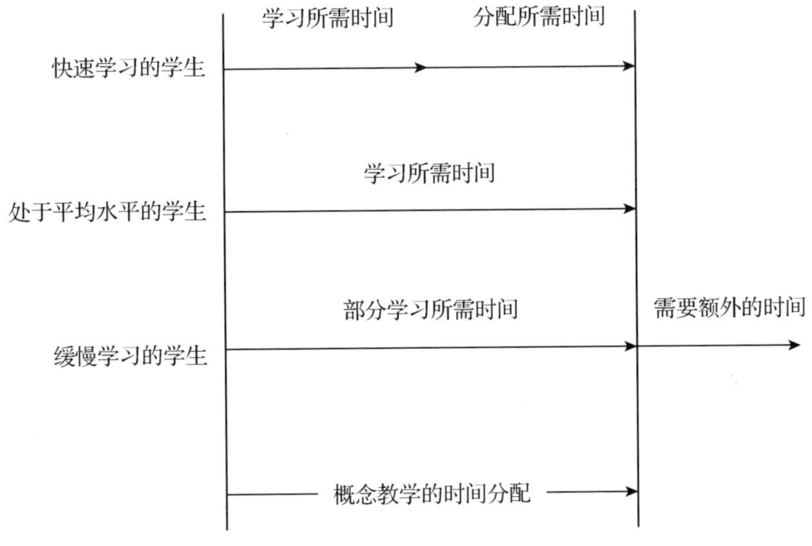

图 7.4　不同学生所花费的时间长度

说明：虽然学生有不同的学习速度，但是学习一个概念所分配的时间通常是固定的。

与此同时，缓慢学习的学生学习概念花费的时间要多于所分配的时间。如果没有给他们足够的时间，他们不仅会丧失学习后续部分的机会，而且也没有时间进行任何分配。如果老师试图提升分类学中的层次，那些快速学习的学生的工作记忆中会有概念更为重要的特性，这些特性可以恰当且成功地运用在更高层次的复杂性上。对于缓慢学习的学生来说，他们不仅没有时间进行分配，工作记忆中都是杂乱无章的后续学习内容(重要的和不重要的都有)，而且也无法辨识哪些部分是较复杂的处理过程所需的。对于他们，这就像带着五件巨大的行李进行一场过夜的旅程，而对于快速学习的学生，这就像只提着一件小型而必需的行李。结果就是，老师变得更确信较高思考层次是为快速学习的学生准备的，并且能力也与复杂性相关。

布鲁姆也报告了一些关于缓慢学习的学生的研究，他们甚至没有进行非重要材料的学习。课程从开始就进行分配，而且着重在关键特性及其他重要信息上。当老师提高布鲁姆分类学中的层次时，这些学生有时候会比控制组表现得更卓越(Bloom，1976)。当老师区分了复杂性和困难性的差异时，学生就会对布鲁姆分类学有新的看法。要记住很重要的一点，即较缓慢的学习者要比一般学习者花费更多时间来掌握某个事物，但这不等于学习失能。

通过指导和联系，缓慢学习的学生也能够按部就班地达到布鲁姆分类学中的更高层次。

分类学与建构主义

研究者(Brooks & Brooks，1999)在对建构主义老师特性的描述中指出，这些老师要提问开放式问题，并不断鼓励学生进行分析、评估和创造。这个描述似乎昭示着坚持运用布鲁姆分类学修订版中较高层次的老师在其他事情上也表现出一些建构主义的行为。

改编课程以适应布鲁姆分类学

从这些研究中，我们可以了解到两项重要的布鲁姆分类学应用。

第一，如果老师能够避免自我实现预言的陷阱，他们就能够让那些缓慢学习的学生更频繁、更成功地进行较高层次的思考。

第二，完成改编的其中一种方法就是回顾课程，并且移除那些最不重要的主题，这样可以得到较高层次联系所需的时间。这就是人们所知道的策略选择性方式。完成这种修改的一种有效方法就是以重要性递减的顺序列出课程中的所有概念。删除占课程量20%到25%的那些后面不重要的概念，通过分配和配对运用多出的时间让所有学生都能提升其思考层次。最后，整合之前所教的材料和这些概念，并且关联到其他课程的适当概念中，以此利用正面学习迁移的力量。

较高思考层次能够提升理解和知识的保持

我们大脑中神经元的数量会随着年龄的增长而减少，但我们学习、记忆和回顾的能力在很大程度上取决于神经元之间联结的数量。这些联结的稳定性和持久性会影响在学习进程中所出现的思考过程、思考类型和复习程度的性质。

正电子发射断层扫描显示，包括较高层次思考能力在内的精细复习需要大脑额叶的参与。这种参与帮助学生在过去知识与新知识之间建立联结，创造出新的神经通路，增强现有的神经通路，并且增加新知识，为日后所需进行整理和存储。

很多老师认识到要让学生进行更多思考，而不能只进行机械复习的学习活动。他们承认当想要让学生提升思考层次时，学生会进行出更为深入的理解。他们也承认频繁运用这种方法存在一些障碍，因为这需要花费更多时间。提到障碍，他们提到的例子通常是完成不断扩展的课程的压力，以及应付快速回答测试的压力。对于这些障碍我们可以利用折中的办法——找到用挑战性的活动让大脑参与的方法并且发展出替代性的评估策略，如大脑友好型的格式化测试(Sousa，2015b)。

> 如果每一位老师在每一堂课中都正确且频繁地运用布鲁姆分类学修订版或其他模型，大多学生就能够飞跃到更高层次的思考中。

目前已有一些其他思考技能方案，而且也陆续涌现出一些新的方案。我曾看到一些老师使用这些方案来增加学生的思考深度，激发他们的创造力，收效良好。这里列举了一些方案。

思维习惯。此方案由阿尔塞·科斯塔和贝娜·卡利克开发，思维习惯模型针对的是人们在尝试解决一些没有直接答案或明显方法的问题时展露的个性(Costa & Kallick，2009)。他们提出了16种思维个性：坚持、控制冲动、耐心倾听、灵活、深思熟虑、精益求精、寻根究底、举一反三、分门别类、理性、创新与丰富想象、大惊小怪、冒险、乐观、独立、好学。

重视理解的课程设计。这一理论最初在1995年由格兰特·威金斯和麦克泰提出，主要以两个概念为基础：注重深层思考和学习迁移的教学与评估，并以评估结果为根据设计课程(Wiggins & McTighe，2005)。作者对此提出了六个方面：做出解释和找到证据支持主张；对推论进行说明并且加上一些新的见解；在新的情景或意外情景中运用学到的知识和技能；就某个主题分析不同的观点；站在他人的立场上思考问题；自我评估、提出改善方案以及修正之前的思考。

韦伯的知识深度。诺曼·韦伯(1997)针对思考的复杂性提出了一个四层次模型，其实是布鲁姆分类学修订版的一种简化。第一层次是回忆与再现，对应布鲁姆分类学修订版中的记忆与领会层次；第二层次是技能与概念，对应布鲁姆分类学修订版中的应用层次；第三层次是短时策略性思考，与布鲁姆分类学修订版中的分析层次类似；第四层次是发散性思考，与布鲁姆分类学修订版中的评估与创造层次很相近。一些应用四层次模型的研究显示这种方法比布鲁姆分类学修订版更容易实行。而且，他们指出四层次模型中每一层次的活动都比布鲁姆分类学修订版中的各个行为动词更能体现学生学习的效果。

在回顾这些方案时，我发现很多思考技能和特性都与布鲁姆分类学修订版中的至少一个层次相关。大多数这类方案的差别在于技能的命名与组织。我想如果每一位老师在每一堂课中都正确且频繁地运用布鲁姆分类学修订版或其他模型，大多学生就能够飞跃到更高层次的思考中，他们的创造力也会被激发。

接下来……

现在，我们已经了解了大脑学习和记忆的几个重要方面，下一步就是将这些信息巩固为设计课程时的可行方案。一门课中需要包含哪些部分？在考虑教学内容和策略时，老师需要了解什么问题？老师尝试新的教学技巧时怎样可以从学校得到帮助，并且与我们现在对于学习的认识并行不悖？读者可以在下一章找到这些问题的答案。

实践角

理解布鲁姆分类学修订版

指导语：和同伴一起口头解释图 7.5 中的这些示意图是什么意思。然后填入下一页的表 7.2 中，使用这些示意图的解释来表示你对分类学中每一个层次的想法。

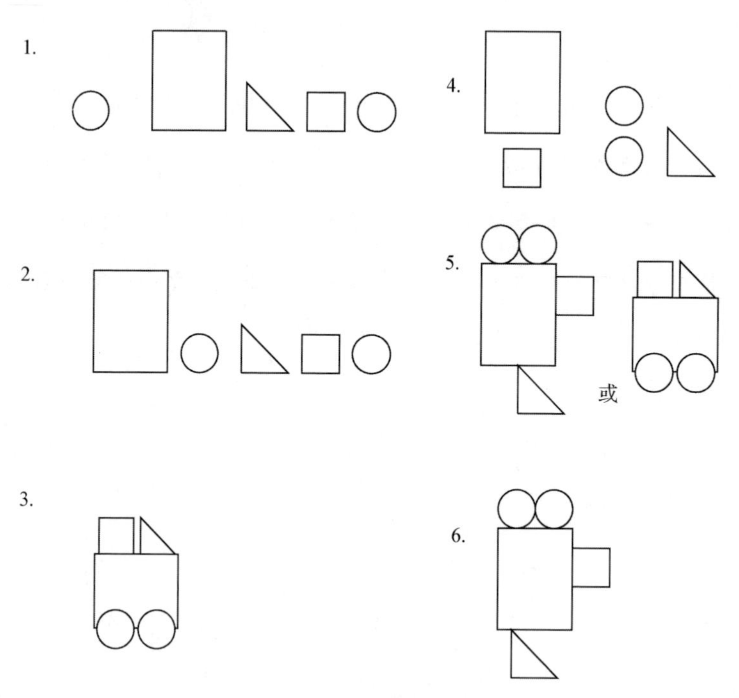

图 7.5　不同的图形

指导语：在下面的横线上写下布鲁姆分类学的六个层次，从最下面的最简单的层次开始写。在解释前一页的几幅示意图时，在每一个层次旁边写下几个词语解释你对这个类型的思考。

表 7.2　对六个层次思考的解释

层次	对思考的解释
6.	
5.	
4.	
3.	
2.	
1.	

举例说明分类学：概念/情境

指导语：想出一个需要你和你自己的孩子、父母、同事或配偶共同完成的任务(例如，如何使用洗衣机清洗不同类型的衣服，或设计一次假期等)，并且利用布鲁姆分类学修订版的内容来描述问题或活动。

概念/情境：____________

创造(将想法合在一起形成一个新的整体)：

评估(使用特定的标准判断材料)：

分析(分解一个概念，寻找其中的关系)：

应用(在新的情境中运用一个概念或原则)：

领会(对材料达到理解的程度)：

记忆(对信息的机械记忆)：

运用布鲁姆分类学修订版的窍门

观察学生的行为。学生的行为显示出进行处理时的复杂程度。当大脑解决问题时可以选择两种不同复杂性的层次时，它通常会选择较为简单的层次。老师可以在不经意间设计一些他们认为处于某种复杂层次而学生实际上则以另一种不同的层次完成的活动。例如，老师可以让学生自行设计一个模型(对应布鲁姆分类学修订版中的顶层)，用于说明所学的概念。学生可以根据自己的一些新奇想象去设计模型，这一点对应布鲁姆分类学修订版中的创造层次。但学生如果以在网上找到的他人的成果为根据设计模型的话，则只能对应布鲁姆分类学修订版中的应用层次，甚至是领会层次。不管是哪一种情况，都无法达到老师期望的创造层次。

在较低层次中提供充分的练习。在大多数实例中，学生在进入更高思考层次前，应该彻底且成功地处理好较低层次的新知识。如果对于学习内容的应用没有一定的知识基础和充分的练习，将会很难创造出新的内容。

留心模仿行为。有时候学生在新的情境中应用他们所学的知识，看起来像是模仿老师的行为。这种模仿通常处于记忆层次。要真正地达到应用层次，学生必须理解并能够解释为何使用这些特定的步骤去解决一个新的问题。

以较高层次的思考讨论核心概念。并非所有的主题都适合以较高的层次进行思考。有一些领域并不鼓励创造力(如基本算术、拼写、语法规则等)，但要考虑将核心学习中的每一个概念带往更高层次的思考学习中。这可以帮助学生产生意义理解并且与过去所学的知识进行联结，因此可显著提高知识的保持。

选择复杂性而非困难性。给学生提供新颖且多感官的任务，让他们逐步提升其思考层次。限制接触没有太大价值的信息，并且要求学生不能只是记忆，因为记忆通常较为单调且缺乏意义。应该给他们可以进行分析、评估和创造这样的发散性活动取而代之，这样较为有趣且使他们更容易对所学内容达到更深入的理解和知识的保持。例如，持续关注游客、流动人口和移民的问题，并进行一次讨论，可以让学生在非公民的权利与义务情境之下分析这些概念，评估解决这类如非法移民等社会问题的方案，并且制定不会引起其他问题且能够解决特定社会问题的政策(如在不会对旅游业产生负面影响的情况下处理移民问题)。

布鲁姆分类学修订版：增加复杂性和困难性

在表7.3的例子中，从底部至顶部其复杂程度逐渐上升，从左侧至右侧其困难程度逐步增加。

表7.3　各层次举例

布鲁姆分类学层次	例子	
创造	以小狗的角度改写故事。	以小狗和小猫的角度改写故事。
评估	对比故事中的两个主要人物，你会选择哪一个做朋友？为什么？	对比故事中的四个主要人物，你会选择哪一个做朋友？为什么？
分析	这个故事与我们之前读到的关于美国内战英雄的故事之间有什么相似和不同之处？	这个故事与我们之前读到的关于美国内战英雄的故事及大萧条故事之间有什么相似和不同之处？
应用	思考另一种可能引起主要人物做出那种行为的情境。	至少列举三种可能引起主要人物做出那种行为的情境。
领会	写出一个描述任意一位主要人物童年的段落。	写出一个描述四位主要人物童年的段落。
记忆	说出故事中主要人物的名称。	说出故事中主要人物的名称及其地点。

理解复杂性与困难性之间的差异

首先，让我们尝试一种真实生活的应用。

选择两位同伴，并且决定谁是同伴A，谁是同伴B。

每一位同伴都要轮流演出表7.4里每一个情境中的活动。

当两位同伴都完成了下列三种情境时，讨论在每种情境中，A与B两者交换活动时，其复杂性与困难性是否发生改变。

表7.4　同伴A与B在每种情境中的表现

情境	同伴A的活动	同伴B的活动	复杂性与困难性是否发生改变
1	告诉你的同伴你出生的月份、城市及省份。	告诉你的同伴你现在驾驶的车的生产商是哪里。	
2	将一张纸团成一个球，站在离你同伴10英尺的位置，让你的同伴站着并把手臂在身体前方围城环状(就像拥抱的动作一样)。现在将纸球投入环中五次并且尝试五次都投中。	重复你同伴所做的事情，但不要朝向你的同伴，投球时让球越过你的脑袋然后仍然瞄准同伴手臂所围成的环。	
3	将一张纸折叠，然后向你的同伴解释折叠起来的纸的三种用途。	听完同伴的三种解释之后，选择一种你认为最佳的用途并解释为什么。	

现在，让我们选择一种学校情境，考察每位老师如何从活动A中转变到活动B中，然后确定老师是否增加了这个活动的复杂性及困难性(见表7.5)。

表 7.5　每位老师在活动 A 和 B 中的表现

老师	活动 A	活动 B	复杂性与困难性是否发生改变
1	为你刚刚阅读的故事写出一个梗概。	为你刚刚阅读的两个故事写出一个梗概。	
2	对比尤利乌斯·凯撒和麦克佩斯两个人的个性。	阅读麦克佩斯的三段表演后，写出一个可能的结局。	
3	在你阅读的故事中选择一个你想要成为的角色，并且解释为什么。	在你阅读的故事中选择两个你想要成为的角色，并且解释为什么。	
4	写出地球中三种最常见的化学元素的名称。	用自己的话描述化学元素的意思。	

反思：

复杂性和困难性何者与天赋更密切相关？

深入理解会对我的教学有什么不一样的影响？

总结：增加任务的困难性只会增加学生需要付出的努力而不会提升他们思考的层次。你可以把它想象为在布鲁姆分类学修订版各层次中的一种水平移动。像背诵或演练等策略通常会增加困难性。在下面的横线上写下一些可以增加困难性的策略。运用增加困难性的策略对哪一种学习类型比较重要？

增加一项任务的复杂性会引起学生改变他们对任务的心理处理方法。你可以把它想象为在布鲁姆分类学修订版各层次中的一种垂直移动。激发学生进行比较、对比或从选项中做选择及为选项辩护等策略都是增加复杂性的例子。在下面的横线上写下一些可以增加复杂性的策略。运用增加复杂性的策略对哪一种学习类型比较重要？

刺激更高层次思考的一些问题

将下列这些问题融入课程设计中来刺激更高层次的思考。阅读布鲁姆分类学修订版使用指南，确保这些问题能够最大限度地发挥作用。记住要给学生提供充分的等待时间。学生应该熟悉出现在每一次学习作业中的这些类型的问题。

你应该完成什么内容？为什么你认为这是最佳选择？

在这件事发生的时候，你对此有什么疑问？

这种情况是否真的可能会发生？如果是这样，之后会发生什么事情？

这个事物与……有何不同？你能举出例子吗？

我们接下来该做什么？我们可以从何处得到援助？

我们还漏掉了什么重要内容吗？

我们能否信任这些材料的来源？

这件事还可以通过什么方式完成？你会怎样测试这项理论？

你能想出多少种使用方法？

你同意这位作者/演讲者的观点吗？为什么？

你能提炼出最重要的中心思想吗？

你能对此做出修改吗？如果改变顺序会如何影响结果？

你觉得……和……之间的差异是什么？

PRACTITIONER'S CORNER

刺激更高层次思考的一些活动

下列这些活动可以帮助老师在课堂中激发更高层次的思考。

①鼓励学生在描述和比较新的概念、理论和规则时使用类比和隐喻。

②让学生尝试解决实际生活中那些可能有多于一种最佳办法的问题(如能源危机、环境污染等)。

③提问一些促进更高层次思考的问题，如开放式问题或可以有几种正确答案的问题。

④让学生辩论或讨论解决一个问题的多个方面，并且要求学生提出证据证明他们的观点。

⑤让学生就一些存在争议的历史事件排演一些角色扮演或短剧。

⑥除了正规教材以外补充一些额外的材料(包括视觉和听觉材料、一些适用的网络资源)，为学生认识某个特定主题提供更为丰富的资源。

⑦鼓励学生观看电视节目、参与社区会议、阅读表达不同观点的报纸新闻和网站等，然后对这些内容进行观点强项和弱项的分析，也包括对各种组成的潜在动机进行分析。

⑧让学生分析流行媒体(如电视、电影和音乐以及社交媒体等)内容对日常生活描述的准确性与完整性。

⑨与学生一起探索在某个特定领域中丰富知识的方法运用。例如，什么样的技术能够帮助我们了解活体人类的大脑？

思考的关键点

在这一页上快速地记下一些关键词、重要概念、策略以及你想要在之后复习的资料。这一页可以成为你个人的知识小结并且帮助你唤起记忆。

Chapter 08 | 第八章

融会贯通

在未来的世界中，文盲的新定义将会变成不会学习的人。

——阿尔文·托夫勒(Alvin Toffler)

本章亮点：本章着重介绍了如何运用本书中提到的研究结果设计日常的课程。这一章就课程设计给出了一些指导和模板，并且讨论了维持技术与持续专业发展的专业知识支持系统。

在前面的章节中，我们讨论了一些探索大脑如何处理信息及如何学习的主要进展的研究。每一章都给出了一些建议，内容是关于如何将这些研究发现转换为能够提高教学成效的课堂实务策略的。但是只有当老师将上述这些信息融入课堂实务中，让它们成为日常教学行为的一部分时，这些信息才会对学生产生价值。现在的问题是，我们在设计日常课程时要如何运用这里大量的信息？

学生也应了解大脑学习机制

如果学生能对大脑的学习机制有一些基本的了解，那老师在使用本书提出的一些教学策略时会事半功倍。一些曾在课堂上介绍过相关知识的老师表示学生对此表现出极大的兴趣。学生也渴望了解他们学习的时候大脑里面发生了什么事。这里给老师提出了一些建议。

①刚开始可以介绍大脑的模型，并解释大脑每一个部分的功能。网上有很多视频资源可以辅助进行这一步骤。

②解释各年龄发展阶段的注意力、记忆系统、推理和学习记忆保持的相关内容。

③鼓励学生在课堂中使用与大脑相关的词汇和短语，如神经工作记忆、长时记忆等。

④强调睡眠的重要性，以及认知、情绪和身体状况等可能影响睡眠的因素。让学生观察自己平日的睡眠时间，并且思考睡多长时间比较适合自己。

⑤解释让学生定期起来活动身体的原因，并且讨论运动与学习的关系。这一点对处于认知处理状态的大脑额叶中的血液循环非常重要，然后让学生也解释一遍这个观点，这样他们才能真正掌握这些知识。

注意定期在课堂中简单介绍大脑学习机制的某一方面，然后让学生进行讨论。这项活动不仅可以提高学生的课堂参与度，而且也可以让学生更肯定学校是老师和学生共同合作的场所，对教与学有更深刻的认识。

翻转课堂

有一种叫作翻转课堂模式的教学方法出现在人们的视野中。之所以叫翻转课堂，是因为它颠覆了传统以老师为中心的教学模式。传统上老师总是在课堂中向学生讲授新的知识和技能，然后让学生在课堂内外进行练习。

而在翻转课堂中，教学以学生为中心，让学生自行从学校以外由老师制作的作品或一些商业视频、电子媒体或其他资料中获取新知识。当学生回到课堂上时，他们可以通过群组讨论对新学到的知识进行更高层次的思考，共同分析新概念的组成元素，引发一些新的想法，解决与课程内容相关的问题，并且通过在实验室中进行试验以及一些项目锻炼自身能力。

一些翻转课堂模式的支持者提出了下列关于这种模式的一些优势（Fulton，2012；Herreid & Schiller，2013）。

第一，学生可以以自己的步调学习课程内容。

第二，老师可以更新和定制课程。

第三，课堂中的讨论可以让老师更好地了解学生的学习状况与难点。

第四，课堂时间的利用变得更高效、更创新。

第五，学生对课堂的参与度和兴趣都得到了提高，而且学业表现更好。

第六，运用科技更灵活、更适合现代教学。

第七，老师可以有更多时间与学生一起进行一些真正的研究。

第八，这种模式可以促进学生对课堂内外的事物的思考。

但也有人提出了一些缺点。

第一，刚开始接触这种学习方法的学生可能会对此有一些抵触的情绪，因为他们需要在除学校外的环境中学习，而不能在学校先接触学习内容。因此，他们可能会毫无准备就进入课堂，然后无法积极活跃地参与到学习活动中。

第二，对如阅读和观看视频等形式的家庭作业，必须谨慎规划，让学生能够真正对课堂活动做好准备。对于多数老师而言，观看视频的方法是一种能够让学生在课堂以外接受教学的很好选择。然而，老师往往会发现要找到质量好的视频非常困难。因此他们可能极不情愿地自己制作视频，这会极大地增加老师的工作量，需要花费很多时间。

关于翻转课堂模式是否有良好效果的研究证据繁多混杂，其中大多数都以在高校的应用为例。现有的少数几项个案研究显示，初、高中阶段的课堂中使用翻转课堂模式后的提升效果尚可（Yarbro，Arfstrom，McKnight，& McKnight，2014）。研究者针对这种模式在一些小学开展研究，初步证据显示翻转课堂模式的效果正逐渐显现。

日常计划

总体指南

进行课程设计时，先从把下列这些总体思路记在心中开始。

学习需要个人的整体参与(认知、情感以及心理运动领域等)。

人类大脑会以它的意义探索方式寻求一些模式。

过去的经验总会影响新的学习。

大脑的工作记忆有一定的容量限制。

讲演式的教学通常带来最低限度知识保持的结果。

复习对于知识的保持至关重要。

练习并不会成就卓越。

每一个大脑都独一无二。

日常课程设计

要将研究结果运用到日常课程设计中，我们需要一个框架式的课程计划模板。老师所使用的课程计划类型很大程度上取决于老师采取的教学方法。下面是一些教学方法的例子。

直接教学。由老师讲演、处理大量工作并且在短时间内呈现大量信息。学生的参与度可从完全不参与到高度参与。直接教学仍然是目前初中和高中普遍使用的教学方法。直接教学可以用于全班范围，也可以用于小型的学生团体，或在学生有特殊需求的时候以一对一的形式进行。

示范。老师展示某些事物，讲解所发生的事情并且让学生讨论给出的示范内容。

关注概念素养。学生通过比较那些具有或不具有这些属性的例子弄明白一个群体的属性或分类(由老师提供)。通过讨论，学生可以针对概念(课程内容)发展出一个定义或假设。

苏格拉底式教学法。在这种课程中，老师通过一系列能够最终帮助学生掌握课程内容而精心设计的问题以达到课程目标。

合作学习。不同的学生组成一个学习小组，共同完成一项特定任务。由老师根据学生的兴趣、选择或其他因素决定小组中的成员是同质性的还是异质性的。真正的合作学习不同于只是单纯把学生分成小组。要完成学习目标，研究显示小组中的活动必须满足以下五个基本条件(Johnson，Johnson，& Holubec，2007)：①积极互动，小组成员需要参与其中并且为完成学习目标做出贡献；②小组成员需要负责任；③小组成员能够很好地运用人际技能与小组中的其他成员合作；④小组成员共同执行每一个想法来完成学习目标；⑤小组成员需要面对面交流。过去几十年来，有大量的研究证实了如果能够有效运用这种合作学习策略，将会带来很好的效果(Slavin，2015)。

模拟与游戏。课程围绕一个代表真实情况的问题情境进行。运用角色扮演来帮助学生理解人们的动机与行为。教育性游戏则是让学生参与一些需要做出抉择的角色扮演活动。

个体化教学。这些方法包括差异化教学、掌握性学习及独立研究等。

演练与练习。这种课程的明确目标在于通过回顾与提高特定技能来提高准确性与速度。

没有一个单一的课程形式能够完全容纳每一种可能的教学方法中的每一个方面，但是我认为其中有一种比较接近这种境界。我要推荐的这种形式演变自亨特(Madeline Hunter，2004)于1970年代在加利福尼亚大学洛杉矶分校工作的成果。亨特是一位临床心理学家，也是首位认识到由认知科学研究而来的策略需要运用到教学中的人。尽管这个形式已经诞生很多年了，但是它非常灵活。而且基于大脑兼容学习的合理原则，它能够运用各种教学方法。

我在亨特原来设计的形式上稍做了一些修改，将它扩大到包含一些近期研究出来的策略。这个设计的九大部分如下。

第一，准备。这个策略能够抓住学生的注意力。回忆一下我们之前讨论过的电子产品会减少成年人对于决定是要继续注意某个事物还是跳过的时间。几乎任何一个能够吸引他们最初注意力的技术都可以派上用场。要用吸引注意力的不同方法来为学生提供一些新奇的刺激，并且要记住幽默在吸引注意力方面的强大力量，还可以为后续的课堂营造积极的情绪氛围。当你吸引到他们的注意力时，在下列这些情况中，这个准备阶段大多都会奏效。

①可以让学生记住一次能够帮助他们获取新知识的经历。

②让活跃的学生参与到课堂中(但要避免在黄金时段1中玩一些“竞猜”游戏)。

③学习与学习目标相关的内容。

第二，学习内容。这可以明确帮助老师要求学生在某学习阶段中需要完成的内容，包括困难性和复杂性在内，而且也应该包含以下内容。

①学习内容的具体陈述。

②能够表明是否产生学习效果的外显性行为，以及是否达到恰当层次的复杂性。

当老师在开始上课时就明确学习内容的课程就被称为说明性课程——学习目标已经呈现出来了。有一些学习目标需要好几个课时才能完成，我们把这种目标叫作最终目标。每一个独立的课程都应该有一个特定的目标。学生可以在一个学习段落中完成一个阶段性目标。这样，每一个阶段性目标的完成都会与主要目标有关，学生就可以了解最终目标的意义。

有时候，我们想让学生自己发现学习的内容，这种课程被称为探索性课程。探索性课程要求更为精心的课程计划与指导，确保学生准确学到预期的内容。如果学生不知道课程的走向，他们可能会走向其他任何一个方向而偏离预期。

第三，目的。这指的是为何学生要完成这些学习内容。应该尽可能地指明新的学习内容与学生先前和未来学习的内容有何相关以促进正面迁移和意义理解的产生。

第四，输入。这指的是学生为掌握学习内容而需要获取的信息和程序(技能)。它可以有多种形式，包括阅读、讲演、合作学习等。

第五，建模。清晰且正确的模型能够帮助学生理解新的学习内容并且建立意义理解。模型必须首先由老师提出，而且要准确、明白且没有争议。

第六，检查理解的程度。这指的是老师在学习阶段中验证学生是否完成学习内容的策略运用。这种检查可以是口头讨论、提问、书面小测、同伴思考分享或其他任何公开的能够获取必要数据的形式。根据检查的结果，老师可以决定是否重复教学或可以进入新的学习材料中。

第七，在指导下练习。在这个阶段中，老师就其练习的准确性上提供实时且有针对性的反馈，学生可以在这种情况下应用新的知识。之后，学生根据老师反馈的结果做出修改并由老师检查。

第八，总结。这个阶段指学生能够对所学的内容做出总结。老师就学生应该进行心理处理的内容给出有针对性的指导，并且给学生充分的时间完成。这通常是学生对新知识产生意思理解和意义理解的最后机会，而意思理解和意义理解对于知识的保持必不可少。日常总结活动可以有多种形式，如运用协同策略或书写文章等。一个单元结束的总结活动可以包括写一出戏剧、唱歌、引用诗词、做问答游戏等。

第九，独立练习。在老师认为学生已经在适当的困难性和复杂性下完成学习内容时，学生要尝试自己运用新知识来促进知识的保持，

总结通常是学生对新知识产生意思理解和意义理解的最后机会。

提高运用的灵活性。

并不是每一堂课都需要包含以上所有部分。老师应该考虑到每一个部分，并且选择与学习内容及教学方法相关的部分。例如，当要介绍一个新的学习单元时，课堂应着重在学习内容（我们希望完成什么内容）与学习目的（为什么要学习这些内容）上。此外，重大考试前的复习课中可以包含更多检查理解程度与指导下练习的教学方法。

并不是每一堂课都需要包含以上所有部分。老师应该考虑到每一个部分，并且选择与学习内容及教学方法相关的部分。

表 8.1 展示了每一个教学方法适用的课程部分，表 8.2 则展示了课程部分、课程目的、课程与研究的关系以及对应的例子。

表 8.1　不同教学方法适用的课程部分

课程部分	直接教学	示范	关注概念素养	苏格拉底式教学法	合作学习	模拟与游戏	个体化教学	演练与练习
准备	×	×	×	×	×	×		
学习内容	×	×	×		×	×		×
目的	×	×	×		×	×	×	×
输入	×		×	×	×		×	×
建模	×	×	×	×	×		×	×
检查理解的程度	×	×	×	×	×	×	×	×
在指导下练习	×		×				×	×
总结	×	×	×	×	×	×	×	×
独立练习	×					×	×	×

表 8.2 设计课程时需考虑的部分

课程部分	课程目的	课程与研究的关系	例子
准备	让学生专注于学习内容。	在黄金时段 1 中建立关联并产生正面学习迁移。	回顾一下我们昨天所学的有关前缀词的内容并且等一下讨论。
学习内容	确认课程结束时需要掌握哪些内容。	学生了解应该学习什么以及如何看待学过的内容。	今天我们要学习后缀词，你们之后在组成某些词语的时候需要用到。
目的	解释完成这个学习内容为什么很重要。	了解学习某一样事物的目的可以引发兴趣，促进意义理解。	学习后缀词可以帮助我们理解更多词汇并且让我们在写作中有更多创意。
输入	给学生提供一些他们在完成学习内容时会用到的信息、来源以及技能。	布鲁姆的记忆层次。帮助确认关键属性。	后缀词是单词后面用于改变词义的字母。
建模	展示学生所学内容的过程或产物。	建模可以增进意思理解和意义理解，促进知识的保持。	有这样一些例子，如 helpless 中的－less；drinkable 中的－able，以及 doubtful 中的－ful 等。
检查理解的程度	让教授者确定学生是否理解了所学的内容。	布鲁姆分类学修订版中的领会层次。	我会让你们当中的几个人告诉我你所学到的关于后缀词的意思及用法。
在指导下练习	让学生在老师的指导下尝试运用新知识。	布鲁姆分类学修订版中的应用层次。练习可以产生快速学习的效果。	这里有 10 个单词，在每一个单词后面加上一个适当的后缀词，并且解释新的词义。

续表

课程部分	课程目的	课程与研究的关系	例子
总结	让学生有时间对所学的新知识进行总结与内化。	产生意思理解和意义理解的最后机会，并由此提高知识的保持。	在你们思考后缀词用法的特点时，我不会提出任何意见。
独立练习	学生自己尝试运用新知识来提高灵活性。	这种练习可以让新知识变为永久的知识。	今天的作业是，在书中第121页有一些单词，在它们后面加上后缀词，改变它们的词义。

表8.3列举了一些老师在设计课程时需要考虑的重要问题。这些问题与前面章节中提到的信息和策略有关。每一个问题后面有需要了解的理论基础，以及便于查找的章节数字。

表8.3 设计课程时需要考虑的重要问题

序号	问题	理论基础	章节
1	我应该使用什么策略帮助学生对新知识产生意义理解?	意义理解有助于知识的保持。	2
2	我如何在课堂中运用幽默?	幽默是一个吸引注意力、增加新颖性的非常好的工具。	2
3	我有没有将学习阶段分成约为20分钟的短课程段落?	相比于长课程段落，短课程段落可以减小低落时间的比例。	3
4	我在使用何种激励与新奇策略?	激励和新异性能够提升兴趣和责任性。	1、2
5	对于目前教学的内容，应该在何时用何种类型的复习方式?	死记硬背和精心复习对应不同的学习目的。	3

续表

序号	问题	理论基础	章节
6	我发挥了黄金时间的最佳作用吗？	黄金时间里会产生最大限度的知识的保持。	3
7	学生在低落时间里会做什么？	低落时间里的知识保持程度最低。	3
8	我的课程计划中的提问部分是否有充分的等待时间？	等待时间对学生回顾答案非常关键。	3
9	哪一种组块学习策略对目前教学的内容最适宜？	组块化可以增加工作记忆一次处理内容的数量。	3
10	之前所学的相关内容中哪些内容需要被包含在分布式练习中？	分布式练习能够提高长时间的知识的保持。	3
11	我该如何使正面学习迁移效果最大化及使负面学习迁移效果最小化？	正面学习迁移有助于学习，而负面学习迁移则会干扰学习。	4
12	我是否已经确定了这个概念的关键属性？	关键属性有助于从所有概念中区分出其中的某个概念。	4
13	这两个概念或技能是否过于相似？	过于相似的两个概念或技能不应同时被教授。	4
14	我该怎样向学生展示他们之后如何运用（迁移）现在所学的内容？	对未来迁移的期望可以提高学习动机与意义理解。	4
15	对这个学习内容运用隐喻是否恰当？	隐喻可以促进学习迁移、大脑半球的整合及知识的保持。	4
16	在教学中，我是否融入了多感官的活动？	使用多种感官刺激可以提高知识的保持。	5
17	概念地图是否有帮助？	概念地图有助于大脑半球的整合及知识的保持。	5

续表

序号	问题	理论基础	章节
18	我是否运用了促进想象和意象形成的策略？	意象和想象有助于建立意义理解、促进新异性及提高知识的保持。	6
19	用一些音乐是否适宜？如果适宜，应该在何时使用何种音乐？	某些音乐有助于处理过程及合作学习活动的进行。	6
20	在学习这个内容时，我该如何利用布鲁姆分类学提高学生的思考层次？	分类学中较高的层次包含了更高层次的思考，而且也比较有趣。	7
21	在学习这个内容时，需要注意或避免什么样的情绪(情感范畴)？	情感在学生接受与保持所学知识中有重要作用。	7
22	我如何将科技融入课程中来提高学生的参与度和学习品质？	科技可以成为学生参与课程的有效动因，也可以让学生有机会接触新的资讯。	所有章节

教师工作范例

美国联邦政府和州政府推出了促使一些教师培训机构协助新任老师设计教学单元的举措，以此确保老师都是高素质的。这个设计被称为教师工作范例，同时还能够用于日常课程，而其中一些组成部分与亨特教学模型修改版相当。其中一个由为提高教师素质发展而来的例子包括以下这些元素。

①语境因素。由老师列出关于社区、学校以及学生特性的信息，包括他们之前的学习内容及学习风格。

②学习目标。由老师设定明显且具挑战性的学习内容，这些内容要清楚且适当对应具体的学生人数及符合国家、州及地方标准。

③评估计划。由老师进行多元评估，确定教学前、教学期间及教学后学生的学习情况。

④教学设计。由老师设计使用多种教学方法、活动、作业及包括科技在内等资源的单元课程计划。

⑤教学决策。由老师对学生的进步进行同步分析，做出教学决策，并且确保教学调整与所学内容一致。

⑥学生学习情况分析。由老师运用评估数据，通过使用图表比较评估前与评估时的个人及班级情况，以确定学生的学习情况。

⑦反思与个人评价。由老师针对教学进行反思，确定何者表现良好及其原因、何者需要改善及其原因。

教师工作范例在帮助新任老师与经验丰富的老师进行技能评估、精进技术以及提高课堂讲授等方面尤其有效。它同时也可用于测量专业发展计划的训练成效及验证新的教学实践。

为未来维持实力

这本书为老师提高教学过程中的效益提出了一些可以尝试的策略。这些策略由现时一些关于人类如何学习的研究衍生而来。那些第一次尝试这些策略的老师可能会在实施后的成效上需要一些支持与反馈。以学校为基础的支持系统对于维持老师的兴趣非常重要，尤其是当这些新的策略并没有马上在课堂教学中产生预期效果的时候。

学校负责人的责任

在营造学校接纳新教学策略的氛围与维持教师持续发展所必需的支持系统文化上，学校负责人负有重要责任。为老师提供机会来掌握范围不断扩大的以研究为基础的教学技术是一种有效途径，学校负责人可以据此促进合作、建立教学带领人的角色以及增进教学人员对专业探究的追求。这样的机会包括同侪互助、建立学习小组、实施行动研究以及成立定期工作坊。如果想了解更多关于责任的详细建议，可参考相关内容（Sousa，2003）。

同侪互助

这种体系要求老师两个人一组，定期在课堂中观察对方。在上课期间，老师需要在观察前寻找会议中商定的教学策略或技术运用。课后，老师要就策略的实施结果给出反馈。这种非威胁性及支持性的同侪关系能够鼓励老师承担风险，尝试一些他们可能会因为害怕失败而避免实施的新技术。同侪教练需要就如何在会议前设立观察目标及在观察期间以不同方法收集信息接受初步训练。很多研究都证实了适当使用同侪互助的方法可以带来不错的学习效果（Kretlow，Cooke，& Wood，2012；Neumerski，2013；Stormont，Reinke，Newcomer，Marchese，& Lewis，2015）。

建立学习小组

成立一个教师及行政小组进一步学习一个特定主题，这是一种加深理解、增加应用新策略的方法的有效手段。小组成员需要就学习主题寻找新的研究，并且在小组内交换和讨论所得到的信息、数据及经验。学校或区域内的小组可以将共同学习技术作为小组间信息分享的手段。

实施行动研究

在教室或学校范围内进行小型行动研究可以为老师将这些新策略纳入教学中提供验证。行动研究给参与者一个机会，让他们能够成为研究者，进而探讨影响教学的特定问题。

例如，在提出问题后刻意改变等待时间，根据不同的等待时间收集反映学生做出反应的数量及质量的数据。如果有几位老师同时进行这项研究并且交换数据，他们就可以有证据支持持续设定较长的等待时间会是一种有效策略的观点。在课堂中运用幽默和音乐的行动研究可以帮助老师确定这些策略对学生表现的价值。之后，老师可以在教师会议或学校小组会议中与同事分享他们的研究结果。这种形式能够推动老师参与到研究计划中。

成立定期工作坊

新研究发现的定期工作坊对于提升老师的知识水平非常有价值。学习迁移与学习转化、反思、记忆以及概念发展都是广泛研究的目标，并且应该在新发现适用于区域及学校工作坊时受到监测。

当教育工作者鼓励诸如学习小组和行动研究这类进行中的人员展开活动时，说明他们将会意识到，我们对教学过程的理解会随着研究对惊人的大脑如何学习收集更多数据而改变。这样可以保证专业人员的知识水平得到定期的提升，而且使他们认识到个人的专业发展是个人终生的责任，将会增进他们的效能。这就是专业学习组织的本质。

总结

神经科学对教学实务的潜在贡献正不断累积。事实上，神经科学家和教育工作者的定期接触与交流证明了我们在专业上跨越到了一个新的台阶。当然，不会有一个神奇的答案能够让复杂的教学过程总是非常成功。教育工作者认识到大量变量会影响到这个动态交互的过程，这些变量中很大一部分甚至超出了老师能够影响或控制的范围。很少学生能够独立学习，大多数人都极其依赖老师的教学来学习信息和技能。对于他们来说，他们的学习范围很少会超出教学范围。我希望本书能够在提高更多学生成功的可能性上，为老师提供一些新的信息、策略以及见解。

愿大家都能乐享教与学！

实践角

课程设计上的一些反思

这里是一个根据第二章中所述的信息处理模型而设计的课程范例。

准备。花一点时间思考一下让老师知道我们认为大脑如何选择与处理信息这一点是否重要，然后和你的同伴讨论你的想法。

学习内容。学生能够口头描述本书所述的大脑信息处理模型的主要部分。

目的。本书的目的在于为老师提供一些关于大脑如何处理信息的最新研究，这样老师能够更成功地选择那些可能产生学习效果的行动。

输入。由老师描述过程的主要步骤，包括感官摄取、感官存储器与短时记忆的交互作用、工作记忆、长时记忆存储、认知信念系统以及自我概念。在整个过程中，要强调意思理解和意义理解以及过去经验的重要性。

建模。由老师解释四个隐喻(百叶窗、剪贴板、工作台及文件柜)。运用工作记忆容量的例子，以手为模型，展示大脑模型。

检查理解程度。完成模型中几个部分的教学后，老师让学生填写一份菜单，并且让他们运用协同策略与同伴讨论。

在指导下练习。由老师给出一些可以帮助理解意思理解与意义理解之间的差异、正面自我概念与负面自我概念之间的差异的例子，以确定对这个模型应用的程度。

总结。花几分钟时间安静地在脑海中总结大脑信息处理模型的几大部分，然后向其他人解释。

思考的关键点

在这一页上快速地记下一些关键词、重要概念、策略以及你想要在之后复习的资料。这一页可以成为你个人的知识小结并且帮助你唤起记忆。

参考文献

Abeles, H. F. (2009). *Year Ⅷ assessment report: New Jersey Symphony Orchestra's Early Strings Program*. New York, NY: Center for Arts Education Research, Columbia University.

Aben, B., Stapert, S., & Blokland, A. (2012). About the distinction between working memory and short-term memory. *Frontiers in Psychology*, *3*, 301.

Aheadi, A., Dixon, P., & Glover, S. (2009). A limiting feature of the Mozart effect: Listening enhances mental rotation abilities in non-musicians but not musicians. *Psychology of Music*, *38*, 107-117.

Akyol, M. E., & Gündüz, H. B. (2014). The motivation level of the teachers according to the school managers' senses of humour. *Procedia-Social and Behavioral Sciences*, *152*, 205-213.

Al-Hashimi, O., Zanto, T. P., & Gazzaley, A. (2015). Neural sources of performance decline during continuous multitasking. *Cortex*, *71*, 49-57.

Alloway, T. P., Williams, S., Jones, B., & Cochrane, F. (2014). Exploring the impact of television watching on vocabulary skills in toddlers. *Early Childhood Education Journal*, *42*(5), 343-349.

Altmann, E. M., Trafton, J. G., & Hambrick, D. Z. (2014). Momentary interruptions can derail the train of thought. *Journal of Experimental Psychology: General*, *143*(1), 215-226.

Anderman, E. M., & Gray, D. (2015). Motivation, learning, and instruction. In J. Wright (Ed.), *International encyclopedia of the social & behavioral sciences* (2nd ed., pp. 928-935). Waltham, MA: Elsevier.

Anderson, J. R., Lee, H. S., & Fincham, J. M. (2014). Discovering the structure of mathematical problem solving. *NeuroImage*, *97*, 163-177.

Anderson, L. W. (Ed.), Krathwohl, D. R. (Ed.), Airasian, P. W., Cruikshank, K. A., Mayer, R. E., Pintrich, P. R., ... Wittrock, M. C. (2001). *A taxonomy for learning, teaching, and assessing: A revision of Bloom's Taxonomy of Educational Objectives* (Complete edition). New York, NY: Longman.

Angulo-Perkins, A., Aubé, W., Peretz, I., Barrios, F. A., Armony, J. L., & Concha, L. (2014). Music listening engages specific cortical regions within the temporal lobes: Differences between musicians and non-musicians. *Cortex*, *59*, 126-137.

Anvari, S. H., Trainor, L. J., Woodside, J., & Levy, B. A. (2002). Relations among musical skills, phonological processing, and early reading ability in preschool children. *Journal of Experimental Child Psychology*, *83*, 111-130.

Archila-Suerte, P., Zevin, J., & Hernandez, A. E. (2015). The effect of age of acquisition, socioeducational status, and proficiency on the neural processing of second language speech sounds. *Brain and Language*, *141*, 35-49.

请扫码了解更多

图书在版编目(CIP)数据

打造学习型大脑：理论、方法与实践／(美)戴维·苏泽著；郭蔚欣译. —北京：北京师范大学出版社，2023. 6

(心理学前沿译丛)

ISBN 978-7-303-29074-1

Ⅰ. ①打…　Ⅱ. ①戴…　②郭…　Ⅲ. ①脑科学——研究　Ⅳ. ①Q983

中国国家版本馆 CIP 数据核字(2023)第 065595 号

图书意见反馈　**gaozhifk@bnupg. com　010-58805079**
营销中心电话　010-58807651
北师大出版社高等教育分社微信公众号　新外大街拾玖号

出版发行：北京师范大学出版社　www. bnup. com
北京市西城区新街口外大街 12-3 号
邮政编码：100088
印　　刷：保定市中画美凯印刷有限公司
经　　销：全国新华书店
开　　本：730 mm×980 mm　1/16
印　　张：30. 75
字　　数：347 千字
版　　次：2023 年 6 月第 1 版
印　　次：2023 年 6 月第 1 次印刷
定　　价：148. 00 元

策划编辑：李司月　　责任编辑：宋　星
美术编辑：陈　涛　李向昕　　装帧设计：陈　涛　李向昕
责任校对：陈　荟　　责任印制：马　洁